Photoshop CC 图像处理案例教程

主 编 郝 璇
副主编 吴 姗 焦广霞
苏明静 郭 芹

东南大学出版社
SOUTHEAST UNIVERSITY PRESS
·南京·

内容提要

随着 Adobe CS 系列版本的结束，新版本 Photoshop CC 随之而来。Photoshop CC 是 Adobe 产品历史性的一次升级，除去 CS6 版本中所包含的功能，Photoshop CC 新增加了相机防抖动功能、图像提升采样、属性面板改进等功能。本书共分为十个章节，结合 Photoshop CC 的基本工具和基本操作，每章都提供了精选案例，并在每个章节后面提供了知识梳理和能力训练。本书介绍了图像处理基础与选取应用、调整图像的色彩、图像的绘画与修饰、应用文字与图层、使用通道与蒙版、矢量图绘制和编辑以及滤镜特效制作，并最后进行了能力提升的综合应用。

本书适合作为高等职业院校及应用型本科院校图像处理类课程的教材，也可以作为 Photoshop 的培训教材，是一本适合网页制作、美工设计、广告宣传、多媒体制作等行业人员阅读与参考的读物。

图书在版编目(CIP)数据

Photoshop CC 图像处理案例教程 / 郝璇主编 . — 南京 : 东南大学出版社，2017. 8(2021. 7 重印)

ISBN 978-7-5641-7351-7

Ⅰ. ①P… Ⅱ. ①郝… Ⅲ. ①平面设计-图像处理软件-高等职业教育-教材 Ⅳ. ①TP391. 413

中国版本图书馆 CIP 数据核字(2017)第 187907 号

Photoshop CC 图像处理案例教程

出版发行	东南大学出版社
社　址	南京市四牌楼 2 号(邮编：210096)
出 版 人	江建中
责任编辑	姜晓乐(joy_supe@126.com)
经　销	全国各地新华书店
印　刷	常州市武进第三印刷有限公司
开　本	787mm×1092mm 1/16
印　张	15
字　数	375 千字
版　次	2017 年 8 月第 1 版
印　次	2021 年 7 月第 4 次印刷
书　号	ISBN 978-7-5641-7351-7
定　价	45.00 元

本社图书若有印装质量问题，请直接与营销部联系，电话：025-83791830。

前言

随着近年来职业教育的不断改革与发展，其规模不断扩大，课程的开发逐渐体现出了注重职业能力的培养、教学职业化和教材实践化的特点，同时随着计算机软、硬件日新月异地升级，市场上很多高等职业院校教材的软件版本、硬件型号以及教学结构等很多方面都已不再适应目前的教授和学习。鉴于此，我们认真总结了高等职业院校教材的编写经验，深入调查研究各地、各类高等职业院校的教材需求，组织了一批优秀的、具有丰富的教学经验和实践经验的作者团队编写了本教材。

本教材以高等职业教育注重学生应用能力培养的要求为原则，力求从实际应用的需要出发，尽量减少枯燥死板的理论概念，加强实用性和可操作性的内容，改革教学方法和手段，为社会培养更多高素质的技能型专门人才。

本教材精心设计“知识储备→案例呈现→知识梳理→能力训练”四个教学阶段。知识储备，在尽量简化理论知识的基础上，简明扼要的呈现知识要点，为读者进一步的学习奠定基础；案例呈现，这是本教材的核心部分，也是读者需要认真学习的内容，校企合作，精心设计案例，重点培养学生的动手能力和解决实际问题的能力；知识梳理，提纲挈领地总结每个章节的重要工具和核心技术；能力训练，进一步提高读者的知识应用能力，分析和解决实际问题的能力。

本书可作为高等职业院校软件技术、广告设计与制作、动漫设计与制作、环境艺术设计、室内设计和计算机应用技术等专业的图形图像处理课程教学用书，可作为培养平面设计人才的实用教材，也可以作为图形图像制作爱好者的自学用书，还可以供从事相关领域工作的人员阅读参考。

本教材具有以下特点：

在编写中注重学生应用能力和基本技能的培养，突出了高职、高专学生的培养目标，淡化理论的叙述，突出了学生实践技能的培养。

本教材适应高职、高专学生的实际知识水平，注重学生专业的发展和就业的需要，案例设计从基础知识入手，循序渐进，有效激发学生的学习兴趣，理论学习和实践操作相结合，重在提高学生动手的实践能力。

本教材在编写、修改过程中，有企业的、行业的专家亲自参与，实用性和实时性强，内容更贴近图形图像处理和平面设计实际，是一本典型的校企合作开发教材。

本教材由山东水利职业学院郝璇任主编，负责策划、组织编写、修改校对和统稿，以及编写人员的组织和协调工作；山东水利职业学院吴姗、焦光霞、苏明静、郭芹任副主编；深圳宝鹰建设集团股份有限公司林智明，日照恒光照明工程有限公司郑文平也参加了编写。其中，第一章、第二章、第三章、第十章由郝璇编写，第四章由焦光霞编写，第五章由林智明编写，第六章由吴姗编写，第七章由苏明静编写，第八章由郭芹编写，第九章由郑文平编写。

由于编者水平有限，书中难免存在一些差错和问题，希望读者批评指正。

2017 年 3 月

编者

本教材配套素材下载地址：

http://www.seupress.com/default.php?mod=article&do=detail&tid=937801

目录

第一章　Photoshop 基础知识 …… 1

1.1　图像处理的基本概念 …… 1

1.1.1　图像的类型 …… 1

1.1.2　图像的分辨率 …… 2

1.1.3　色彩模式 …… 3

1.1.4　常见的图像文件格式 …… 5

1.2　初识 Photoshop CC …… 7

1.2.1　Photoshop CC 的操作界面 …… 7

1.2.2　新建、打开、保存文档 …… 12

1.2.3　裁剪图像、改变图像大小和画布大小 …… 13

1.2.4　图像显示 …… 16

1.2.5　图像的定位和测量 …… 17

1.3　Photoshop 入门案例 …… 19

1.3.1　案例 1　可爱动物拼图 …… 19

1.3.2　案例 2　摄影图片处理 …… 22

第二章　图像色彩调整 …… 25

2.1　知识储备 …… 25

2.2　案例 1　增加夕阳效果 …… 32

2.3　案例 2　秋景变春光 …… 34

2.4　案例 3　制作怀旧风照片效果 …… 35

2.5　案例 4　黑白照片添加颜色 …… 37

2.6　案例 5　调出黄绿色调的外景照片 …… 44

2.7 知识梳理 …… 46
2.8 能力训练 …… 47

第三章 创建和调整图像选区 …… 48

3.1 知识储备 …… 48
3.1.1 创建选区 …… 48
3.1.2 编辑与修改选区 …… 51
3.1.3 选区内图像的调整 …… 54
3.2 案例1 运用选框工具制作中国银行标志 …… 54
3.3 案例2 制作八卦图 …… 56
3.4 案例3 可爱宝宝相册的制作 …… 58
3.5 案例4 为卡通插画替换颜色 …… 63
3.6 案例5 制作包装立体效果 …… 65
3.7 知识梳理 …… 70
3.8 能力训练 …… 71

第四章 图层应用 …… 72

4.1 知识储备 …… 72
4.1.1 图层的基本操作 …… 72
4.1.2 图层样式的应用 …… 75
4.1.3 图层混合模式的应用 …… 81
4.2 案例1 广告制作 …… 89
4.3 案例2 万圣节之夜 …… 91
4.4 知识梳理 …… 93
4.5 能力训练 …… 94

第五章 图像的绘画与修饰 …… 95

5.1 知识储备 …… 95
5.1.1 图片修饰工具 …… 95
5.1.2 图像绘制工具 …… 100
5.2 案例1 去除多余人物 …… 103

5.3　案例 2　去除人像脸部黑痣 …… 105
5.4　案例 3　去除图片中多余白鸽 …… 106
5.5　案例 4　舞者 …… 107
5.6　案例 5　制作邮票 …… 110
5.7　知识梳理 …… 112
5.8　能力训练 …… 113

第六章　蒙版和通道的应用 …… 114

6.1　知识储备 …… 114
6.1.1　通道的概念 …… 114
6.1.2　蒙版的概念 …… 116
6.2　案例 1　从背景中提取人物形象 …… 120
6.3　案例 2　使用快速蒙版改变发丝颜色 …… 122
6.4　案例 3　风景图调色 …… 123
6.5　案例 4　抠取婚纱像 …… 129
6.6　案例 5　合成图像 …… 132
6.7　案例 6　制作完美肌肤 …… 134
6.8　案例 7　制作复古画像 …… 138
6.9　知识梳理 …… 140
6.10　能力训练 …… 140

第七章　矢量图绘制和编辑 …… 142

7.1　知识储备 …… 142
7.1.1　路径工具绘制图形 …… 142
7.1.2　使用形状工具绘制图形 …… 146
7.2　案例 1　路径绘制绚丽花朵效果 …… 147
7.3　案例 2　路径制作立体心形效果 …… 150
7.4　案例 3　路径抠图 …… 155
7.5　案例 4　路径绘制清晰可爱小雪人 …… 157
7.6　案例 5　路径绘制抽象艺术海报 …… 163
7.7　案例 6　路径制作浪漫唯美云朵文字 …… 164

7.8 知识梳理 …… 167
7.9 能力训练 …… 167

第八章 文字处理 …… 168

8.1 知识储备 …… 168
8.2 案例1 制作茶水消费单 …… 173
8.3 案例2 制作“我是大明星”比赛宣传海报 …… 178
8.4 知识梳理 …… 183
8.5 能力训练 …… 183

第九章 滤镜特效制作 …… 184

9.1 知识储备 …… 184
9.2 案例1 美丽改变脸型 …… 189
9.3 案例2 风雪特效 …… 190
9.4 案例3 火焰背景 …… 192
9.5 案例4 飘逸的羽毛 …… 195
9.6 案例5 创建艺术相框 …… 198
9.7 案例6 制作油画效果 …… 200
9.8 知识梳理 …… 201
9.9 能力训练 …… 201

第十章 Photoshop 综合案例 …… 203

10.1 综合案例1 创意平面广告 …… 203
10.2 综合案例2 立体包装设计 …… 210
10.3 综合案例3 网页设计 …… 218
10.4 综合案例4 界面设计 …… 225

参考文献 …… 229

第一章 Photoshop 基础知识

本章主要讲解图像处理的基本知识和 Photoshop CC 的入门知识。通过本章的学习，读者可以快速掌握包括图像的类型、图像的分辨率、文件常用格式、图像色彩模式等图像处理的基础知识，并对 Photoshop CC 的多种公用有一个全方位的了解。从而有助于初学者在制作图像的过程中快速地定位，应用相应的知识点，完成图像的制作任务。

1.1 图像处理的基本概念

在使用 Photoshop CC 进行图像处理之前，首先必须要了解图像处理的一些基本概念，进而建立数字图像的概念，了解图像的基本编辑手法，了解专业术语和基本知识。只有掌握了这些基本知识，才能更好地发挥 Photoshop 所带来的优越功能，制作出高水准的作品。

1.1.1 图像的类型

计算机绘图分为位图和矢量图两大类。认识其特点和差异，有助于创建、输入/输出、编辑和应用数字图像。位图和矢量图没有好坏之分，只是用途有所不同。

1）位图

位图又称为点阵图、栅格图、像素图。构成位图的最小单位是像素，位图就是由像素阵列的排列来实现其显示效果的，每个像素有自己的颜色信息，在对位图图像进行编辑操作的时候，可操作的对象是每个像素，我们可以改变图像的色相、饱和度、明度，从而改变图像的显示效果。当放大位图时，组成它的像素点也同时成比例放大，放大到一定的倍数后，图像的显示效果就会变得越来越不清晰，从而出现类似马赛克的效果，如图 1.1.1 和图 1.1.2 所示。常用的位图编辑软件有 Photoshop、Painter 等。

图 1.1.1　原始图像

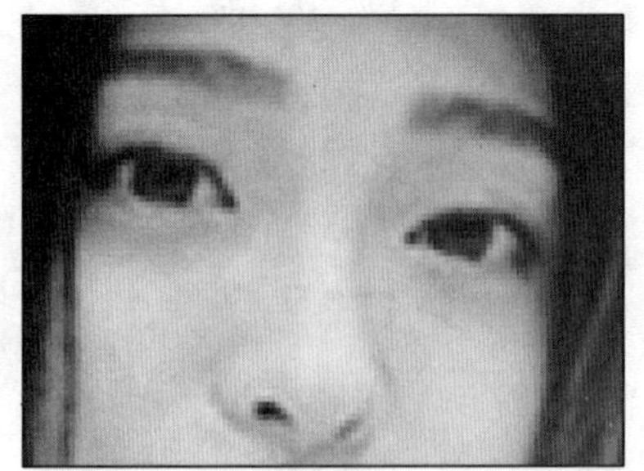

图 1.1.2　放大后马赛克效果

2）矢量图

矢量图也称为向量图，其实质是以数字方式来描述线条和曲线，其基本组成单位是锚点和路径。矢量图可以随意地放大或缩小，但不会使图像失真或遗漏图像的细节。矢量图与分辨率无关，无论放大多少倍，图像都有一样平滑的边缘和清晰的视觉效果，即不会出现失真现象，如图 1.1.3 和图 1.1.4 所示。常用的矢量图编辑软件有 Illustrator、CorelDraw、FreeHand、Flash 等。

图 1.1.3　原始图像

图 1.1.4　放大后图像

1.1.2　图像的分辨率

1）像素

像素是组成图像的基本单元。每一个像素都有自己的位置，并记录图像的颜色信息。一个图像包含的像素越多，颜色信息就越丰富，图像效果也就越好。一幅图像通常由许多像素组成，这些像素排列成行和列。当使用放大工具将图像放到足够大的倍数时，就可以看到类似马赛克的效果，如图 1.1.5 所示。

图 1.1.5　马赛克效果

2）分辨率

图像分辨率是单位长度内的像素数目。分辨率的高低直接影响位图的效果。分辨率有多种衡量方法，典型的是以每英寸的像素（PPI）来衡量。图像分辨率越高，意味着每英寸所包含的像素越多,细节越丰富,图像越清晰。图像分辨率和图像大小间有着密切的关系。图像分辨率越高,所包含的像素越多,也就是图像的信息量越大。

1.1.3 色彩模式

Photoshop 中可以自由转换图像的各种色彩模式。由于不同的色彩模式所包含的颜色范围不同,以及其特性存在差异,在转换中会存在一些数据丢失的现象。因此在进行模式转换时,应按照需要转换图像模式,以获取高品质的图像,不同的色彩模式对颜色的表现能力可能会有很大的差异。

1) RGB 模式

RGB 模式是 Photoshop 默认的颜色模式,也是使用最广泛的一种色彩模式。该模式为加色模式,同时也是色光的颜色模式,它通过红、绿、蓝 3 种色光相叠加而形成更多的颜色。RGB 模式的图像有 3 个颜色信息的通道,即红色(R)、绿色(G)和蓝色(B)。每个通道都有 8 位的颜色信息(0～255 的亮度值色域)。当 R、G、B 颜色数值均为 0 时,图像为黑色;当 R、G、B 颜色数值均为 255 时,图像为白色;当 R、G、B 颜色数值相等时,图像为灰色。无论是扫描输入的图像,还是绘制的图像,都是以 RGB 模式存储的。RGB 模式下处理图像比较方便,且以 RGB 模式存储的图像文件比 CMYK 模式存储的图像文件要小得多,可以节省内存和存储空间。在 Photoshop 中处理图像时,通常将颜色模式设置为 RGB 模式,在这种模式下,图像没有任何编辑限制,可以做任何的调整,如图 1.1.6 和图 1.1.7 所示。

图 1.1.6 RGB 模式图像

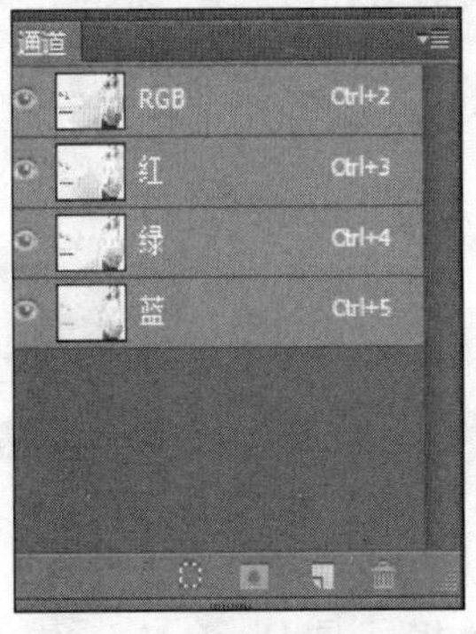

图 1.1.7 RGB 模式通道

2) CMYK 模式

CMYK 模式是一种印刷模式。该模式是以青色(C)、洋红色(M)、黄色(Y)、黑色(K)四种油墨色为基本色。它通过反射某些颜色的光并吸收另外一些颜色的光来产生不同的颜色,是一种减色色彩模式。CMYK 模式被广泛应用于印刷和制版行业,每一种颜色的取值范围都被分配一个百分比值,百分比值越低,颜色越浅,百分比值越高,颜色越深,如图 1.1.8 和图 1.1.9 所示。

图 1.1.8　CMYK 模式图像

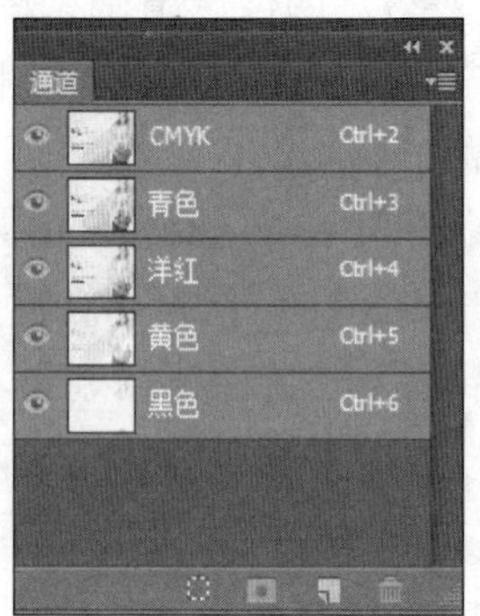

图 1.1.9　CMYK 模式通道

3）灰度模式

使用灰度模式保存图像，意味着一幅彩色图像中的所有色彩信息都会丢失，该图像将成为一个由介于褐色、白色之间的 256 级灰度颜色所组成的图像。在该模式中，图像中所有像素的亮度值变化范围都为 0～255。0 表示灰度最弱的颜色，即黑色；255 表示灰度最强的颜色，即白色。其他的值是指黑色渐变至白色的中间过度灰色。在灰度模式中，图像的色彩饱和度为 0，亮度是唯一能够影响灰度模式图像的选项，如图 1.1.10 和图 1.1.11。

图 1.1.10　灰度模式图像

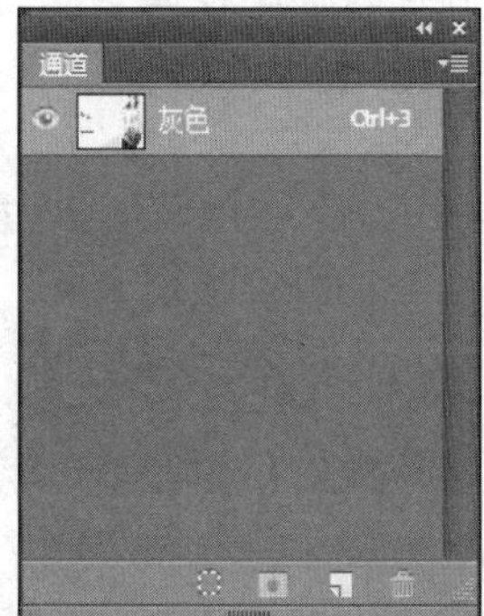

图 1.1.11　灰度模式通道

4）Lab 模式

Lab 模式是 Photoshop 中的一种国际色彩标准模式，它是 Photoshop 在不同颜色模式之间转换时使用的内部模式，它能在不同系统和平台之间毫无偏差地进行转换。它由 3 个通道组成：一个透明度通道，用 L 表示；另外两个为色彩通道，即色相和饱和度，分别用 a 和 b 表示。a 通道表示的颜色值从深绿到灰，再到亮粉红色；b 通道表示的颜色值从亮蓝色到灰，再到焦黄色。

Lab 模式包括了人们所能看到的所有色彩，弥补了 CMYK 模式和 RGB 模式的不足。在 Lab 模式下编辑，图像的处理速度比在 CMYK 模式下快两倍，与 RGB 模式的速度相当，如图 1.1.12 和图 1.1.13 所示。

图 1.1.12 Lab 模式图像

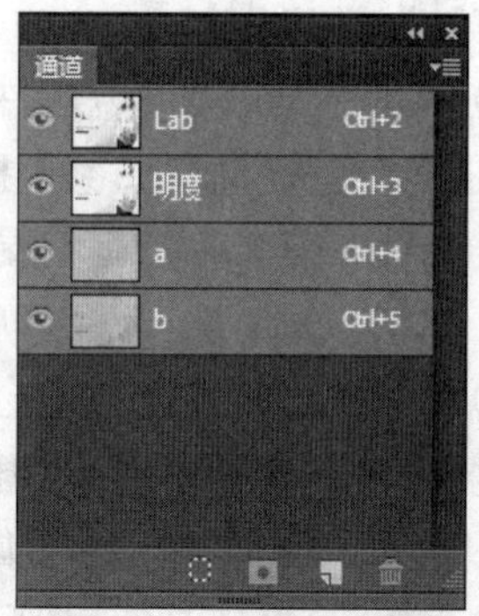

图 1.1.13 Lab 模式通道

5）索引颜色模式

索引颜色模式的图像是单通道图像，可构建包含 256 种颜色查找表，在这种颜色模式下只能进行有限的编辑。当转换为索引颜色模式时，Photoshop 会构建一个颜色查找表，用于存放图像中的颜色并为之建立索引。如果原图像中的某种颜色没有出现在查找表中，则程序会自行选取已有颜色中最相近的颜色，或使用已有颜色来模拟该颜色。

通过限制调色板，索引颜色模式可以减少文件大小，同时保持视觉上的品质效果。该模式可用于多媒体动画的应用或网页中。这种模式只是提供有限的编辑，如果要进一步编辑，应将该模式临时转换为 RGB 颜色模式。

6）位图模式

位图模式使用两种颜色值（黑、白）来表示图像中的像素。位图模式的图像也称为黑白图像，它的每一个像素都是用一位的位分辨率来记录的，所以要求的存储空间最少。要将双色调模式的图像转换成位图模式，必须先将图像转换成灰度模式后，才能转换成位图模式。在该模式下，不能制作出色彩丰富的图像。

1.1.4 常见的图像文件格式

Photoshop CC 支持多种格式的图像文件，不同的文件格式代表不同的图像信息，一些文件格式仅能包含位图图像，但是有很多格式可以把这两种信息包含在同一个文件中，用于专业的图像处理软件或兼容于各种软件。

对于同一幅图像，有的文件小，有的文件则非常大，这是因为文件的压缩形式不同。小文件可能会损失很多的图像信息，因而所占用的存储空间小；而大的文件则会更好地保持图像质量。总之，不同的文件格式有不同的特点，只有熟练掌握各种文件格式的特点，才能扬长避短，提高图像处理效率。

在处理图像的过程中，用户经常需要打开各种文件格式的素材图像文件或以不同的文件格式进行存储，这时就需要选择所需的图像文件格式。下面主要介绍一些有关图像文件格式的知识和一些常用图像格式的特点，以及在 Photoshop 中进行图像格式转换时应注意的问题。

1) PSD(*.psd)格式

PSD格式是Photoshop软件自身的专用格式，这种格式可以存储Photoshop中所有的图层、通道、参考线、注释和颜色模式等信息。在保存图像时，若图像中包含图层，则一般都用该格式保存。若要将具有图层的PSD格式图像保存成其他格式图像，系统会提醒用户，保存时系统将合并图层，即保存后的图像将不具有任何图层。

PSD格式的图像在保存时会被压缩，以减少占用磁盘空间。但由于PSD格式所包含的图像数据信息较多(如图层、通道、参考线等)，因此相比其他格式的图像文件要大得多。由于PSD文件保留了所有的原图像数据信息，因而修改起来较为方便，这就是它的最大优点。在编辑过程中，最好还是使用PSD格式存储文件。

2) JPEG(*.jpg)格式

JPEG(Joint Photographic Experts Group，联合图像专家组)是我们平时最常用的图像格式。它是一个最有效、最基本的有损压缩格式，被绝大多数的图形处理软件所支持。JPEG格式的图像还被广泛用于网页的制作。如果对图像质量要求不高，但又要求存储大量图片，使用JPEG无疑是一个好的选择。但是，对于要求进行图像输出打印的情况，最好不使用JPEG格式，因为它是以损坏图像质量来提高压缩质量的。

JPEG格式支持CMYK、RGB和灰度颜色模式，但不支持Alpha通道。当将一个图像另存为JPEG格式时，便会打开"JPEG选项"对话框，从中可以选择图像的品质和压缩比例。大部分情况下选择"最佳"选项压缩图像，所产生的品质与原来图像的品质差别不大，但文件大小会减小很多。

3) BMP(*.bmp)格式

BMP(Windows Bitmap)是微软开发的Microsoft Pain的固有格式，这种格式被大多数软件所支持。BMP格式采用了一种叫RLE的无损压缩方式，对图像质量不会产生什么影响，是一种非常稳定的格式。BMP格式不支持CMYK颜色模式的图像。

4) GIF(*.gif)格式

GIF(Graphics Interchange Format，图形交换格式)可以极大地节省存储空间，因此常常用于保存作为网页数据传输的图像文件。该格式不支持Alpha通道，最大缺点是最多只能处理256种色彩，不能用于存储真彩色的图像文件。但GIF格式支持透明背景，可以较好地与网页背景融合在一起。

在保存GIF格式之前，必须将图像转换为位图、灰度或索引颜色等颜色模式。GIF格式采用两种保存格式：一种为CompuServe Gif格式，这是一种可以支持交错的存储格式，可让图像在网络上以从模糊逐渐到清晰的方式显示；另一种格式为GIF 89a Export，除了支持交错特性外，还可以支持透明背景及动画格式。

5) TIFF(*.tif)格式

TIFF(Tag Image File Format，有标签的图像文件格式)是一种无压缩格式，便于在应用程序之间和计算机平台之间进行图像数据交换。因此，TIFF格式是应用非常广泛的一种图像格式，可以在许多图像软件和平台之间转换。TIFF格式支持RGB、CMYK、Lab、索引颜色、位图和灰度颜色模式。

在 Photoshop 中保存为 Basic TIFF 的文件格式时会弹出对话框，从中可以选择 PC 或 MAC 苹果机的格式，并且在保存时可以使用 LAW 压缩方式保存图像文件。

6) EPS(*. eps)格式

EPS 格式可以用于存储矢量图形，几乎所有的矢量绘制和页面排版软件都支持该格式。在 Photoshop 中打开其他应用程序创建的包含矢量图形的 EPS 文件时，Photoshop 会对此文件进行栅格化，将矢量图形转换为位图图像。EPS 格式支持 Lab、CMYK、RGB、索引颜色、灰度和位图色彩模式，不支持 Alpha 通道。但该格式支持剪贴路径。

7) PNG(*. png)格式

PNG(Portable Network Graphics，便携式网络图像格式)是近几年推出的一种图像存储格式。PNG 格式图片因其高保真性、透明性及文件体积较小等特征，被广泛应用于网页设计、平面设计中。网络通信中因受宽带制约，在保证图片清晰、逼真的前提下，网页中不可能大量使用文件较大的 BMP、JPG 格式文件，GIF 格式文件虽然文件小，但其颜色失色严重，所以 PNG 格式的文件广受欢迎。

PNG 格式文件在 RGB 和灰度模式下支持 Alpha 通道，但在索引颜色模式和位图模式下不支持 Alpha 通道。在保存 PNG 格式的图像时，屏幕上会弹出对话框，如果在对话框中选中“交错”单选按钮，那么在用浏览器欣赏该图片时，图片就会以由模糊逐渐转为清晰的方式进行显示。

1.2 初识 Photoshop CC

Photoshop 是由 Adobe 公司推出的一款跨越 PC 和 MAC 两界、首屈一指的大型图像处理软件。它功能强大，操作界面友好，得到了广大用户的青睐。凭借其众多的实用工具和强大的图像处理功能，Photoshop 发展成为当今图像处理领域的首选软件。

1.2.1 Photoshop CC 的操作界面

Photoshop 的操作界面就是 Photoshop 为用户提供的工作环境，也是为用户提供工具、信息和命令等的工作区域。熟悉操作界面，有助于掌握基础命令，提高工作效率。同时，用户也可以根据自己的习惯和需要重新调整工具栏、属性栏、面板等位置。

双击桌面上的“Adobe Photoshop CC”图标，可启动 Photoshop CC 程序并进入其主操作界面，如图 1.2.1 所示。其操作界面由菜单栏、选项栏、工具栏、图像窗口、状态栏和面板组等组成。

图 1.2.1　Photoshop CC 操作界面

1）菜单栏

Photoshop CC 的菜单栏外观采用了暗色调用户界面，共有 11 个主菜单选项，分别是“文件”“编辑”“图像”“图层”“类型”“选择”“滤镜”“3D”“视图”“窗口”和“帮助”，如图 1.2.2 所示。单击主菜单选项，会弹出它的子菜单。单击菜单之外的任何地方或按“Esc”键，则可以关闭已打开的菜单。菜单的形式与其他 Adobe 软件的菜单形式相同，都遵循以下规则。

Ps　文件(F)　编辑(E)　图像(I)　图层(L)　类型(Y)　选择(S)　滤镜(T)　3D(D)　视图(V)　窗口(W)　帮助(H)

图 1.2.2　Photoshop CC 菜单栏

(1) 菜单中的菜单项名称是深色时，表示当前可使用；是浅色时，表示当前不能使用。

(2) 如果菜单名后边有符号“...”，则表示单击该菜单项后，会弹出一个对话框，要求选定执行该菜单命令的有关选项。

(3) 如果菜单名后边有黑色三角符号“▸”，则表示该菜单项有下一级菜单，将列出更进一步的菜单选项。

(4) 如果菜单名左边有选择标记“✔”，则表示该菜单项已选定，如果要删除“✔”标记，可再单击该菜单选项。

(5) 菜单名右边是组合键名称，它表示执行该菜单项的对应快捷键，按快捷键可以在不打开菜单的情况下直接执行菜单命令，加快了操作的速度。

2）工具箱

Photoshop CC 的工具箱提供了所有用于图像绘制与编辑的工具，工具箱分四个区域，这些工具又分成了若干组排列在工具箱中，如图 1.2.3 所示。学习 Photoshop 必须对每一个工具都熟练掌握，包括名称、作用和使用方法。Photoshop 的工具箱中大致包括以下几类工具：选取工具、绘画工具、修饰工具、绘图工具、文字工具等。

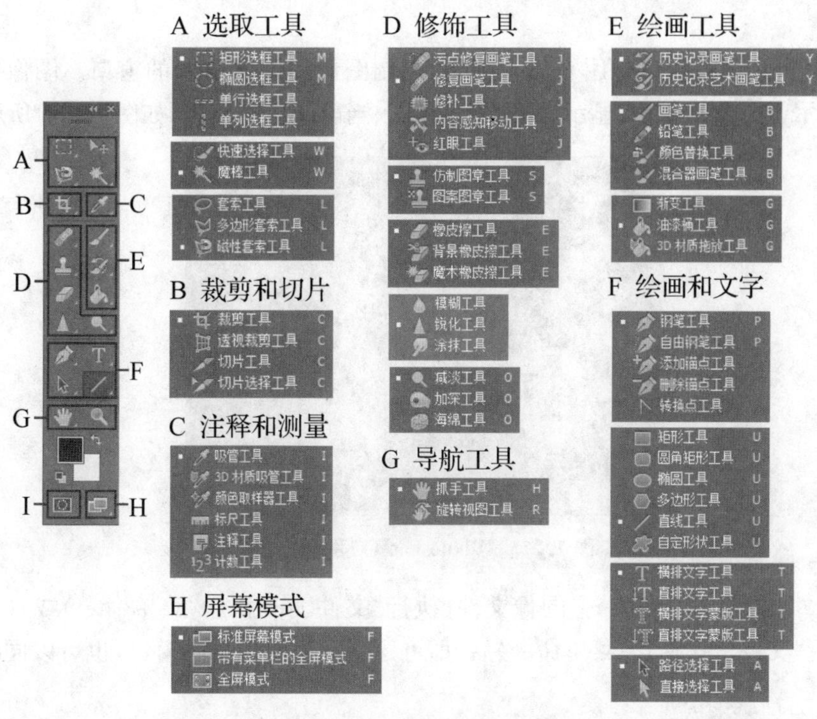

图 1.2.3 Photoshop CC 工具栏

(1) 工具箱的显示与隐藏:执行“窗口”→“工具”菜单命令,取消“工具”菜单选项左边的对钩,可将工具箱隐藏;再单击“窗口”→“工具”菜单命令,又可将工具箱显示。

(2) 工具箱的移动:拖动工具箱顶部的矩形条,可以将工具箱移动到屏幕上的任何位置。

(3) 工具箱内按钮名称显示:将光标移动到工具箱的按钮上,即可显示出该按钮的名称和相应的快捷键。

(4) 工具箱内工具的切换:将光标移动到工具组工具按钮右下角的小三角处,长按鼠标左键,可弹出工具组内所有工具按钮,再单击其中一个按钮,即可完成工具组内工具的切换。

3) 工具选项栏

工具选项栏是 Photoshop 的重要组成部分,可以对当前选中的工具进行设置。选择不同的工具,在选项栏中就会显示相应工具的选项,可以设置关于该工具的各种属性,以产生不同的效果。如图 1.2.4 为“魔棒工具”的选项栏。

图 1.2.4 “魔棒工具”选项栏

4) 状态栏

状态栏位于图像窗口的最底端,用于显示当前图像的显示比例和文档大小。

5）图像窗口

Photoshop 中图像窗口是用来显示图像、绘制图像和编辑图像的窗口。图像窗口上方的标题栏显示了图像的名称、显示比例、色彩模式、当前图层等信息，如图 1.2.5 所示。

图 1.2.5　Photoshop CC 图像窗口

（1）建立图像窗口：新建一个图像文件（执行“文件”→“新建”菜单命令）或打开一个图像文件（执行“文件”→“打开”菜单命令）后，即可建立一个新的图像窗口，也可以同时打开多个图像窗口。

（2）选择图像窗口：当打开多个图像窗口时，只能在一个图像窗口内进行操作，这个窗口叫做当前窗口，它的标题栏呈高亮度显示状态，单击图像窗口的标题栏即可选择图像窗口，使它成为当前图像窗口。

（3）移动和调整图像窗口的大小：拖动图像窗口顶部的标题栏，可以将图像窗口移动到需要的位置。将鼠标移动到图像窗口的边缘处时，指针会呈双箭头形状，此时拖动鼠标即可调整图像窗口的大小。

6）面板组

面板组是 Photoshop 最常用的控制区域，几乎可以完成所有的命令操作与调整工作，是在进行图像处理时实现选择颜色、编辑图层、新建通道、编辑路径和撤销编辑操作的主要功能面板。控制面板是成组出现的，如下：

导航器/直方图控制面板组：主要用于控制图像窗口的显示、查看图像中光标位置的颜色与位置信息、显示图像色彩信息的柱状分布图等操作，如图 1.2.6 所示。

图 1.2.6　导航器/直方图控制面板组

颜色/色板/调整控制面板组：用于选择颜色、对图像应用样式等操作，如图 1.2.7 所示。

图层/通道/路径控制面板组：主要用于管理与操作图层、编辑路径、操作通道等操作，如图 1.2.8 所示。

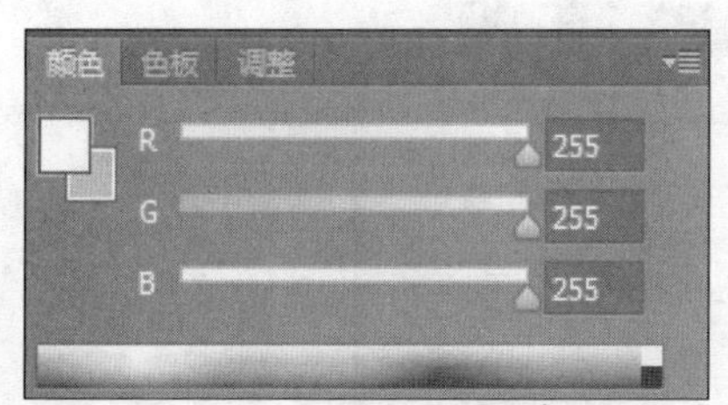

图 1.2.7　颜色/色板/调整控制面板组

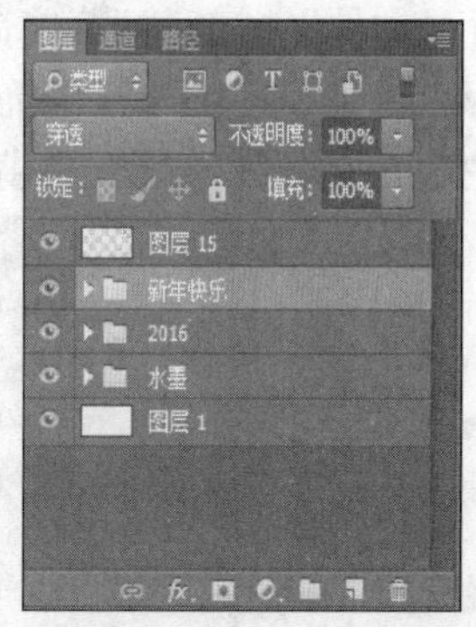

图 1.2.8　图层/通道/路径控制面板组

历史记录/动作控制面板组：主要用于撤销与恢复操作、创建与使用动作等操作，如图 1.2.9所示。

字符/段落控制面板组：主要用于设置文字的属性、格式以及段落格式等操作，如图 1.2.10 所示。

图 1.2.9　历史记录/动作控制面板组

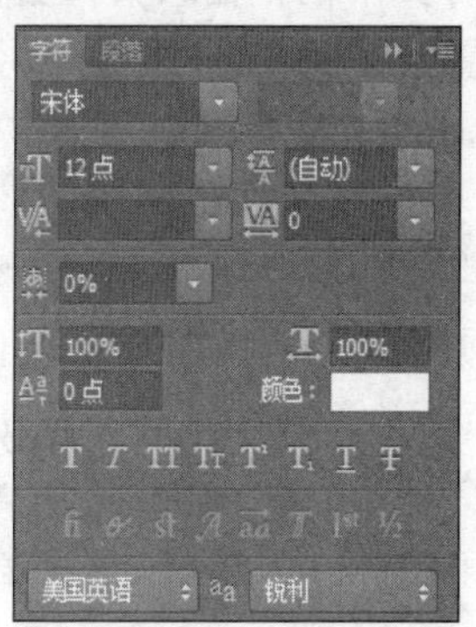

图 1.2.10　字符/段落控制面板组

(1) 控制面板的显示和隐藏：单击“窗口”菜单命令，再单击相对应的菜单选项，使菜单选项左边出现对钩，即可将相应的面板显示出来。单击“窗口”菜单命令，再单击控制面板的名称对应的菜单选项，取消菜单选项左边的对钩，即可将相应的面板隐藏起来。

(2) 控制面板的拆分与合并：拖动控制面板组中要拆分的面板的标签，移动出面板组，即可拆分面板；拖动面板到其他面板或面板组，即可合并控制面板。

(3) 控制面板位置和大小的调整：拖动控制面板的标题栏，可移动面板组或单个面板。将鼠标移动到面板的边缘，当鼠标呈双箭头状时，拖动鼠标可调整控制面板的大小。执行“窗口”→“工作区”→“复位基本功能”菜单命令，可以将所有控制面板复位到系统默认状态。

1.2.2 新建、打开、保存文档

1）新建图像文件

(1) 执行“文件”→“新建”菜单命令(或者使用 Ctrl+N 快捷键)，将弹出“新建”对话框。

(2) 设置“新建”对话框，其中需要设置的参数有宽度、高度、分辨率、颜色模式、背景内容等，背景内容是指新建图像文件背景层上的色彩内容，如图 1.2.11 所示。

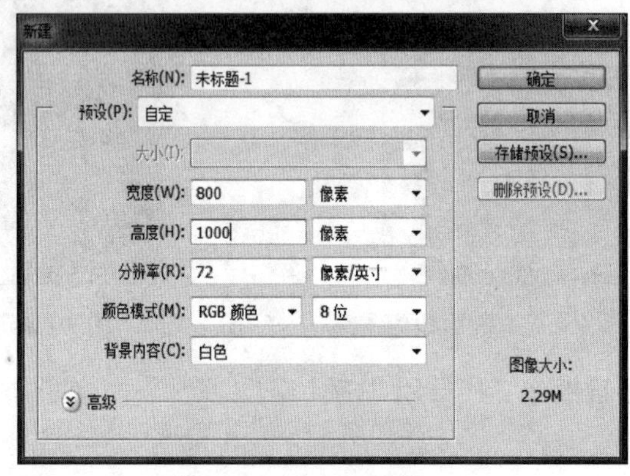

图 1.2.11 “新建”对话框

在名称文本框中输入文件名称，系统默认名称为“未标题-1.psd”。

在设置下拉列表中可以选择系统预设的图像尺寸，如果需要自定义图像尺寸可以选择自定义选项，然后在宽度和高度文本框中输入图像的宽度和高度值，并选择合适的尺寸单位。

在分辨率选项中确定图像的分辨率。通常情况下，设计印刷品时，分辨率不能低于 200 像素/英寸；如果是设计网络图像，分辨率一般设置为 72 像素/英寸。

在“颜色模式”下拉框中选择图像的色彩模式。设计图像时使用 RGB 颜色模式，最后再转换为 CMYK 颜色模式进行输出。

在背景内容选项中确定图像背景层的颜色，可设置为白色、背景色或透明。

(3) 单击“确定”按钮，即建立了一个新的图像文件。

2）打开图像文件

(1) 执行“文件”→“打开”菜单命令(或者使用 Ctrl+O 快捷键)，将弹出“打开”对话框，如图 1.2.12 所示。

图 1.2.12 “打开”对话框

(2) 在“查找范围”下拉列表中选择图像文件所在的位置。

(3) 在“文件类型”下拉列表中选择文件类型。

(4) 在文件列表中选择要打开的文件。

(5) 单击“打开”按钮，即可打开所选择的图像文件。

3) 保存图像

Photoshop CC 为保存图像文件提供了三种方法：

(1) 执行“文件”→“储存”菜单命令(或者使用 Ctrl+S 快捷键)，可以保存图像文件。如果是第一次执行该命令，将弹出“存储为”对话框用于保存文件。

(2) 执行“文件”→“储存为”菜单命令(或者使用 Ctrl+Shift+S 快捷键)，可以将当前编辑的文件按指定的格式更改名称并存盘，当前文件名将变为新文件名，原来的文件仍然存在。

(3) 执行“文件”→“储存为 Web 所用格式”菜单命令，可以将图像文件保存为网络图像格式，并且可以对图像进行优化。

1.2.3 裁剪图像、改变图像大小和画布大小

1) 裁剪图像

(1) 单击工具箱中的“裁剪工具”，在图像上拖出一个矩形，将要保留的图像圈起来，松开鼠标左键，创建的裁剪区域的矩形边界上有几个控制柄，裁剪区域内有一个中心标记，如图 1.2.13 所示。

(2) 利用这些控制柄可以调整矩形裁剪区域的大小、位置和旋转角度。

(3) 将鼠标移到裁剪区域四周的控制柄时，光标会变为直线的双箭头状，再将鼠标拖动，即可调整裁剪区域的大小。

(4) 将鼠标移动到裁剪区域的内部，光标变为黑色箭头状，再拖动鼠标，即可调整裁剪区域的位置。

(5) 将鼠标移到裁剪区域四周的控制柄外，光标会变为弧线的双箭头，再用鼠标拖动，即可以旋转裁剪区域，如图 1.2.14 所示。

图 1.2.13

图 1.2.14

(6) 单击工具箱中的其他工具，弹出提示框，如图 1.2.15 所示。单击“裁剪”按钮，即可完成裁剪图像的任务。也可以直接按“Enter”键，完成裁剪的任务。

图 1.2.15

2) 改变图像大小

(1) 执行“图像”→“图像大小”菜单命令，弹出“图像大小”对话框，如图 1.2.16 所示。可以调整图像大小，还可以改变图像的分辨率。

图 1.2.16 “图像大小”对话框

(2) 在“限制长宽比”的状态下，修改图像宽度的数值，图像高度的数值也会相应的改变，图像的宽高比固定不变，如图 1.2.17 所示。

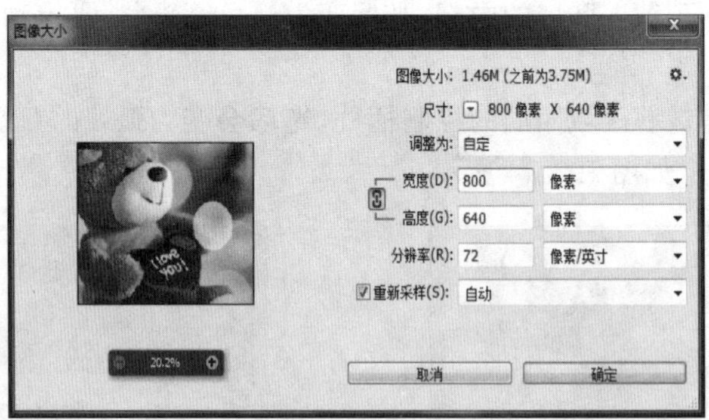

图 1.2.17

(3) 在“不约束长宽比”的状态下，可以分别调整图像宽度和高度的数值，改变图像原来的宽高比，如图 1.2.18 所示。

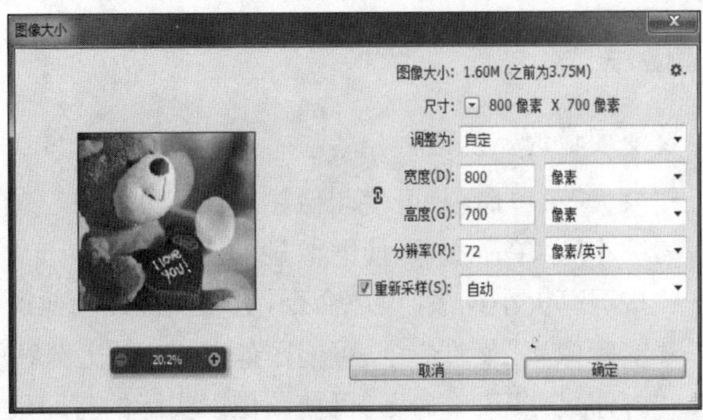

图 1.2.18

(4) 设置完后，单击“图像大小”对话框中的“确定”按钮，即可以按照设置好的尺寸调整图像的大小。

3) 改变画布大小

(1) 执行“图像”→“画布大小”菜单命令，弹出“画布大小”对话框，如图 1.2.19 所示。利用对话框可以改变画布的大小，同时对图像进行剪裁。

(2) “宽度”和“高度”栏，用来确定画布的大小和单位。

(3) “定位”栏通过单击其按钮，可以选择图像裁剪的部位。如果选择“相对”复选框，如图 1.2.20 所示，则输入的数据是相对于原来图像的宽度和高度数据，此时可以输入正值表示扩大，或者输入负值表示缩小和裁剪图像。

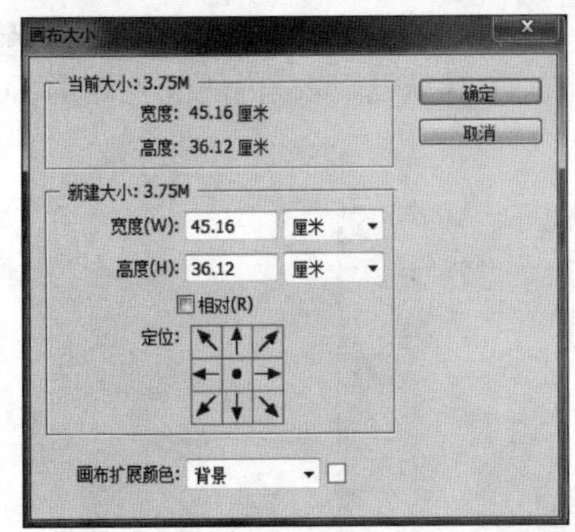

图 1.2.19　“画布大小”对话框

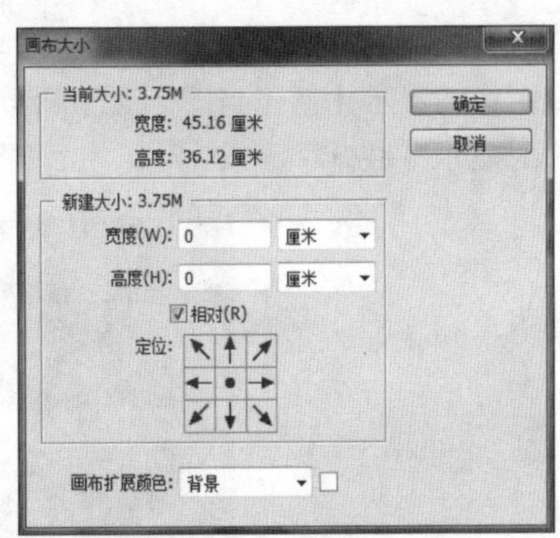

图 1.2.20　“画布大小”对话框

(4) “画布扩展颜色”下拉列表框，用来设置画布扩展部分的颜色。

(5) 设置完毕后，单击“确定”按钮，如果设置的新画布比原画布小，会弹出提示对话框，如图 1.2.21所示，单击“继续”按钮，即可以完成画布大小的调整和图像的裁剪。

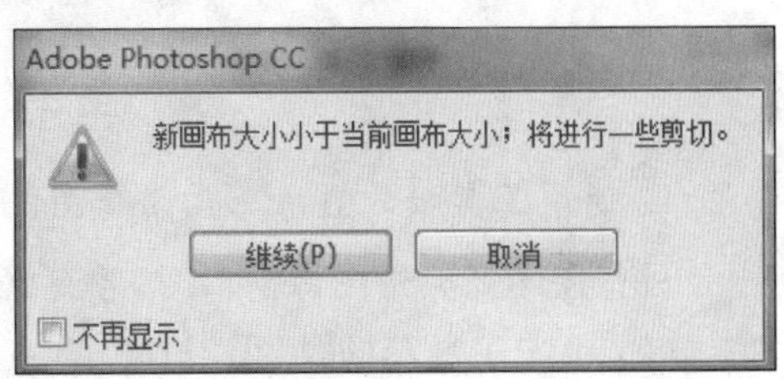

图 1.2.21

1.2.4 图像显示

1) 使用菜单命令改变图像的显示比例

(1) 执行“视图”→“放大”菜单命令,可使图像显示比例放大。

(2) 执行“视图”→“缩小”菜单命令,可使图像显示比例缩小。

(3) 执行“视图”→“按屏幕大小缩放”菜单命令,可使图像以图像窗口大小显示。

(4) 执行“视图”→“实际像素”菜单命令,可使图像以 100%比例显示。

(5) 执行“视图”→“打印尺寸”菜单命令,可使图像以实际的打印尺寸显示。

2) 使用工具箱的缩放工具改变图像的显示比例

(1) 单击工具箱的“缩放工具”,此时的选项栏如图 1.2.22 所示。确定是否选择该复选框,单击选项栏中的不同按钮,可以实现不同的图像显示。再单击图像窗口内部,即可调整图像的显示比例。

调整窗口大小以满屏显示　缩放所有窗口　细微缩放　100%　适合屏幕　填充屏幕

图 1.2.22

(2) 按住 Alt 键,再单击图像窗口内部,即可将图像显示比例缩小。

(3) 拖动选中图像的一部分,即可以使该部分图像布满整个窗口。

3) 使用“导航器”面板改变图像的显示比例和显示部位

“导航器”面板如图 1.2.23 所示。拖动“导航器”面板的滑块或改变文本框内的数据,可以改变图像的显示比例。当图像大于画布窗口时,拖动“导航器”调板内的红色矩形,可以调整图像的显示区域。

图 1.2.23 “导航器”面板

4) 使用工具箱的抓手工具改变图像的显示部位

只有在图像大于图像窗口时,才有必要改变图像的显示位置。

(1) 单击工具箱的“抓手工具”,再在图像窗口内的图像上拖动鼠标,即可以调整图像的显示部位。

(2) 双击工具箱的“抓手工具”,可以使图像最大化显示在屏幕中。

(3) 在使用其他工具时,按住空格键,可以临时切换到"抓手工具",放开空格键后,可以继续使用原来的工具。

(4) 拖动"导航器"面板内的红色矩形,可调整图像的显示区域。

5) 改变图像的显示模式

图像的显示模式有 3 种,单击工具箱内的图像显示模式,可以改变图像的显示模式,如图 1.2.24 所示。

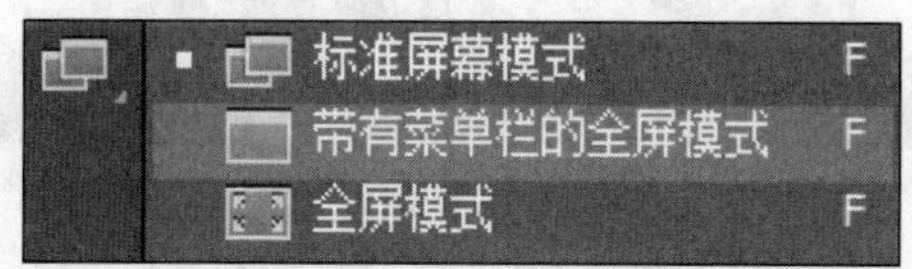

图 1.2.24 改变图像的显示模式

(1) 单击"标准屏幕模式",可使图像以默认的显示模式显示图像。

(2) 单击"带有菜单栏的全屏模式",可以全屏显示图像,顶部保留菜单栏。

(3) 单击"全屏模式",可以全屏显示图像,顶部不保留菜单栏。

1.2.5 图像的定位和测量

1) 在图像窗口内显示出网格

执行"视图"→"显示"→"网格"菜单命令,使该菜单命令的左边显示对钩,即可在图像窗口内显示出网格,如图 1.2.25 所示,网格不会随图像输出。执行"视图"→"显示"→"网格"菜单命令,取消选中该菜单命令,可取消图像窗口内的网格。另外,执行"视图"→"显示额外内容"菜单命令,使该菜单选项左边的对钩取消,也可以取消图像窗口内的网格。

图 1.2.25 图像窗口内显示网格

2) 在图像窗口显示标尺和参考线

(1) 执行"视图"→"标尺"菜单命令,即可在画布窗口内的上边和左边显示出标尺,如图 1.2.26所示,执行"视图"→"标尺"菜单命令,可以取消标尺。

图 1.2.26 图像窗口显示标尺

(2) 在标尺上单击，再拖动鼠标到窗口内，即可产生水平或垂直的蓝色参考线，如图 1.2.27所示。参考线不会随图像输出。

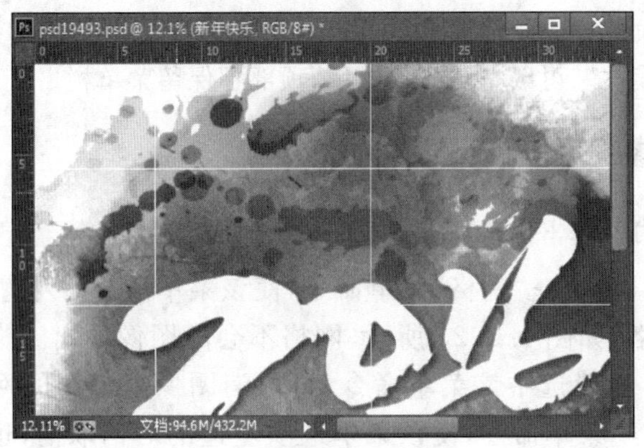

图 1.2.27 图像窗口显示参考线

(3) 执行“视图”→“新建参考线”菜单命令，弹出“新建参考线”对话框，如图 1.2.28 所示。利用该对话框进行新参考线取向与位置设定后，单击“确定”按钮，即可在指定的位置增加新参考线。执行“视图”→“显示”→“参考线”菜单命令，可显示参考线，再执行“视图”→“显示”→“参考线”菜单命令，可隐藏参考线。

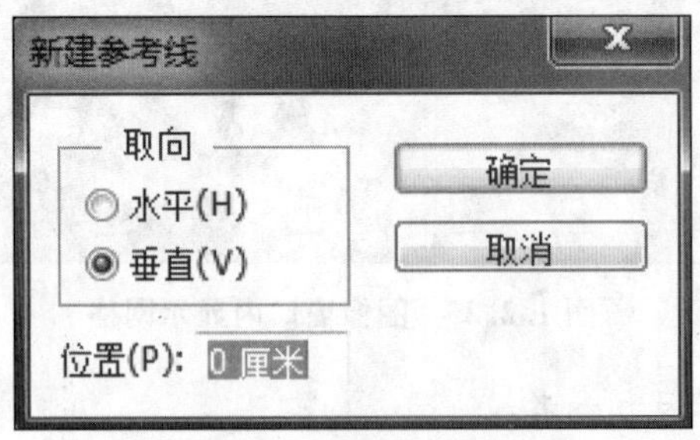

图 1.2.28 “新建参考线”对话框

(4) 单击“视图”→“清除参考线”菜单命令，即可清除所有参考线。

3）使用标尺工具

使用工具箱内的测量工具，可以精确测量出图像窗口内任意两点间的距离和两点间直线与水平直线的夹角。

(1) 单击工具箱内的“标尺工具”。

(2) 用鼠标在图像窗口内拖动出一条直线，如图 1.2.29 所示。此时通过“信息”面板内“A:”右边的数据，可获得直线与水平直线的夹角；通过“L:”右边的数据，可获得两点间的距离，如图 1.2.30 所示。

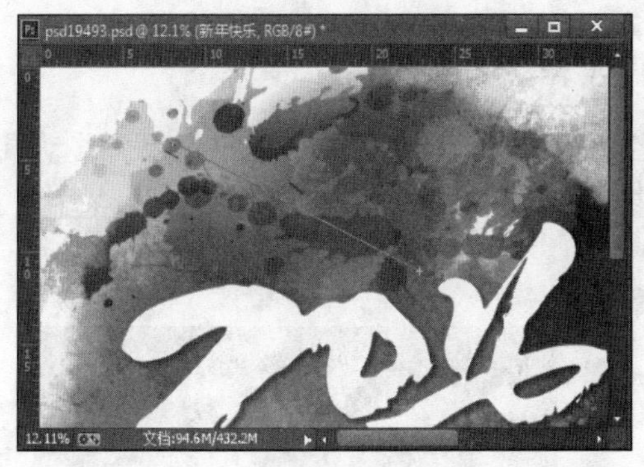

图 1.2.29

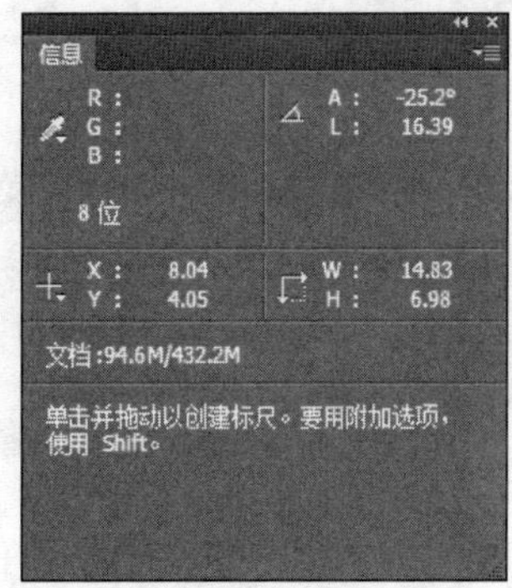

图 1.2.30

(3) 单击选项栏内的“清除”按钮或单击工具箱内的其他工具按钮，即可清除测量的直线。

1.3 Photoshop 入门案例

1.3.1 案例 1 可爱动物拼图

1）案例分析

本案例要求将四张动物图片制作成一张可爱动物拼图。通过本案例需要掌握使用 Photoshop 软件新建、保存和打开文件的方法，并学会修改图像大小和画布大小，以及修改图像文件存储格式的方法。

2）案例实现

(1) 执行“文件”→“新建”菜单命令(或者使用 Ctrl＋N 快捷键)，打开“新建”对话框，新文件的大小为 30 厘米×28 厘米，分辨率为 72 像素/英寸，颜色模式为 RGB 颜色，背景内容为白色，文件命名为“动物拼图”，如图 1.3.1 所示。

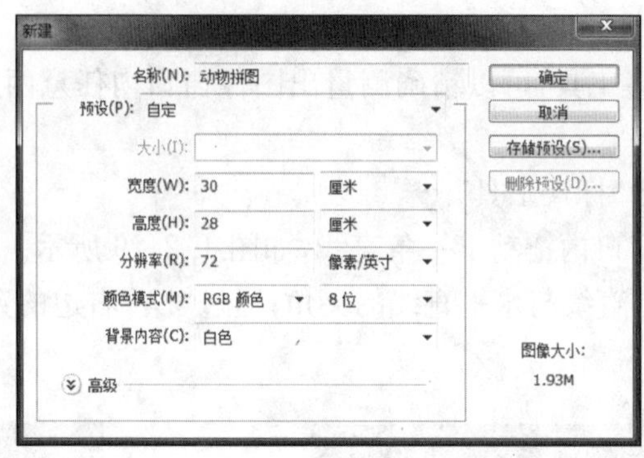

图 1.3.1

(2) 执行“视图”→“标尺”菜单命令(或者使用 Ctrl+R 快捷键),显示标尺。移动鼠标至刻度位置,拖出一条水平参考线,位置为 14 厘米处,再拖出一条垂直的参考线,位置为 15 厘米处,如图 1.3.2 所示。

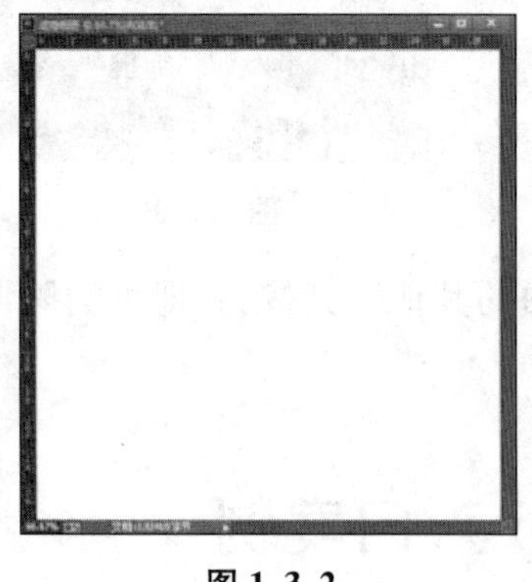

图 1.3.2

图 1.3.3

(3) 执行“文件”→“打开”菜单命令(或者使用 Ctrl+O 快捷键),打开素材文件“动物 1.jpg”,如图 1.3.3 所示。执行“图像”→“图像大小”菜单命令,打开“图像大小”对话框,不限制长宽比,将图像的大小设置为 15 厘米×14 厘米,如图 1.3.4 所示。

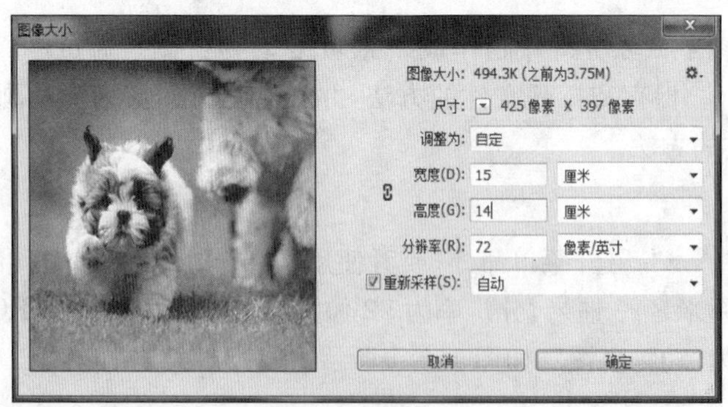

图 1.3.4

(4) 使用“移动工具”将“动物 1.jpg”拖到“动物拼图”文件中,生成新图层命名为“动物 1”,

如图 1.3.5 所示。将图像调整到适合的位置如图 1.3.6 所示。

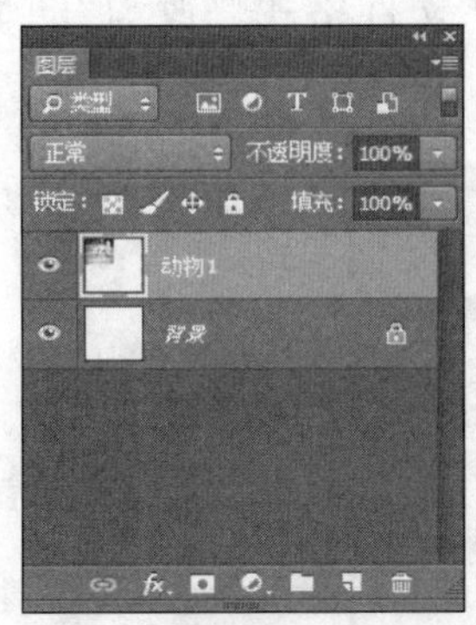

图 1.3.5

图 1.3.6

(5) 将“动物 2.jpg”“动物 3.jpg”“动物 4.jpg”三个文件按照步骤(2)、(3)操作,在“动物拼图”文件中分别生成三个新图层,分别命名为“动物 2”“动物 3”和“动物 4”,如图 1.3.7所示。调整好图层的位置后,效果如图 1.3.8 所示。

图 1.3.7

图 1.3.8

(6) 调整画布的大小,将背景色设置为蓝色(＃6047f6),执行“图像”→“画布大小”菜单命令,打开“画布大小”对话框,钩选“相对”复选框,宽度为 2 厘米,高度为 2 厘米,参数设置如图 1.3.9 所示,修改画布大小后图像的效果如图 1.3.10 所示。

图 1.3.9

图 1.3.10

(7) 执行“文件”→“存储为”菜单命令(或者使用 Ctrl+Shift+S 快捷键),弹出“另存为”对话框,如图 1.3.11 所示。将默认的“动物拼图.psd”文件格式修改为“动物拼图.jpg”格式。

图 1.3.11

1.3.2 案例 2 摄影图片处理

1) 案例分析

本案例要求使用 Photoshop 软件对摄影图片进行打印前的简单处理,打印五寸彩照,需要将图片的大小设置为 12.7 厘米×8.9 厘米,图片分辨率为 300 像素/英寸,图片的颜色模式为 CMYK 颜色。通过本案例可以掌握修改图像大小、图像分辨率和色彩模式的设置方法。

2) 案例实现

(1) 执行“文件”→“打开”菜单命令(或者使用 Ctrl+O 快捷键),弹出“打开”对话框,如图 1.3.12 所示。选择“天坛.jpg”图像文件后单击打开按钮,将文件打开,如图 1.3.13 所示。

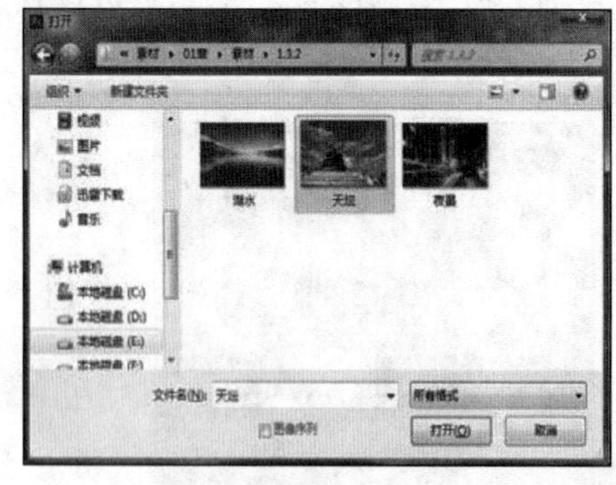

图 1.3.12

图 1.3.13

(2) 执行“图像”→“图像大小”菜单命令,弹出“图像大小”对话框,如图 1.3.14 所示。

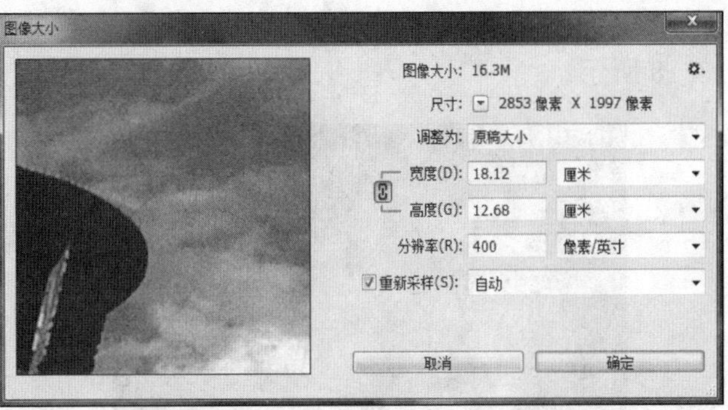

图 1.3.14

(3) 调整分辨率为 300 像素/英寸,文档大小为 14 厘米×9.8 厘米,如图 1.3.15 所示。单击确定,完成图像大小修改。

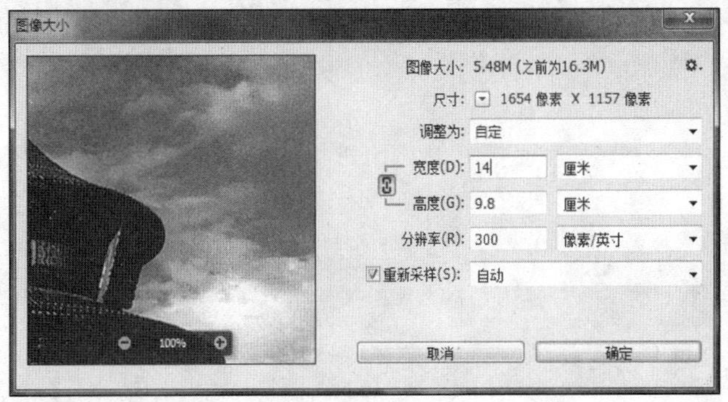

图 1.3.15

(4) 选择"裁剪工具",设置工具的选项栏,如图 1.3.16 所示。设定的数据为 5 寸照片的尺寸。

图 1.3.16

(5) 按住鼠标左键在图像中拖动,拖出裁剪框并调整位置,如图 1.3.17 所示。双击鼠标或按键盘上的 Enter 键,完成裁剪操作。

图 1.3.17

(6) 执行"图像"→"模式"→"CMYK 颜色"菜单命令，将 RGB 模式的图片改为 CMYK 模式的图片，如图 1.3.18 所示。

图 1.3.18

(7) 执行"文件"→"存储为"菜单命令(或者使用 Ctrl+Shift+S 快捷键)保存文件，以备彩印。

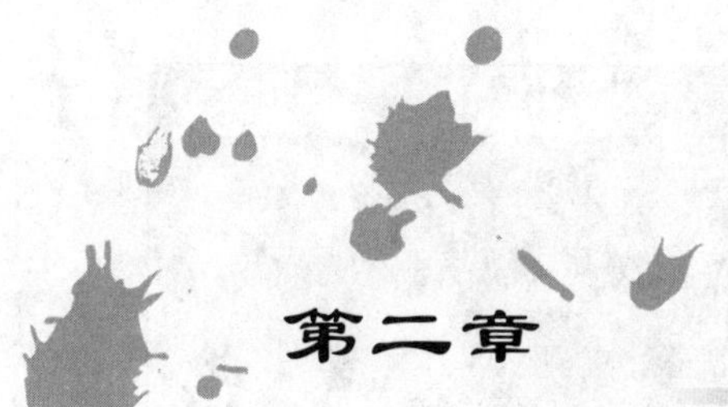

第二章 图像色彩调整

本章主要讲解如何快速方便地控制、调整图像的色彩和色调，包括色阶、自动对比度、曲线、自动颜色、色彩平衡、亮度/对比度、色相/饱和度、反相、色调均化等命令。只有学会有效地控制它们，才能制作出“好看”的图像。

2.1 知识储备

1）色彩调整的基本概念

（1）色相

色相、纯度和明度是色彩的三要素。色相是指色彩的相貌，是区别色彩种类的名称，如红、紫、橙、蓝、青、绿、黄等色彩分别代表一类具体的色相，而黑、白以及各种灰色是属于无色系的。对色相进行调整即在多种颜色之间变换。

（2）纯度

纯度是指色彩的纯净程度，也称饱和度。对色彩的饱和度进行调整即调整图像的纯度。

（3）明度

明度是指色彩的明暗程度，也可称为亮度。明度是任何色彩都具有的属性。白色是明度最高的颜色，因此在色彩中加入白色，可提高图像色彩的明度；黑色是明度最低的颜色，因此在色彩中加入黑色，可降低图像色彩的明度。

（4）对比度

对比度是指不同颜色之间的差异。调整对比度就是调整颜色之间的差异，提高对比度，可使颜色之间的差异变得更加明显。

2）“色阶”命令

“色阶”命令允许用户通过调整图像的明暗度来改变图像的色调范围和色彩平衡。执行“图像”→“调整”→“色阶”菜单命令，然后在“色阶”对话框中以拖动滑块或输入数字的方式调整输出及输入的色阶值即可，调整前后效果如图 2.1.1、图 2.1.2 及色阶对话框图 2.1.3 所示。

图 2.1.1　色阶调整前

图 2.1.2　色阶调整后

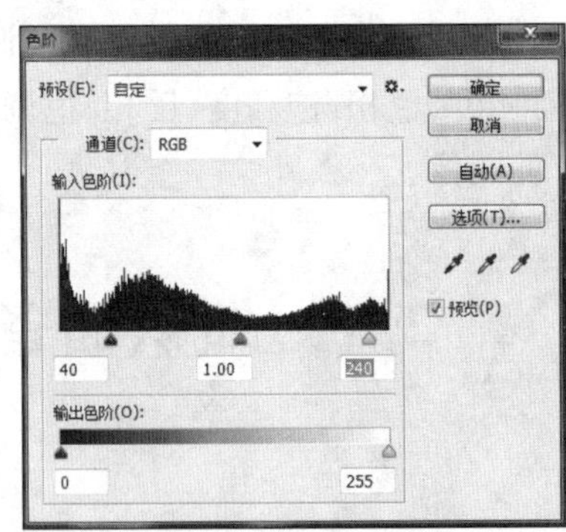

图 2.1.3　色阶对话框

3）“曲线”命令

“曲线”命令同“色阶”命令类似，都可以调整图像的整个色彩范围，是一个应用非常广泛的色调调整命令。不同的是，“色阶”命令只能调整亮调、暗调和中间灰度，而“曲线”命令却可以调整灰度曲线中的任何一点。“曲线”命令是最好的色调调整工具，在实际运用中用得也比较多。

通过调整曲线的形状，即可调整图像的亮度、对比度和色彩。首先在曲线上单击，然后按住鼠标左键拖动即可改变曲线的形状。当图像为 RGB 颜色模式时，曲线向左上角弯曲，图像变亮；当曲线形状向右下角弯曲，图像色调变暗。单击曲线时所产生的点称之为控制点，其值显示在下方的“输入”和“输出”组合框中。

若多次单击曲线，可产生多个点。要移动控制点位置，可在选中该控制点后用鼠标或按键盘中的上、下、左、右四个方向键进行拖动；要同时选中多个控制点，按住“Shift”键分别单击控制点即可；删除控制点，只需要在选中控制点后将控制点拖至坐标区域外即可，也可以按住“Ctrl”键单击要删除的控制点。用曲线上的控制点调整图像的前后效果如图 2.1.4、图 2.1.5及“曲线”对话框图 2.1.6 所示。

图 2.1.4　调整前

图 2.1.5　调整后

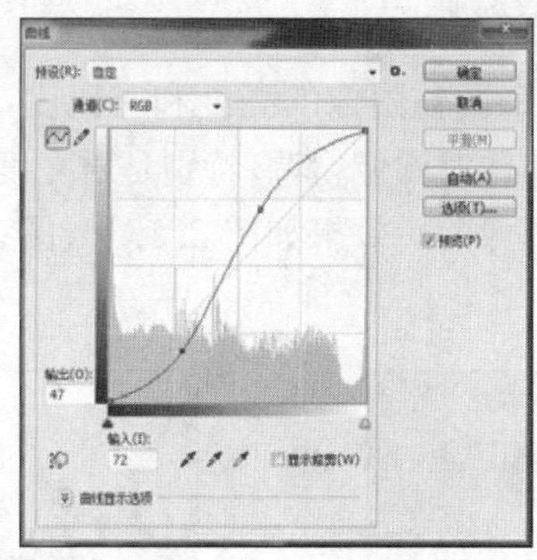

图 2.1.6　“曲线”对话框

4）“色彩平衡”命令

“色彩平衡”命令可以进行一般性的色彩校正，简单、快捷地调整图像颜色的构成，并混合各色彩，使其达到平衡。若要精确调整图像中各色色彩的成分，还需要用“曲线”命令或“色阶”命令。执行“图像”→“调整”→“色彩平衡”菜单命令（或者使用 Ctrl＋B 快捷键），弹出“色彩平衡”对话框，调整图像的前后效果如图 2.1.7、图 2.1.8 及“色彩平衡”对话框图 2.1.9 所示。

图 2.1.7　调整前

图 2.1.8　调整后

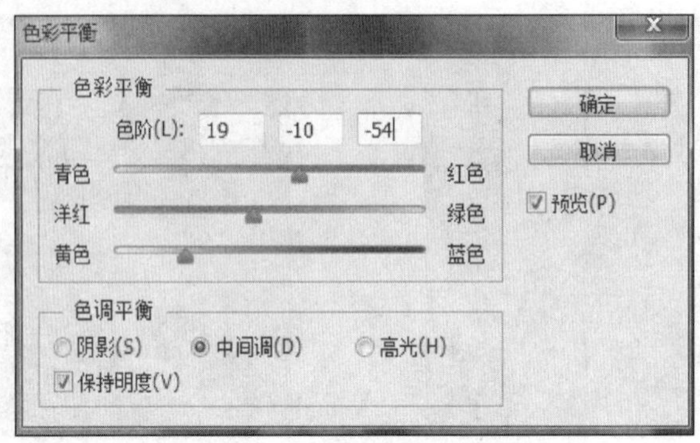

图 2.1.9 “色彩平衡”对话框

5)“亮度/对比度”命令

“亮度/对比度”命令主要用来调整图像的亮度和对比度，不能对单一通道进行调整，而且也不能像色阶及曲线等功能那样对图像粗调，特别是对亮度/对比度差异相对不太大的图像，使用起来将比较方便，调整图像前后效果如图 2.1.10、图 2.1.11 及“亮度/对比度”命令对话框图 2.1.12 所示。

图 2.1.10 亮度/对比度调整前

图 2.1.11 亮度/对比度调整后

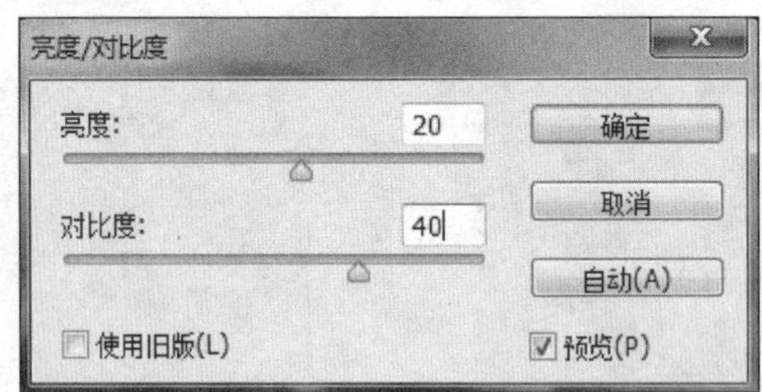

图 2.1.12“亮度/对比度”对话框

6)“色相/饱和度”命令

“色相/饱和度”命令主要用于改变图像像素的色相、饱和度和明度，而且还可以用来为像素定义新的色相和饱和度，实现灰度图像着色，或制作单色调图像效果，应用比较广泛，调整图像前后效果如图 2.1.13、图 2.1.14 及“色相/饱和度”命令对话框图 2.1.15 所示。

图 2.1.13　色相/饱和度调整前

图 2.1.14　色相/饱和度调整后

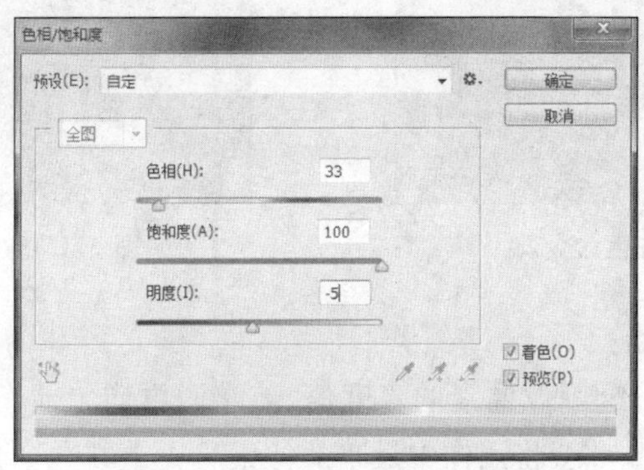

图 2.1.15　"色相/饱和度"对话框

7)"反相"命令

"反相"命令可以将图像的颜色反转,进行颜色的互补。可以用该命令将一张正片黑白图片转换为负片,或者将一张扫描的黑白负片转换为正片。"反相"命令可以单独对图层、通道、选取范围或者整个图像进行调整,只要执行"图像"→"调整"→"反相"菜单命令(或者使用 Ctrl+I 快捷键)。若连续两次选择"反相"命令,则图像会被还原为最初的图像。选择"反相"命令前后图像效果如图 2.1.16、图 2.1.17 所示。

图 2.1.16　反相命令前

图 2.1.17　反相命令后

8)“去色”命令

“去色”命令可以去除图像中的色彩,使图像变成无色彩,即灰度图像。去色后的图像模式并不发生改变。只要执行“图像”→“调整”→“去色”菜单命令(或者使用 Ctrl+Shift+U 快捷键),就可以完成去色操作。选择“去色”命令前后图像效果如图 2.1.18、图 2.1.19 所示。

图 2.1.18 去色命令前

图 2.1.19　去色命令后

9)“色调均化”命令

色调均化可以重新分配图像像素的亮度值,使它们更均匀地表现所有的亮度级别。在应用这一命令时,Photoshop 会将图像中最暗的像素填充上黑色,将图像中最亮的像素填充为白色,然后将亮度值进行均化,让其他颜色平均分布到所有的色阶上,执行“图像”→“调整”→“色调均化”菜单命令,执行“色调均化”命令前后的图像效果如图 2.1.20、图 2.1.21 所示。

图 2.1.20　调整前

图 2.1.21　调整后

10)“匹配颜色”命令

“匹配颜色”命令可以调整图像的亮度、色彩饱和度和色彩平衡,同时还可以将当前图层中图像的颜色与下一层中的图像或其他图像文件中的图像颜色相匹配。执行“图像”→“调整”→“匹配颜色”菜单命令,打开“匹配颜色”对话框。执行“匹配颜色”命令前后的图像效果如图 2.1.22、图 2.1.23 及“匹配颜色”命令对话框图 2.1.14 所示。

图 2.1.22　调整前

图 2.1.23　调整后

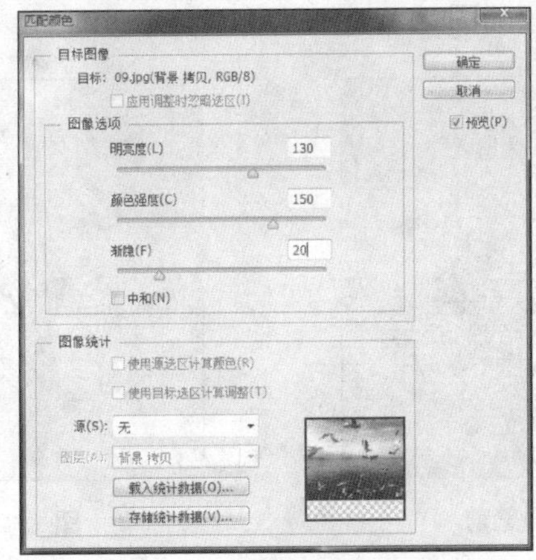

图 2.1.24　“匹配颜色”对话框

11）“替换颜色”命令

“替换颜色”命令可以替换图像中某个特定范围内的颜色。执行“图像”→“调整”→“替换颜色”菜单命令，打开“替换颜色”对话框。先用“吸管工具”在图像预览窗口中单击需要替换的某一颜色，然后在“替换”栏下方拖动 3 个滑竿上的滑块，设置新的色相、饱和度和明度，最后调整“颜色容差”值，数值越大，被替换的图像区域越大。执行“替换颜色”命令前后的图像效果如图 2.1.25、图 2.1.26 及“替换颜色”命令对话框图 2.1.27 所示。

图 2.1.25　颜色替换前

图 2.1.26　颜色替换后

图 2.1.27　“颜色替换”对话框

12）“可选颜色”命令

“可选颜色”命令可以有选择性地修改任何原色中印刷色的数量，而不会影响其他原色，这也是校正高端扫描仪和分色程序使用的一项技术。执行“图像”→“调整”→“可选颜色”菜单命令，打开“可选颜色”对话框。先在“颜色”下拉框中选择要调整的颜色，有红色、黄色、绿色、青色、蓝色、洋红、白色、中性色和黑色 9 种颜色选项，然后分别拖动“青色”“洋红”“黄色”和“黑色”滑块来调整 C、M、Y、K 四色的百分比。选中“相对”按钮表示按 CMYK 总量的百分比来调整颜色，若选中“绝对”按钮表示按 CMYK 总量的绝对值来调整颜色。执行“可选颜色”命令修改“红色”的 CMYK 值，操作前后的图像效果如图 2.1.28、图 2.1.29 所示，“可选颜色”命令对话框参数设置如图 2.1.30 所示。

图 2.1.28 调整前

图 2.1.29 调整后

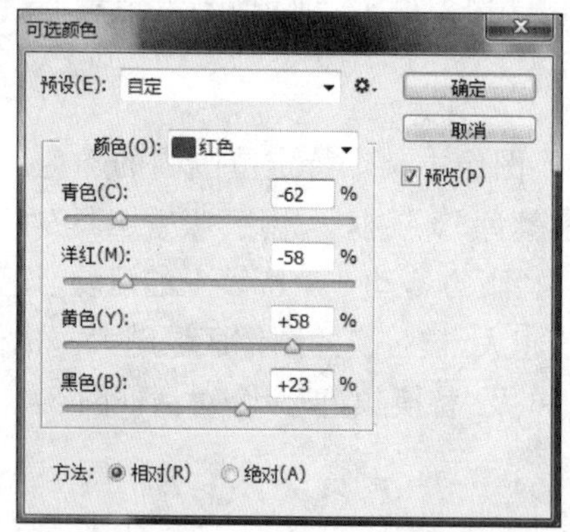

图 2.1.30 “可选颜色”对话框

2.2 案例 1 增加夕阳效果

1）案例分析

案例使用色相/饱和度、曲线等工具调整图片的色彩，勾勒出一幅夕阳西下、金波荡漾的夕阳美景。

2) 案例实现

(1) 执行"文件"→"打开"菜单命令(或者使用 Ctrl＋O 快捷键),打开素材图片"夕阳.jpg",如图 2.2.1 所示。使用 Ctrl+J 快捷键复制背景图层,生成背景图层的副本"背景拷贝"图层。如图 2.2.2 所示。

图 2.2.1

图 2.2.2

(2) 执行"图像"→"调整"→"色相/饱和度"菜单命令(或者使用 Ctrl＋U 快捷键),打开"色相/饱和度"对话框,将色相设为＋28,饱和度设置为＋36,明度设置为－2,参数设置如图 2.2.3所示,调整后的效果如图 2.2.4 所示。

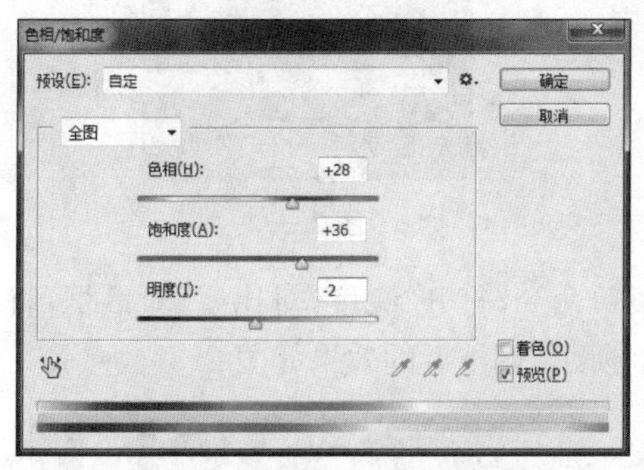

图 2.2.3

图 2.2.4

(3) 执行"图像"→"调整"→"曲线"菜单命令(或者使用 Ctrl＋M 快捷键),打开"曲线"对话框,参数设置如图 2.2.5 所示。最终的效果如图 2.2.6 所示。

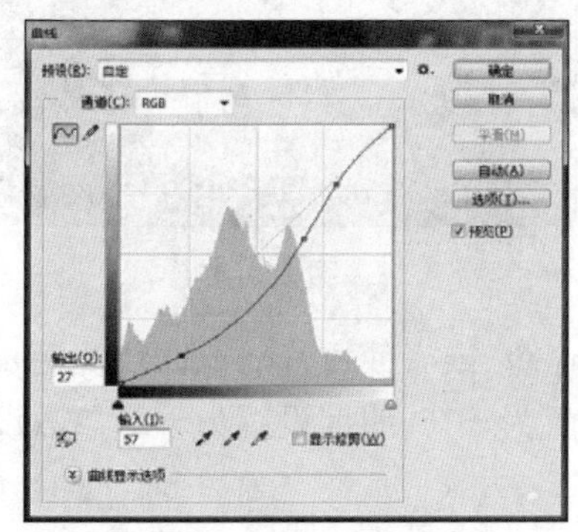

图 2.2.5

图 2.2.6

 2.3　案例 2　秋景变春光

1）案例分析

使用亮度/对比度、色相/饱和度等工具将秋天的风景图调整为一幅朝气蓬勃、郁郁葱葱的春景图。

2）案例实现

(1) 执行“文件”→“打开”菜单命令(或者使用 Ctrl+O 快捷键),打开素材图片“秋天.jpg”,如图 2.3.1。使用 Ctrl+J 快捷键复制背景图层,生成背景图层的副本“背景 拷贝”图层。如图 2.3.2 所示。

图 2.3.1

图 2.3.2

(2) 执行“图像”→“调整”→“亮度/对比度”菜单命令,打开“亮度/对比度”对话框,将亮度设为 78,对比度设置为 30,参数设置如图 2.3.3 所示,调整后的效果如图 2.3.4 所示。

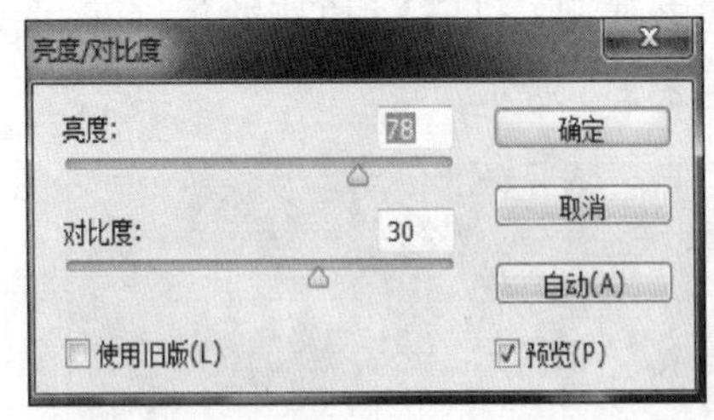

图 2.3.3

图 2.3.4

(3) 执行“图像”→“调整”→“色相/饱和度”菜单命令(或者使用 Ctrl+U 快捷键),打开“色相/饱和度”对话框,将色相设置为+98,饱和度设置为+16,明度设置为−2,参数设置如图 2.3.5所示,调整后的效果如图 2.3.6 所示。

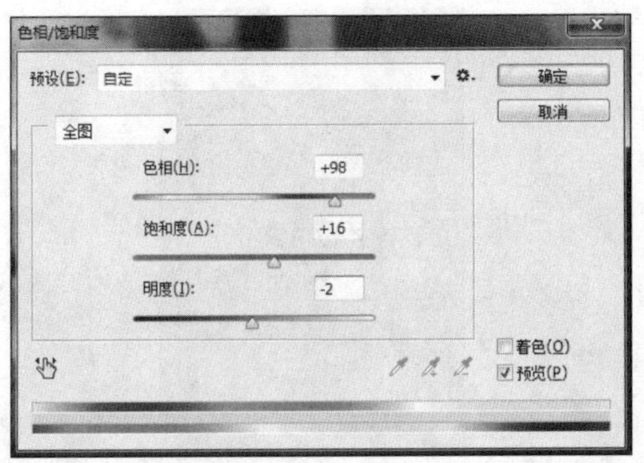

图 2.3.5

图 2.3.6

2.4　案例 3　制作怀旧风照片效果

1) 案例分析

本案例通过使用色阶、去色、色相/饱和度等命令将普通彩色照片调整成怀旧风格的照片。

2) 案例实现

(1) 执行"文件"→"打开"菜单命令(或者使用 Ctrl+O 快捷键),打开素材图片"女孩.jpg",如图 2.4.1。使用 Ctrl+J 快捷键复制背景图层,生成背景图层的副本"背景 拷贝"图层,如图 2.4.2 所示。

(2) 选择"滤镜"→"杂色"→"蒙尘和划痕"菜单命令,设置半径为 1 和阈值为 1,如图 2.4.3所示。

图 2.4.1

图 2.4.2

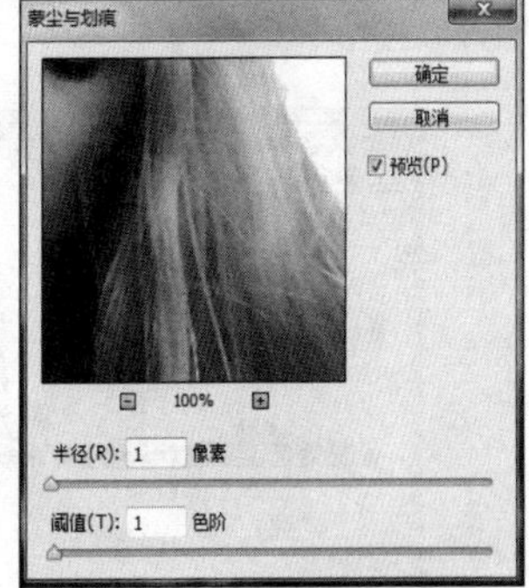

图 2.4.3

(3) 执行"文件"→"打开"菜单命令,打开素材图片"怀旧背景.jpg",如图 2.4.4 所示。使用"移动工具"将其移动到"女孩.jpg"文件中,产生新图层,将其调整到适合的大小,命名为"复古背景",如图 2.4.5 所示。

图 2.4.4

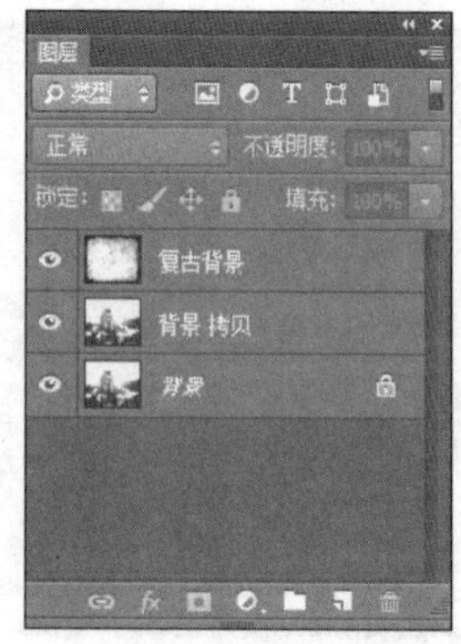

图 2.4.5

(4) 执行“图像”→“调整”→“去色”菜单命令，如图 2.4.6 所示。将“复古背景”图层的混合模式设置为柔光，如图 2.4.7 所示。

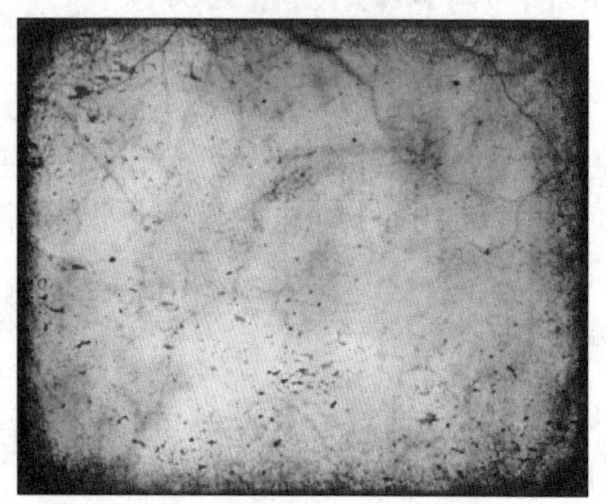

图 2.4.6

图 2.4.7

(5) 将“复古背景”图层和“背景 拷贝”合并，执行“图像”→“调整”→“色阶”菜单命令(或者使用 Ctrl+L 快捷键)，打开“色阶”对话框，参数设置如图 2.4.8。调整后的效果如图 2.4.9 所示。

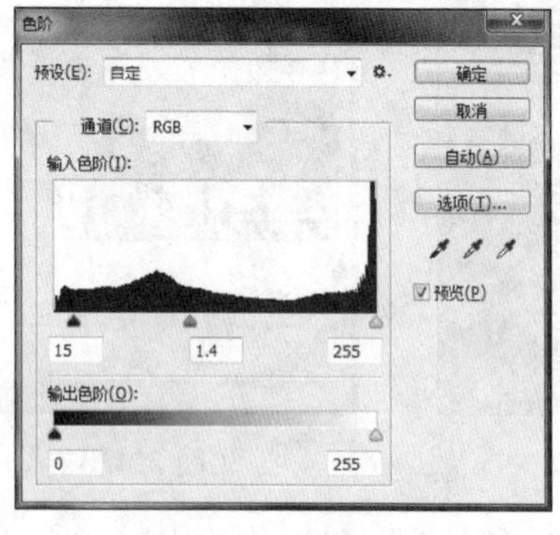

图 2.4.8

图 2.4.9

(6) 执行“图像”→“调整”→“色相/饱和度”菜单命令(或者使用 Ctrl+U 快捷键)，打开“色相/饱和度”对话框，首先钩选“着色”复选框，将色相设置为 38，饱和度设置为 22，参数设置如图 2.4.10 所示，最终效果如图 2.4.11 所示。

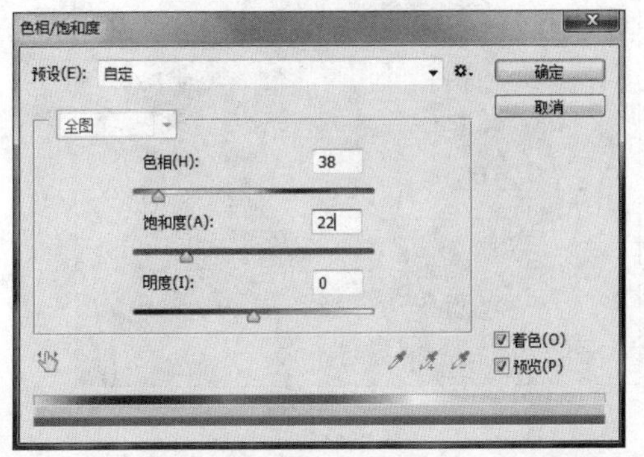

图 2.4.10

图 2.4.11

2.5　案例 4　黑白照片添加颜色

1）案例分析

本案例通过使用色彩平衡、亮度/对比度等命令并结合椭圆选框工具、套索工具为黑白照片添加颜色。

2）案例实现

(1) 执行“文件”→“打开”菜单命令(或者使用 Ctrl+O 快捷键)，打开素材图片“黑白照片.jpg”，如图 2.5.1。使用 Ctrl+J 快捷键复制背景图层，生成背景图层的副本“背景 拷贝”图层，如图 2.5.2 所示。

图 2.5.1

图 2.5.2

(2) 选中“背景 拷贝”图层，执行“图像”→“调整”→“色彩平衡”菜单命令(或者使用 Ctrl+B 快捷键)，打开“色彩平衡”对话框。在弹出的“色彩平衡”窗口中，对皮肤的主体色进行上色，首先设置“中间调”，调高红色和黄色，并适当加强洋红，这是调整黄色肤种的常用手法，具体参数如图 2.5.3 所示，效果如图 2.5.4 所示。

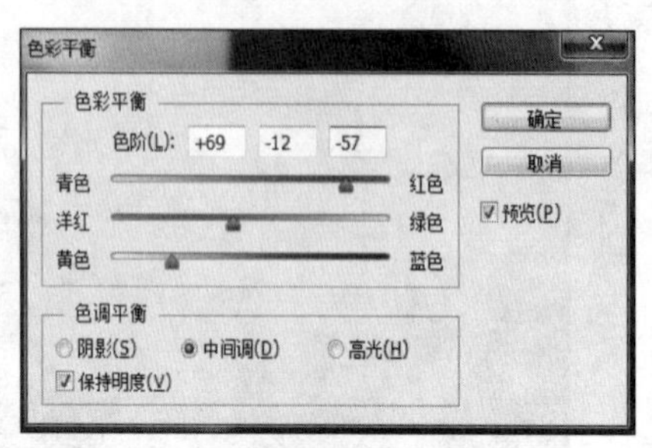

图 2.5.3

图 2.5.4

(3) 按 Ctrl+B 键,再次打开"色彩平衡"对话框,单击"阴影",阴影部分一样适当加强红色和黄色,但不再加强洋红,而是向绿色方向加强,这样就能让皮肤色彩产生层次感,具体参数如图 2.5.5 所示,效果如图 2.5.6 所示。

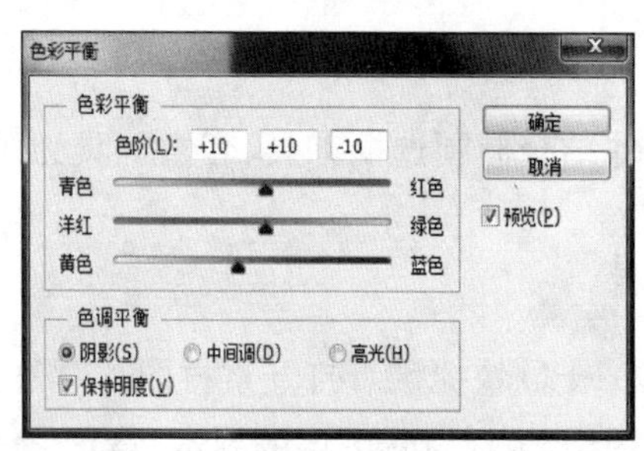

图 2.5.5

图 2.5.6

(4) 按 Ctrl+B 键,再次打开"色彩平衡"对话框,单击"高光",适当加强青色、洋红及蓝色,皮肤具有层次感,具体参数如图 3.5.7 所示,效果如图 3.5.8 所示。

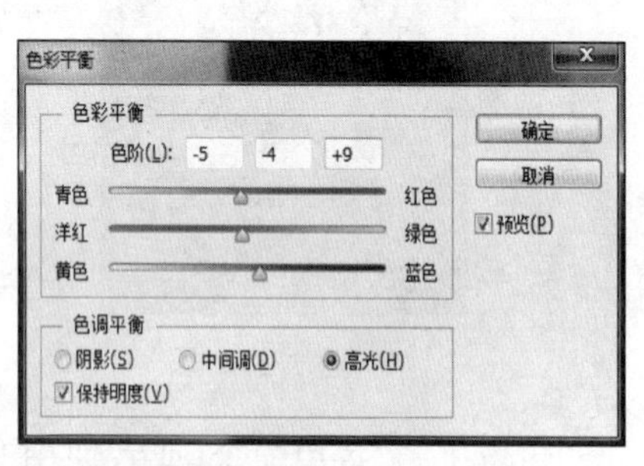

图 2.5.7

图 2.5.8

(5) 脸蛋部分添加一些腮红,这样会让皮肤看起来更加红润,新建一个透明图层命名为"腮红"图层,如图 2.5.9 所示。

图 2.5.9

(6) 使用“椭圆选框工具”在人物的腮部创建一个椭圆选区，如图 2.5.10 所示。在选区上单击右键，选择“羽化”选项，在弹出的“羽化选区”对话框中设置羽化半径为 10 像素，如图 2.5.11 所示。

图 2.5.10

图 2.5.11

(7) 将“前景色”设置为淡红色(#ff6699)，单击选择“油漆桶工具”，确保选中“腮红”图层，用油漆桶在选区上单击进行填充，效果如图 2.5.12 所示。

图 2.5.12

(8) 将“腮红”图层的不透明度降低到 26%，如图 2.5.13 所示。这样就会在皮肤上形成一种白里透红的效果，如图 2.5.14 所示。

图 2.5.13

图 2.5.14

(9) 将“腮红”图层复制生成一个“腮红 拷贝”图层,如图 2.5.15 所示。利用“移动工具”将其移动到另一边的脸蛋上,这样就形成了两边的腮红效果,具体如图 2.5.16 所示。

图 2.5.15

图 2.5.16

(10) 接下来处理头发的颜色,利用“套索工具”将头发部分大致选中,具体如图 2.5.17 所示。在选区上单击右键,选择“羽化”选项,在弹出的羽化选区对话框中设置羽化半径为 8 像素,如图 2.5.18 所示。

图 2.5.17

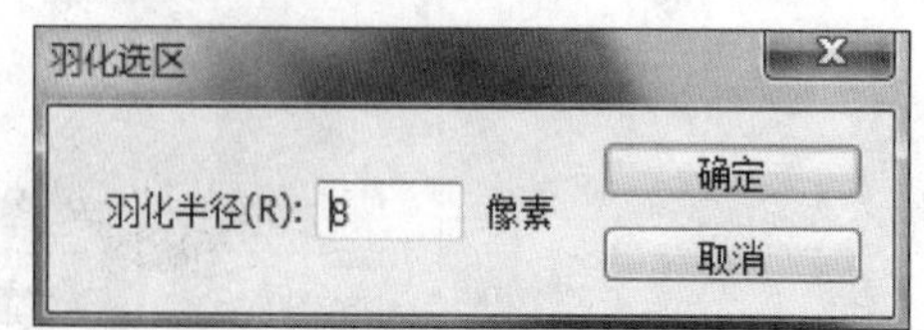

图 2.5.18

(11) 单击选中“背景 拷贝”图层,然后按 Ctrl+J 键将选区生成一个新的图层,命名为“头发”图层,如图 2.5.19 所示。

图 2.5.19

(12) 选中“头发”图层，执行“图像”→“调整”→“色彩平衡”菜单命令(或者使用 Ctrl+B 快捷键)，打开“色彩平衡”对话框。要让头发呈现黑色，只要将青色和蓝色加深即可，单击“中间调”，参数设置如图 2.5.20 所示。调整后的效果如图 2.5.21 所示。

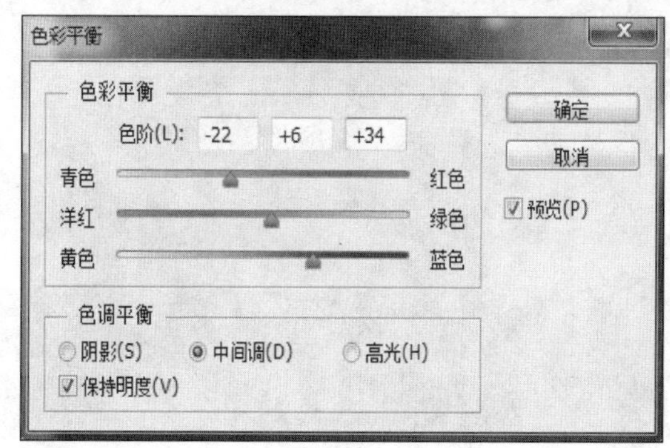

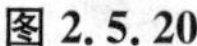
图 2.5.20

图 2.5.21

(13) 接下来处理眉毛和眼睛的颜色，利用“套索工具”将眉毛与眼睛部分大致选中，具体如图 2.5.22 所示。在选区上单击右键，选择“羽化”选项，在弹出的羽化选区对话框中设置羽化半径为 3 像素，如图 2.5.23 所示。

图 2.5.22

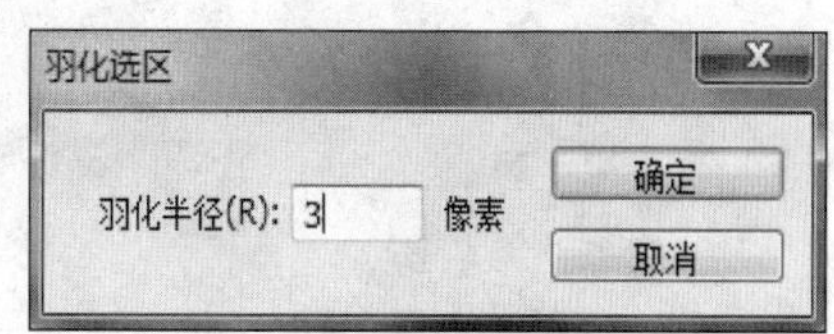

图 2.5.23

(14) 单击选中“背景 拷贝”图层，然后按 Ctrl+J 键将选区生成一个新的图层，命名为

“眼睛”图层，如图 2.5.24 所示。

图 2.5.24

(15) 选中“眼睛”图层，使用 Ctrl＋B 快捷键，打开“色彩平衡”对话框。参数设置如图 2.5.25 所示。调整后的效果如图 2.5.26 所示。

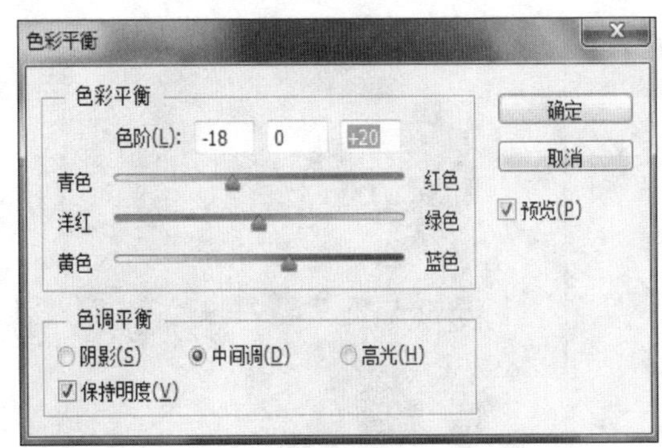

图 2.5.25

图 2.5.26

(16) 调整唇色，利用“套索工具”将嘴唇部分大致选中，具体如图 2.5.27 所示。在选区上单击右键，选择“羽化”选项，在弹出的“羽化选区”对话框中设置羽化半径为 3 像素，如图 2.5.28 所示。

图 2.5.27

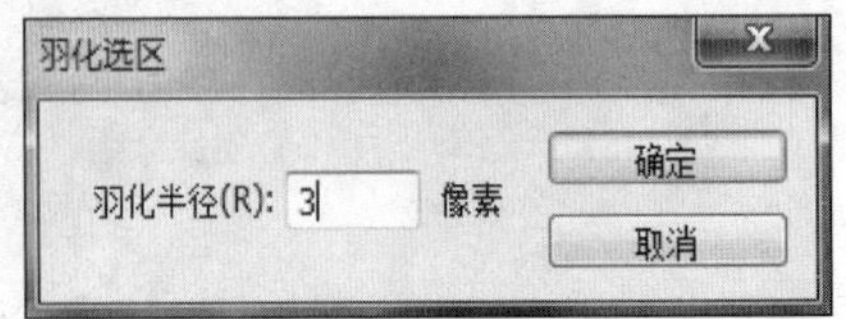

图 2.5.28

(17) 单击选中“背景 拷贝”图层，然后按 Ctrl＋J 键将选区生成一个新的图层，命名为

“嘴唇”图层，如图 2.5.29 所示。

图 2.5.29

(18) 选中“嘴唇”图层，使用 Ctrl＋U 快捷键，打开“色相/饱和度”对话框。钩选“着色”，色相为 336，饱和度为 62，参数设置如图 2.5.30 所示。调整后的效果如图 2.5.31 所示。

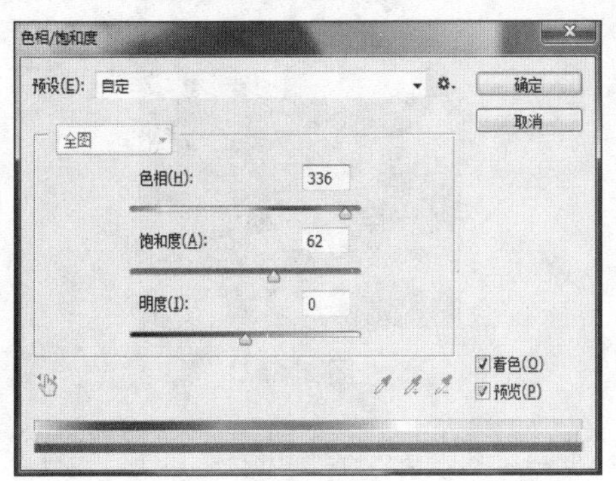

图 2.5.30

图 2.5.31

(19) 将所有图层拼合，执行“图像”→“调整”→“亮度/对比度”菜单命令，打开“亮度/对比度”对话框，设置亮度为 9，对比度为 10，如图 2.5.32 所示。最终效果图如图 2.5.33 所示。

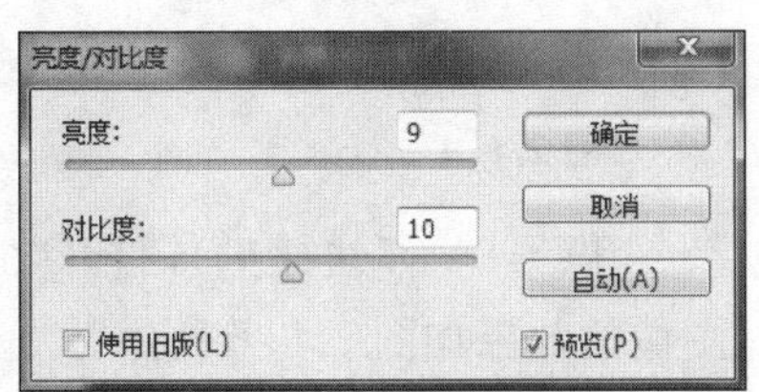

图 2.5.32

图 2.5.33

2.6　案例 5　调出黄绿色调的外景照片

1）案例分析

本案例通过使用曲线、可选色彩、亮度/对比度等命令调整图像的色调，为普通照片调制黄绿色调。

2）案例实现

(1) 执行"文件"→"打开"菜单命令(或者使用 Ctrl+O 快捷键)，打开素材图片"外景照片.jpg"，如图 2.6.1。使用 Ctrl+J 快捷键复制背景图层，生成背景图层的副本"背景 拷贝"图层，如图 2.6.2 所示。

图 2.6.1

图 2.6.2

(2) 将"背景 拷贝"图层的图层混合模式改为"滤色"，如图 2.6.3 所示。图像的现实效果如图 2.6.4 所示。

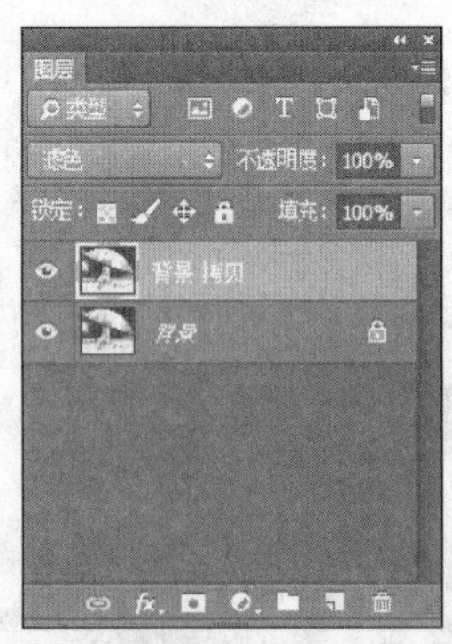

图 2.6.3

图 2.6.4

(3) 执行"图像"→"调整"→"曲线"菜单命令(或者使用 Ctrl+M 快捷键)，打开"曲线"对话框，为背景增加亮度，参数设置如图 2.6.5 所示。图像的效果如图 2.6.6 所示。

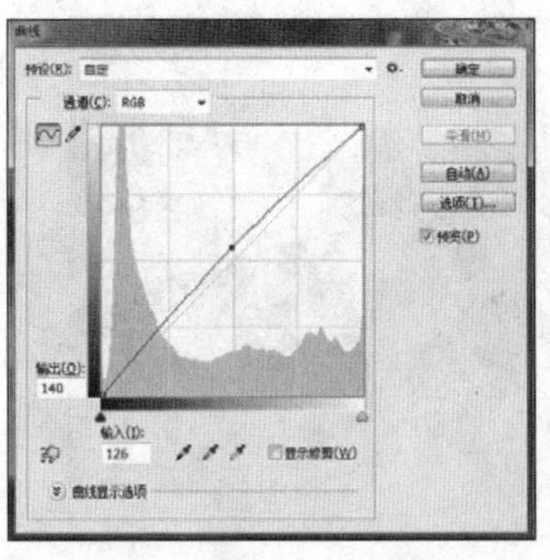

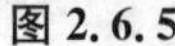
图 2.6.5

图 2.6.6

(4) 执行“图像”→“调整”→“可选颜色”菜单命令，打开“可选颜色”对话框，对绿色调整数值。青色：－100，洋红：＋53，黄色：＋90，黑色：＋19，参数设置如图 2.6.7 所示。图像效果如图 2.6.8 所示。

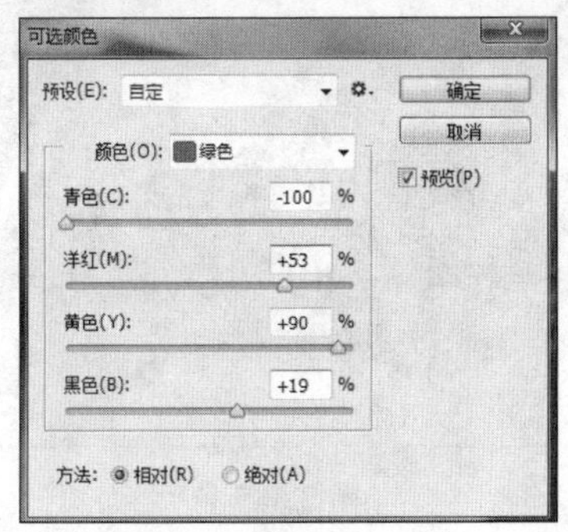

图 2.6.7

图 2.6.8

(5) 执行“图像”→“调整”→“可选颜色”菜单命令，打开“可选颜色”对话框，对中性色调整数值。青色：－34，洋红：－6，黄色：＋32，黑色：0，参数设置如图 2.6.9 所示。图像效果如图 2.6.10 所示。

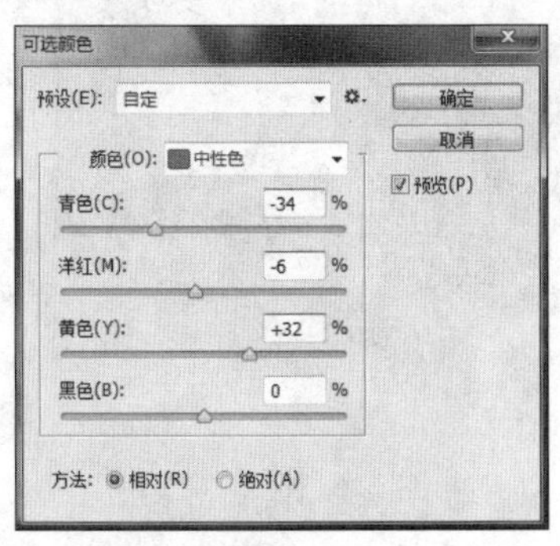

图 2.6.9

图 2.6.10

(6) 执行“图像”→“调整”→“可选颜色”菜单命令，打开“可选颜色”对话框，调整黑色数值。青色：＋26，洋红：＋14，黄色：－7，黑色：＋12，参数设置如图 2.6.11 所示。图像效果如图 2.6.12 所示。

图 2.6.11

图 2.6.12

(7) 执行“图像”→“调整”→“亮度/对比度”菜单命令，打开“亮度/对比度”对话框，设置亮度为－17，对比度为 26，如图 2.6.13 所示。图像效果如图 2.6.14 所示。

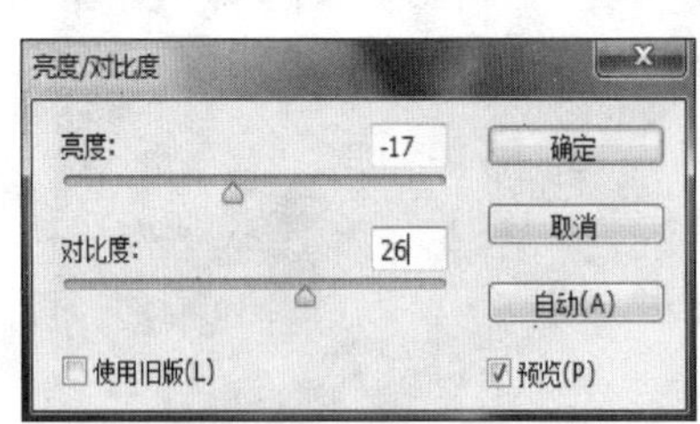

图 2.6.13

图 2.6.14

(8) 执行“滤镜”→“锐化”→“USM 锐化”菜单命令，打开“USM 锐化”对话框，数量为 115％，半径为 1.4 像素，如图 2.6.15 所示，确定后完成最终效果如图 2.6.16 所示。

图 2.6.15

图 2.6.16

 2.7 知识梳理

色彩调整包含两个层面：严格的色彩校正和感觉的色彩调整。调整时拍摄景物的色彩

与原始景物色彩应尽量一致。用户可对图片进行主观的色彩升华，使其具有某种风格，或合成时拼合来源不同或光源有差异的各种素材，尽量避免与原图差异性过大。

重要工具：色阶、自动对比度、曲线、自动颜色、色彩平衡、亮度/对比度、色相/饱和度、反相、色调均化等命令。

核心技术：图像色彩的调整方法，特殊图像颜色的调整方法，图像色调的调整方法。

2.8　能力训练

1）训练 1

处理提供的"原野.jpg"素材文件中的图像，通过"颜色调整""曲线"和"色彩平衡"命令把夏天的原野调节成秋天的原野，如图 2.8.1 所示。

原图

效果图

图 2.8.1

2）训练 2

打开提供的"彩色图片.jpg"素材图片，通过使用"去色"命令将彩色图案调整为黑白图像，并使用滤镜中的"高斯模糊"命令将黑白图像调整得更加柔美，如图 2.8.2 所示。

原图

效果图

图 2.8.2

第三章 创建和调整图像选区

选区是 Photoshop CC 中十分重要的概念，许多操作都是基于选区进行的。简单地说，选区就是各种命令的操作区域。通过创建选区，可约束操作发生的有效区域，从而使每一项操作都有针对性地进行。因此，选区的优劣、准确与否，都与图像编辑的成败有着密切的关系，如何在最短的时间内创建有效的、精确的选区是我们经常面临的问题。

3.1 知识储备

3.1.1 创建选区

1) 选区的概念

选择区域简称选区。Photoshop 在处理图像时，通常需要先选取待处理的部分，选取以后，才可以根据需要对选区进行编辑、处理。准确、有效地选取图像目标区域是非常重要的。

选取的方法很多，可根据需要选择不同的工具。在 Photoshop CC 的工具箱中提供了选框工具组、套索工具组、魔棒工具组三类区域选择工具，选择菜单栏中还提供了“色彩范围”等选取命令。

2) 选框工具组

选框工具组中包括“矩形选框工具”(建立一个矩形选区)、“椭圆选框工具”(建立一个椭圆选区)、“单行选框工具”和“单列选框工具”(建立宽为 1 个像素的行或列)四种，如图 3.1.1 所示。选用相应的工具并在其属性栏中设置后，用鼠标直接拖动即可建立相应的选区。

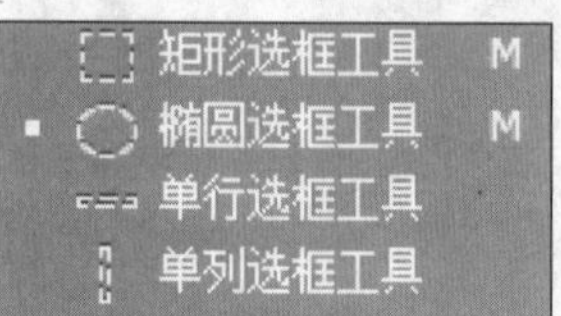

图 3.1.1 选框工具组

按住 Shift＋M 键可以快速选取“矩形选框工具”或“椭圆选框工具”，重复按 Shift＋M 键可以实现这两个工具的切换。用选框工具建立新选区时，按住 Shift 键并拖动鼠标，可得到正方形或正圆选区；按住 Alt 键并拖动鼠标，以拖动的开始点为中心点选择出一个区域；同时按住 Shift＋Alt 键并拖动鼠标，以拖动的开始点为中心点选择出一个正方形或正圆形的选区。

3）套索工具组

“套索工具组”包括“套索工具”“多边形套索工具”和“磁性套索工具”三种，如图 3.1.2 所示。

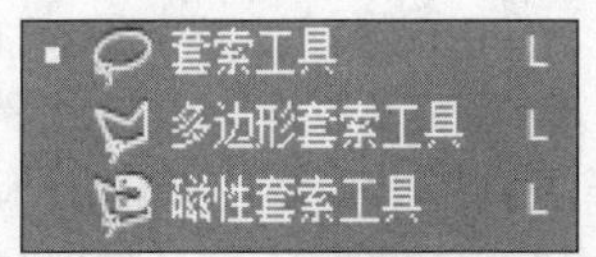

图 3.1.2　套索工具组

“套索工具”以手控的方式进行选择，用于选择无规则、外形复杂、边缘较平滑的图形，如图 3.1.3 所示。“多边形套索工具”一般用于选取外形复杂但棱角分明、边缘呈直线的图形，如图 3.1.4 所示。双击鼠标左键或按 Enter 键，系统将自动联合开始点和结束点，产生选区。在选取过程中若要删除某些线段，按 Delete 键即可。

图 3.1.3　“套索工具”创建选区

图 3.1.4　“多边形套索工具”创建选区

“磁性套索工具”具有自动识别对象边缘的功能，使用它可以快速选取边缘复杂，但边缘与背景对比清晰的图像。选择该工具后，在需要选取的图像边缘单击，然后沿着其边缘移动，当光标移至终点处时单击，即可创建选区。“磁性套索工具”需要配合选项栏的设置才能发挥出其最大功率，其选项栏如图 3.1.5 所示。

图 3.1.5　“磁性套索工具”选项栏

其中的各项含义如下：

“宽度”：用来设置工具的检测宽度，如果边界清晰，可将该数值设置得大一些；如果边界复杂，可将该值设置得小一些。

“对比度”：用来设置工具能够检测到的图像边缘与背景之间的对比度。如果对象的边缘清晰，可将该数值设置得大一些；如果对象的边缘与背景的对比度不是很明显，则应该设置小一些的数值。

“频率”:用来设置建立选区的节点数目,频率越高,插入的定位节点越多,得到的选择区域越精确。

使用“套索工具”时,按住 Alt 键松开鼠标左键,则变换成“多边形套索工具”,松开 Alt 键后还原为“套索工具”。使用“多边形套索工具” 时,按住 Alt 键并移动鼠标,则会变为“套索工具”,松开 Alt 键后还原。使用“磁性套索工具” 时,按住 Alt 键并按鼠标左键拖动鼠标,则会变为“套索工具”,松开鼠标左键并拖动则变成“多边形套索工具”;松开 Alt 键后恢复为“磁性套索工具”。

4) 魔棒工具组

“魔棒工具组”包括“快速选择工具”和“魔棒工具”两种,如图 3.1.6 所示。“快速选择工具”可以像使用“画笔工具”一样来绘制选区。该工具可以使用两种方式来完成选区的创建,即拖动涂抹和单击。在实际的操作中,可以将两者结合起来使用。如在选择大范围的图像内容时,可以利用拖动滑抹的形式进行处理;在添加或减少范围时,则可以考虑使用单击的方式进行处理。

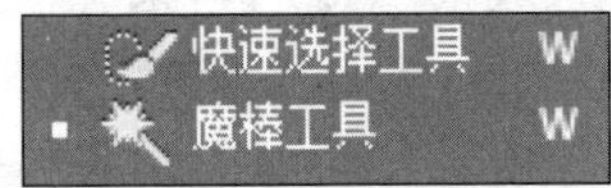

图 3.1.6 魔棒工具组

“魔棒工具”也是一种具有自动识别功能的工具,它可以根据图像的颜色创建选区。选择该工具后,只需在图像上单击即可选择与单击颜色相近的区域。对于色调反差比较大或者类似颜色较多的图片,可采用魔棒工具进行简便的选择。“魔棒工具”的选项栏中有四个选项控制着该工具的性能,如图 3.1.7 所示。

图 3.1.7 “魔棒工具”选项栏

其中的各项含义如下:

“容差”:用来设置可选取的颜色范围,取值的范围为 0~255,数值越大选择的颜色范围越广。

“消除锯齿”:选中该复选框后,可在选区边缘 1 像素宽的范围内添加与周围图像相近的颜色,使边缘颜色的过渡柔和,从而消除锯齿。

“连续”:选中此复选框时,仅选择颜色连接的区域;取消选中此复选框时,则可以选取与单击点颜色相近的所有区域。

5) “色彩范围”选取

执行“选择”→“色彩范围”菜单命令,弹出“色彩范围”对话框,如图 3.1.8 所示。在“色彩范围”对话框的“选择”下拉菜单栏中,可以指定一个标准色彩或选择“取样颜色”,用吸管在图像中吸取一种颜色。在“颜色容差”框中设定允许的范围。“反相”复选框,其作用相当于“反选”。三支吸管,自左向右为“吸管”“+吸管”和“-吸管”。作用分别为:在图像上单击后选定所需的颜色区域;在当前选区中增加另一种颜色区域;在当前选区中减少另一种颜色区域。

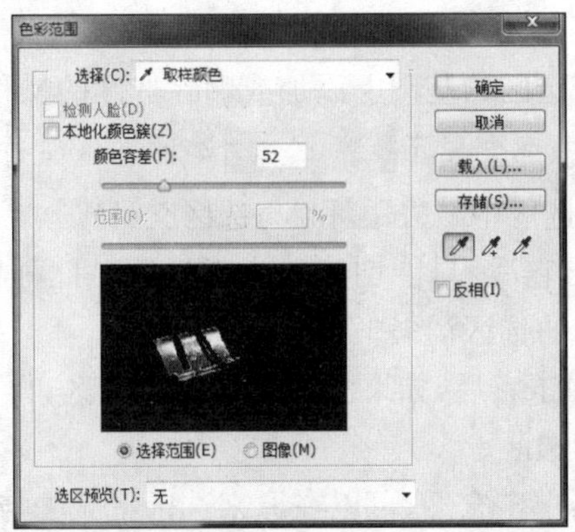

图 3.1.8 “色彩范围”对话框

3.1.2 编辑与修改选区

使用系统提供的工具和命令创建的选区往往需要进行一定的修改才能符合要求。创建选区后，可使用其他命令对选区进行修改。

1）羽化

羽化就是柔化选区边缘，羽化值越低柔化的范围越小，反之则越大，如图 3.1.9 所示。

(a) 羽化半径为 10 像素

(b) 羽化半径为 30 像素

图 3.1.9 设置不同羽化半径的对比效果

羽化选区的操作可以在创建选区前设置，也可在创建选区后进行。在使用各种选框工具和套索工具创建选区前，可在工具选项栏中的“羽化”选项中设置不为 0 的羽化值。

如果已经创建了选区，可以通过选择“选择”→“修改”→“羽化”菜单命令，在弹出的“羽化选区”对话框中设置选区的“羽化半径”，如图 3.1.10 所示。

图 3.1.10 “羽化选区”对话框

2）选区的运算

选区的运算是指在原有选区的基础上添加或删除选区的操作。在工具箱中选择任意一种选区工具，工具的选项栏中都会显示 4 种选区工作模式按钮，分别为“新建选区”、“添加到选区”、“从选区中减去”和“与选区交叉”。

（1）“新建选区”：单击它后，只能创建一个新选区。此种模式下，如果已经有一个选区，再创建一个选区，则原来的选区消失。

（2）“添加到选区”：单击它后，如果已经有了一个选区，再创建一个选区，则新建选区与原来的选区连成一个新的选区。

（3）“从选区中减去”：单击它后，可以在原来选区上减去与新选区重合的部分。

（4）“与选区交叉”：单击它后，可以只保留新选区与原来选区重合的部分，得到一个新选区。

3）选区的移动、变换与取消

移动选区：建立选区后，可以使用任何创建选区工具移动选区。要移动选区可将光标移入选区后拖动。也可使用键盘上的方向键移动选区，每按一次方向键，选区移动 1 个像素，每按 Shift＋方向键一次，选区移动 10 个像素。如果按住 Ctrl 键再拖动，则可以移动选区内的图像，如图 3.1.11 所示。

(a) 选区移动之前

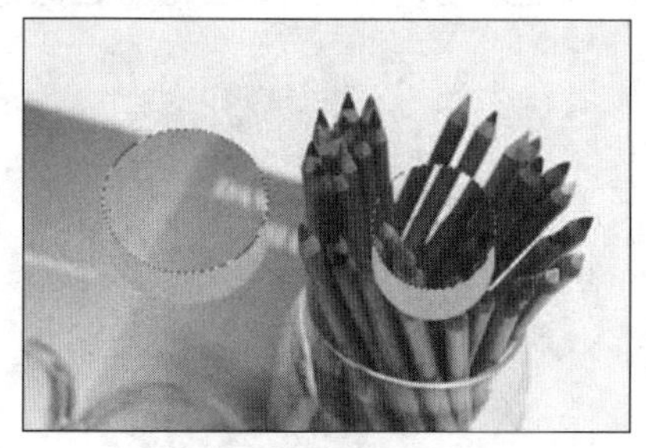
(b) 按住 Ctrl 键移动之后

图 3.1.11

变换选区：创建选区后，执行“选择”→“变换选区”菜单命令，调出自由变换控制框，在控制框中单击鼠标右键，在弹出的快捷菜单中选择相应的命令，可以对选区进行自由变换、缩放、旋转、斜切、扭曲、透视、变形等操作。该操作可以实现对选区的二次利用，得到新的选区，从而大大降低了制作新选区的难度。

取消选区：执行“选择”→“取消选区”菜单命令，或者按 Ctrl＋D 键，都可以取消选区。另外，在“新建选区”和“与选区交叉”工作模式下，单击画布窗口内选区外任意处，也可以取消选区。

4）选区的修改

创建选区后，可以通过执行“选择”→“修改”子菜单命令对选区范围进行放大、缩小等操作，其中包括“边界”“平滑”“扩展”和“收缩”四个命令。

“边界”：选择该命令后，新选区以原选区为中心，向外和向内偏移一定的宽度，将原来的选区范围变成环状的选区。偏移的宽度可在对话框中设置。

“平滑”：该命令可以使选区变得平滑，将尖角变成圆角，通常会缩小选区范围。

“扩展”：该命令可以在原选区的基础上向外偏移扩大选区的范围。

“收缩”：与“扩展”命令相反，用于收缩选区。

如图 3.1.12 所示为一个 200 像素大小的正方形选区，展示了对该选区分别执行不同修改命令得到的结果。

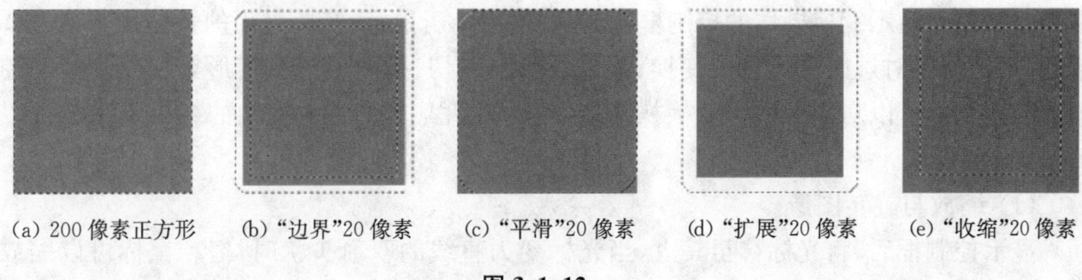

(a) 200 像素正方形　(b) “边界”20 像素　(c) “平滑”20 像素　(d) “扩展”20 像素　(e) “收缩”20 像素

图 3.1.12

5) 调整选区边缘

调整边缘是一种用于修改选区边缘的简单、灵活的方法。所有的选择工具选项栏中都包含有“调整边缘”按钮。

单击工具选项栏中的“调整边缘”按钮，或执行“选择”→“调整边缘”菜单命令，打开“调整边缘”对话框。在该对话框中可以使用滑块控件，通过扩展、收缩、羽化或平滑选区边缘来对选区进行修改。操作时，可以一边调整一边预览效果，从而建立更完善的选区，如图 3.1.13 所示。

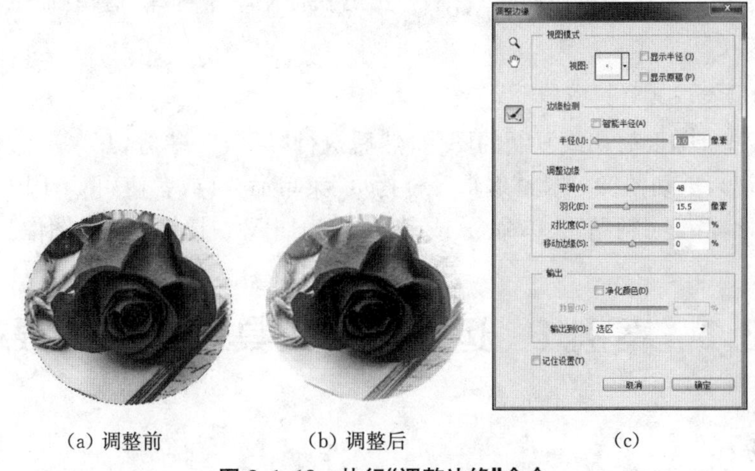

(a) 调整前　(b) 调整后　(c)

图 3.1.13　执行“调整边缘”命令

6) 选区的取消、保存和载入

执行“选择”→“取消选择”菜单命令(或者使用 Ctrl＋D 快捷键)可取消选区；选区可以保存，也可以在需要时将已保存的选区重新载入；要保存选区，可执行“选择”→“存储选择”菜单命令，在弹出的“存储选区”对话框中设置选区的名称即可；要载入选区，可执行“选择”

→“载入选区”菜单命令，在弹出的“载入选区”对话框中，从“通道”下拉列表中选择已经存储的选区，并设置“操作”选项，设置完成后按“确定”按钮即可以载入选区。

3.1.3 选区内图像的调整

1）图像的变换操作

选择“移动工具”后，执行“编辑”→“自由变换”菜单命令（或者使用 Ctrl＋T 快捷键），可在当前对象上显示变换操作的控制框，在控制框中单击鼠标右键，弹出的快捷菜单中选择相应的命令，可以对选区进行自由变换、缩放、旋转、斜切、扭曲、透视、变形等操作。拖动控制框上的控制点可以对图像进行变换操作。在操作过程中，如果对变换的结果不满意可以按 Esc 键取消操作。

（1）缩放与旋转图像

显示控制框后，将光标移至其上，当光标变为直线的双箭头状时，拖动鼠标可以缩放图像，同时按下 Shift 键可进行等比缩放；当光标在控制四周的控制柄外，光标会变为弧线的双箭头，拖动鼠标即可以对图像进行任何角度的旋转变形。

（2）斜切

在控制框内单击鼠标右键，从弹出的快捷菜单中选择“斜切”命令，然后将光标移至控制框四周的控制点，当其显示为形状时，拖动鼠标可沿水平方向斜切对象；当鼠标变为形状时，拖动鼠标可沿垂直方向斜切对象。

（3）扭曲与透视

在控制框内单击鼠标右键，从弹出的快捷菜单中选择“扭曲”命令，将光标移至控制框四周的控制点上，拖动鼠标即可扭曲对象；从弹出的快捷菜单中选择“透视”命令，拖动鼠标可透视变换图像。

2）图像的剪切、复制和粘贴

建立选区选择需要剪切或复制的图像，然后执行“编辑”→“剪切”菜单命令（或者使用 Ctrl＋X 快捷键），剪切图像；执行“编辑”→“拷贝”菜单命令（或者使用 Ctrl＋C 快捷键），复制图像；执行“编辑”→“粘贴”菜单命令（或者使用 Ctrl＋V 快捷键），粘贴图像。

3.2 案例 1 运用选框工具制作中国银行标志

1）案例分析

本案例运用矩形选框工具、椭圆选框工具，并结合选区的加运算、减运算以及 Alt 与 Shift 组合键的使用，实现绘制中国银行的标志。

2）案例实现

（1）执行“文件”→“新建”菜单命令，设置文件大小为 10 厘米×10 厘米，分辨率为 150 像素/英寸，颜色模式为 RGB 颜色，背景内容为白色，文件命名为“中国银行标志”，如图 3.2.1 所示。

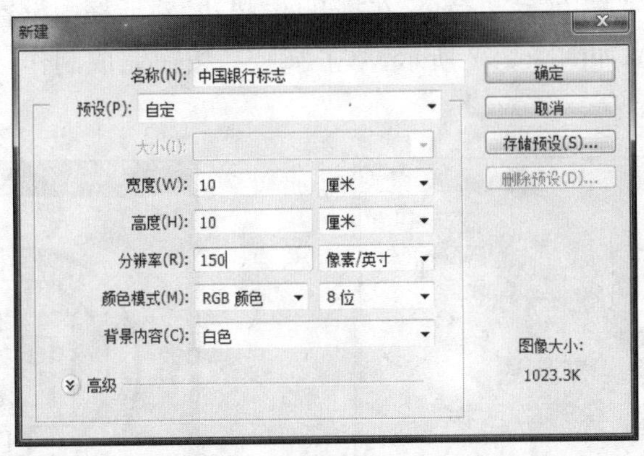

图 3.2.1

(2) 执行“视图”→“标尺”菜单命令(或者使用 Ctrl＋R 快捷键),显示出标尺,使用“移动工具”拖出两条垂直参考线,如图 3.2.2 所示,选择“椭圆选框工具”,按住 Alt＋Shift 键绘制出以参考线交点为中心的正圆,如图 3.2.3 所示。

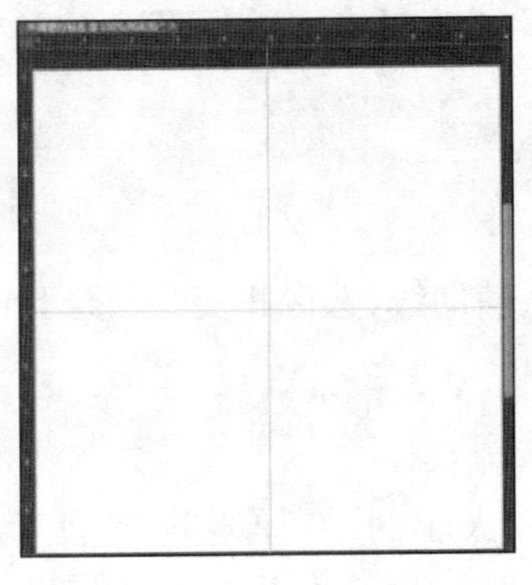

图 3.2.2

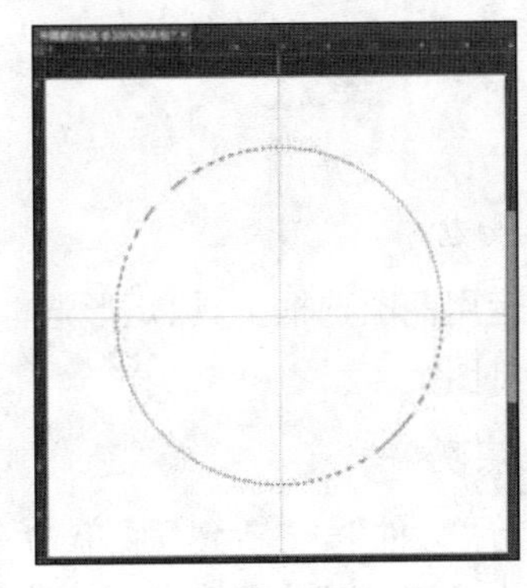

图 3.2.3

(3) 选择“椭圆选框工具”,设置选择模式为“从选区减去”,绘制出如图 3.2.4 所示的图形;选择“矩形选框工具”,设置选择模式为“添加到选区”,绘制出如图 3.2.5 所示的效果。继续用同样的方法绘制出完整的选区,如图 3.2.6 所示。

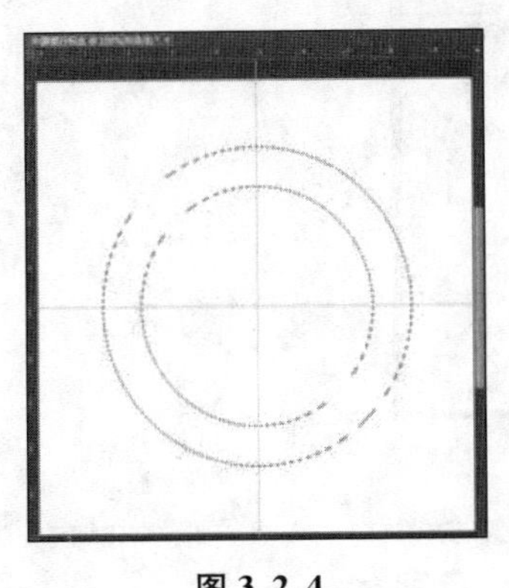

图 3.2.4

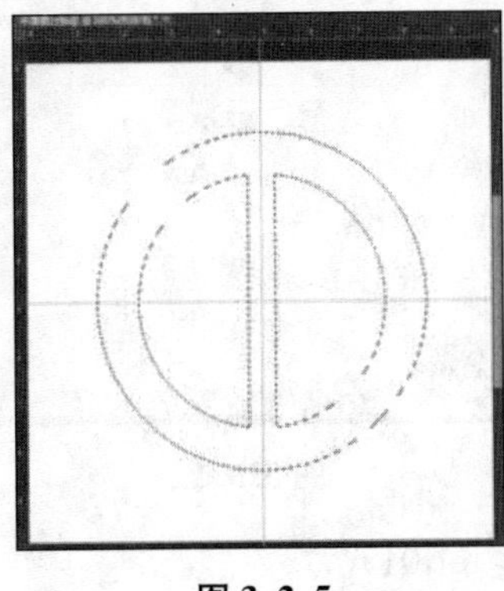

图 3.2.5

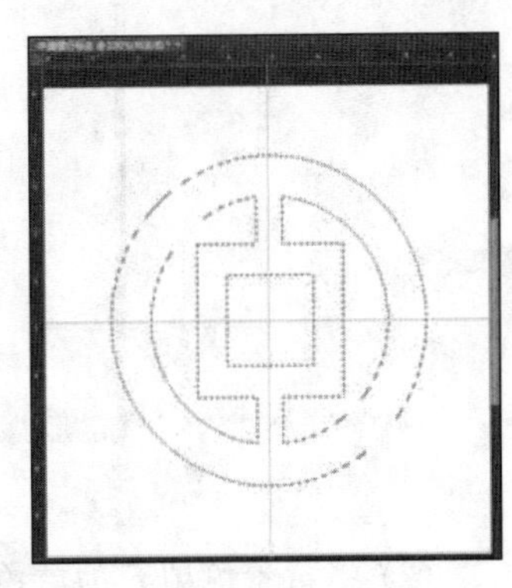

图 3.2.6

(4) 执行"编辑"→"描边"菜单命令，在打开的"描边"对话框中设置描边宽度为 5 像素，颜色为红色(＃ff0000)，如图 3.2.7 所示，单击"确定"按钮完成制作，最终效果如图 3.2.8 所示。

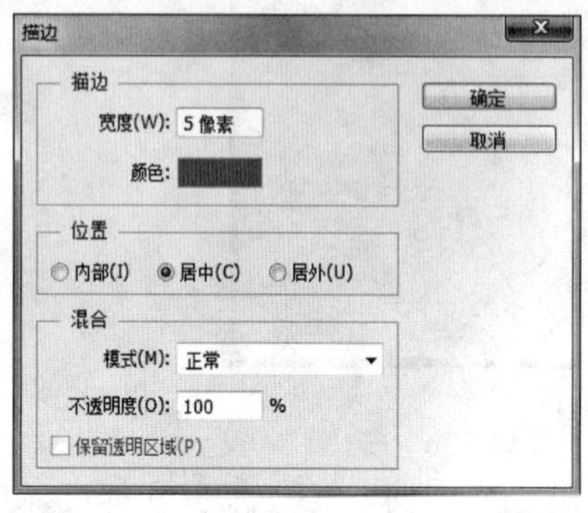

图 3.2.7

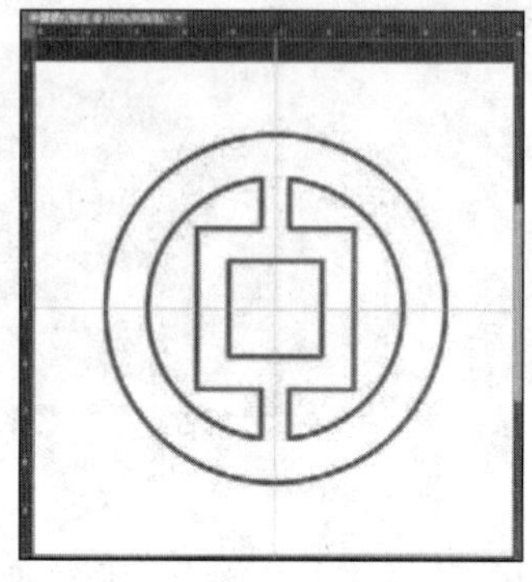

图 3.2.8

 3.3 案例 2 制作八卦图

1) 案例分析

本案例运用椭圆选框工具、矩形选框工具、标尺、辅助线、选区相交并结合 Shift＋Alt 组合键绘制八卦图案。

2) 案例实现

(1) 执行"文件"→"新建"菜单命令，设置文件大小为 16 厘米×16 厘米，分辨率为 150 像素/英寸，颜色模式为 RGB 颜色，背景内容为白色，文件命名为"八卦图案"，如图 3.3.1 所示。

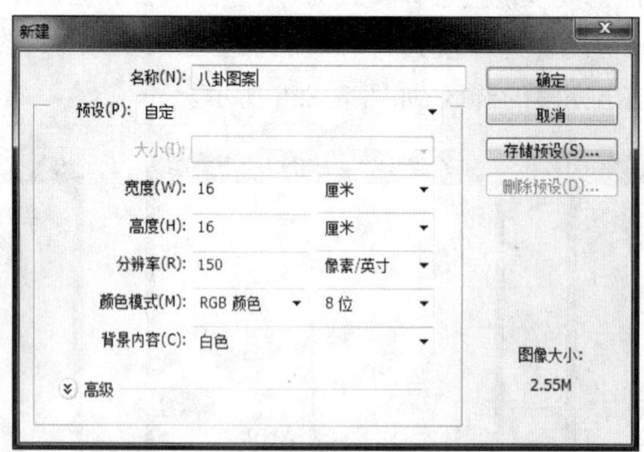

图 3.3.1

(2) 将背景色填充为黄色(＃feff01)。

(3) 执行"视图"→"标尺"菜单命令(或者使用 Ctrl＋R 快捷键)，然后创建两条互相垂直的辅助线，让其落在标尺的8厘米处并在图像中心相交，如图3.3.2所示。

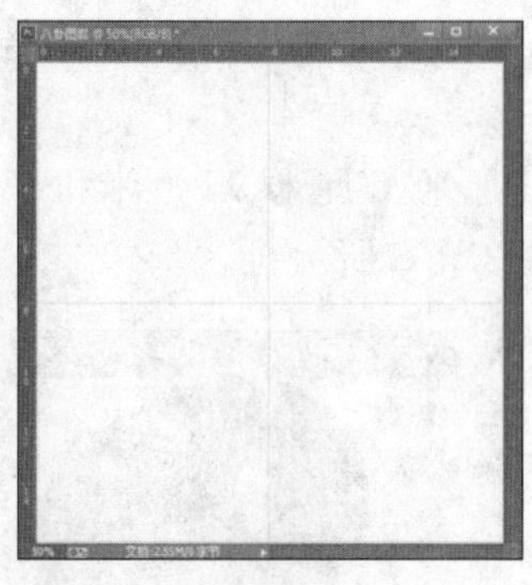

图 3.3.2

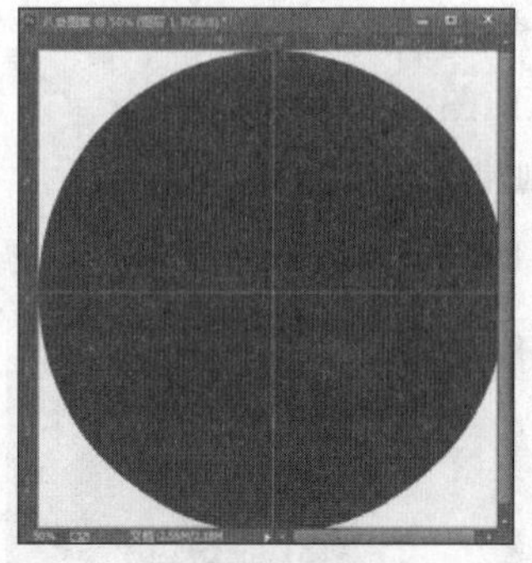

图 3.3.3

(4) 新建“图层1”，然后选择工具箱中的“椭圆选框工具”，将光标移动到辅助线相交点，再按住Shift+Alt，绘制一个正圆，让其边缘相切于画布边缘，将其填充为黑色(#000000)，如图3.3.3所示。

(5) 新建“图层2”，然后选择工具箱中的“矩形选框工具”，设置选择模式为“选区相交”。沿着垂直方向的辅助线画出一个矩形，将圆分成两半，然后将左半边填充为白色(#ffffff)，如图3.3.4所示。

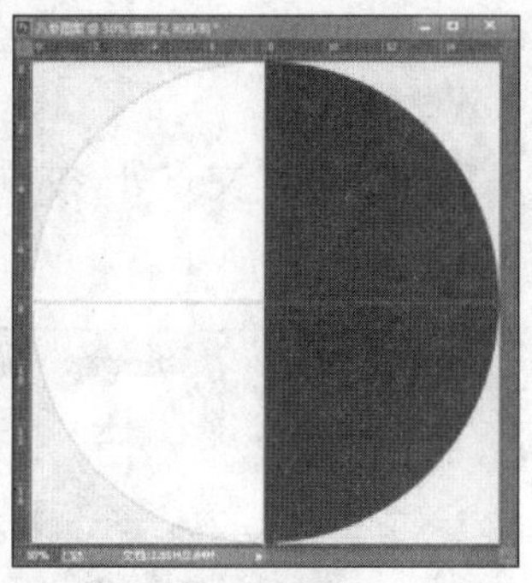

图 3.3.4

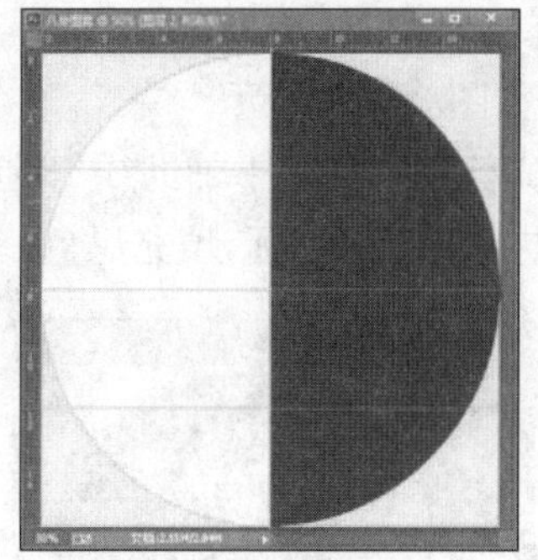

图 3.3.5

(6) 在水平方向拉出两个辅助线让其落在4厘米和12厘米处，如图3.3.5所示。

(7) 新建“图层3”，然后选择工具箱中的“椭圆选框工具”，将光标移动到水平辅助线4厘米和垂直辅助线8厘米交点处，按住Shift+Alt键，以辅助线交点为圆心绘制圆，填充黑色(#000000)，如图3.3.6所示。

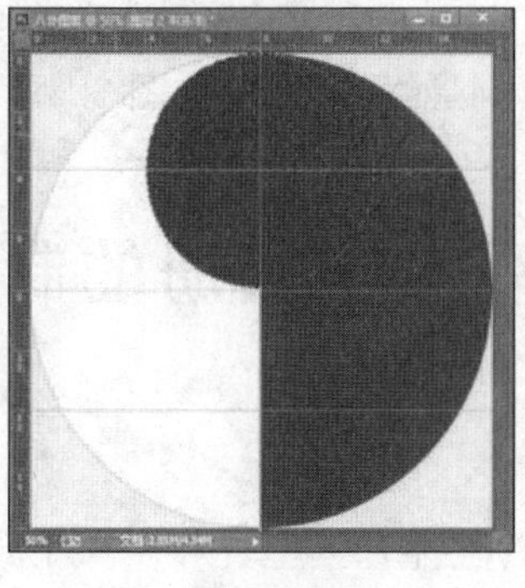

图 3.3.6

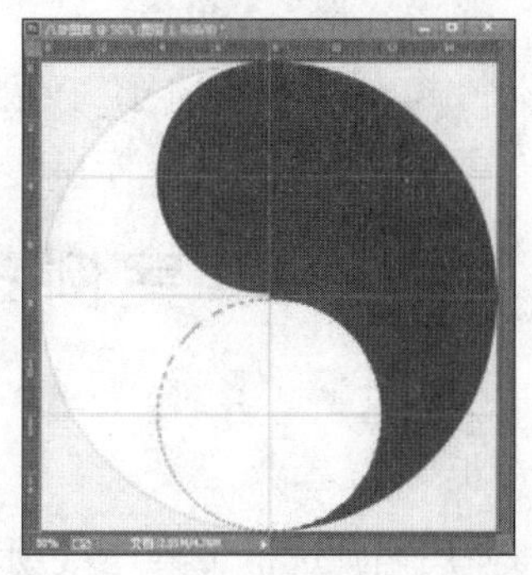

图 3.3.7

(8) 新建"图层 4",然后选择工具箱中的"椭圆选框工具",将光标移动到水平辅助线 12 厘米和垂直辅助线 8 厘米交点处,按住 Shift+Alt 键以辅助线交点为圆心绘制圆,填充白色(#ffffff),如图 3.3.7 所示。

(9) 再创建 4 条水平的辅助线,让其落在标尺 3 厘米、5 厘米、11 厘米和 13 厘米处,两条垂直辅助线,让其落在标尺 7 厘米和 9 厘米处,如图 3.3.8 所示。

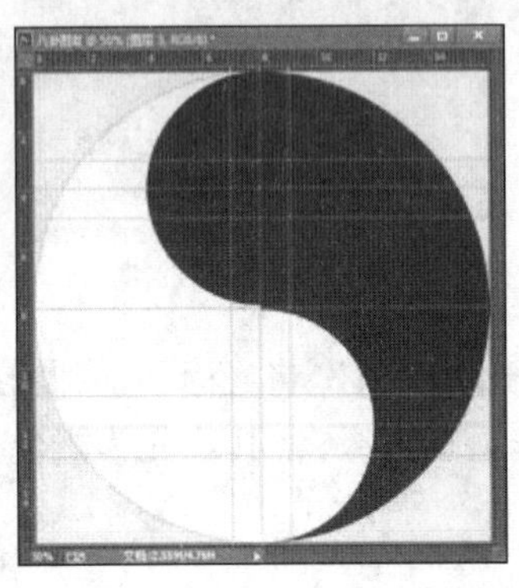

图 3.3.8

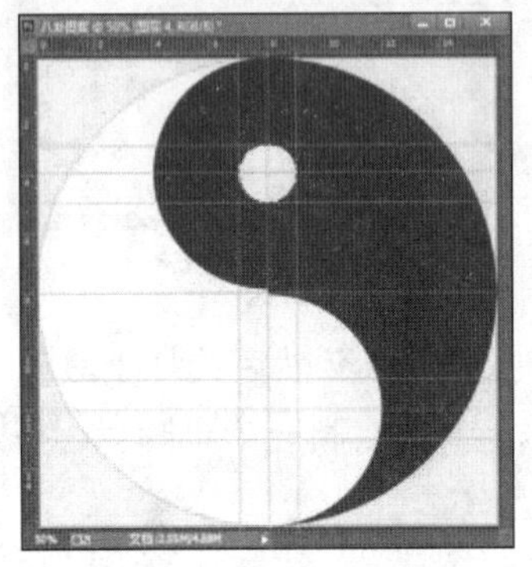

图 3.3.9

(10) 新建"图层 5",然后选择工具箱中的"椭圆选框工具",将光标移动到水平辅助线 4 厘米和垂直辅助线 8 厘米交点处,按住 Shift+Alt 键以辅助线交点为圆心绘制圆,填充白色(#ffffff),如图 3.3.9 所示。

(11) 将光标移动到水平辅助线 12 厘米和垂直辅助线 8 厘米交点处,按住 Shift+Alt 键以辅助线交点为圆心绘制圆,填充黑色(#000000),如图 3.3.10 所示。

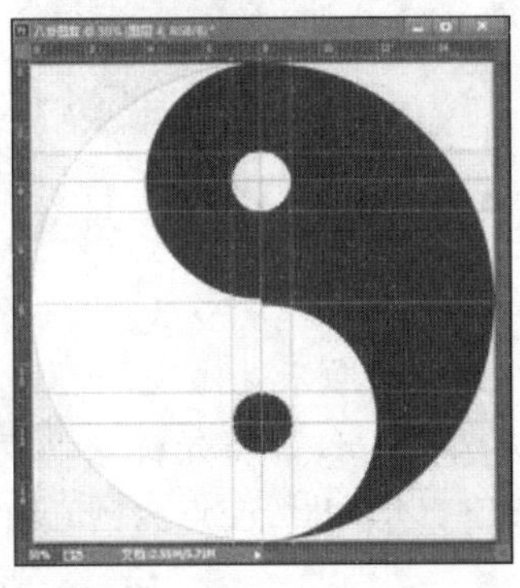

图 3.3.10

图 3.3.11

(12) 执行"视图"→"清除参考线"菜单命令,得到最终效果图,如图 3.3.11 所示。

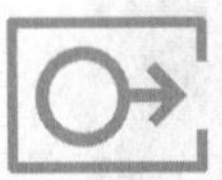

3.4 案例 3 可爱宝宝相册的制作

1) 案例分析

本案例将使用椭圆选框工具、多边形套索工具、磁性套索工具和魔棒工具等选区工具,

选择图片中的相关图像，制作可爱宝宝相册。

2）案例实现

（1）执行“文件”→“打开”菜单命令（或者使用 Ctrl＋O 快捷键），打开素材文件“背景.jpg”，如图 3.4.1 所示。执行“文件”→“打开”菜单命令，打开素材文件“宝宝 1.jpg”，如图 3.4.2 所示。

图 3.4.1

图 3.4.2

使用“磁性套索工具”，设置选择模式为“新建选区”，设置频率为 80，如图 3.4.3 所示。使用“磁性套索工具”选中图中小宝宝，如图 3.4.4 所示。使用“磁性套索工具”设置选择模式为“从选区减去”，将肩部和手臂部的背景去除，如图 3.4.5 所示。

图 3.4.3

图 3.4.4

图 3.4.5

（2）使用“移动工具”将其移动到“背景.jpg”文件中，产生新的图层命名为“宝宝 1”，调整好“宝宝 1”的大小和位置，如图 3.4.6 所示。

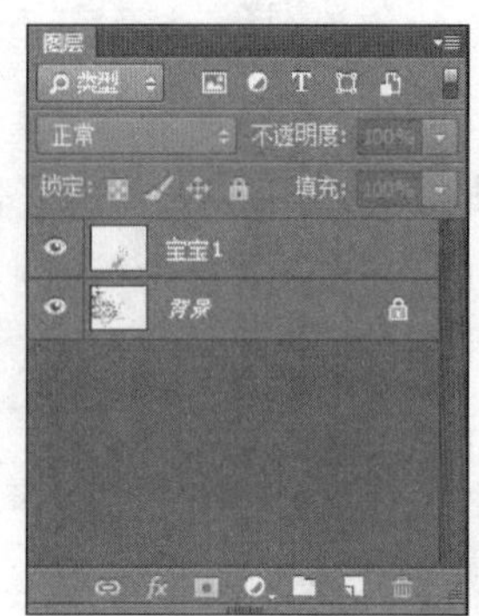

图 3.4.6

(3) 执行“文件”→“打开”菜单命令，打开素材文件“宝宝 2.jpg”，如图 3.4.7 所示。使用“椭圆选框工具”，选中头部，如图 3.4.8 所示。

图 3.4.7

图 3.4.8

(4) 单击鼠标右键，在弹出的快捷菜单中选择“羽化”命令，设置羽化半径为 15 像素，然后使用“移动工具”将其移动到“背景.jpg”文件中，调整好大小和位置，产生新的图层命名为“宝宝 2”，如图 3.4.9 所示。

(a)

(b)

图 3.4.9

(5) 执行“文件”→“打开”菜单命令，打开素材文件“宝宝 3. jpg”，使用“多边形套索工具”，选择头部，如图 3. 4. 10 所示。

图 3. 4. 10

(6) 单击鼠标右键，在弹出的快捷菜单中选择“羽化”命令，设置羽化半径为 15 像素，然后使用“移动工具”将其移动到“背景. jpg”文件中，调整好大小和位置，产生新的图层命名为“宝宝 3”，如图 3. 4. 11 所示。

(a)

(b)

图 3. 4. 11

(7) 执行“文件”→“打开”菜单命令，打开素材文件“宝宝 4. jpg”，使用“椭圆选框工具”，选中头部，如图 3. 4. 12 所示。

图 3. 4. 12

(8) 单击鼠标右键，在弹出的快捷菜单中选择“羽化”命令，设置羽化半径为 15 像素，然后使用“移动工具”将其移动到“背景.jpg”文件中，调整好大小和位置，产生新的图层命名为“宝宝 4”，如图 3.4.13 所示。

(a)

(b)

图 3.4.13

(9) 执行“文件”→“打开”菜单命令，打开素材文件“文字.jpg”，使用“魔棒工具”，选中背景，使用快捷键 Ctrl+Shift+I，将选区反向选择，如图 3.4.14 所示。

图 3.4.14

(10) 用“移动工具”将文字移动到“背景.jpg”文件中，产生新的图层命名为“文字”，调整好大小和位置，如图 3.4.15 所示。

(11) 为每一个图层设置图层样式，双击需要设置的图层，弹出图层样式对话框，选择图层样式为“外发光”，发光颜色为浅黄色(#ffffbe)，图素大小为 8 像素，如图 3.4.16 所示。

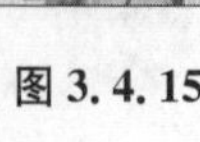
图 3.4.15

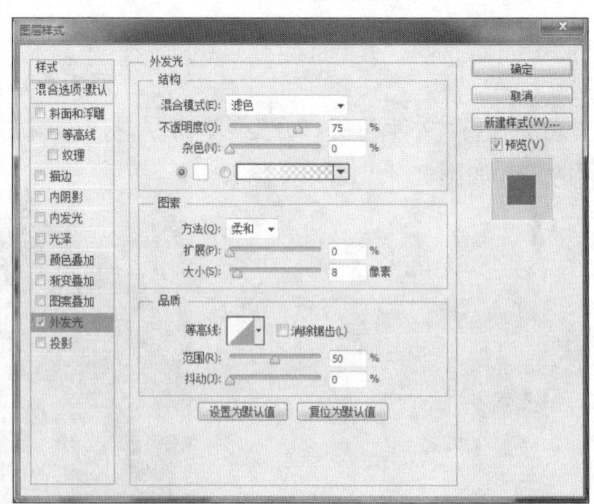

图 3.4.16

(12) 最后执行“文件”→“存储为”菜单命令，将文件命名为“宝宝相册.jpg”，最终的图片效果如图 3.4.17 所示。

图 3.4.17

3.5　案例 4　为卡通插画替换颜色

1）案例分析

本案例通过使用色彩范围命令、色相/饱和度等，为卡通插画的部分图像替换颜色。

2）案例实现

(1) 执行“文件”→“打开”菜单命令，打开素材文件“卡通插画.jpg”，如图 3.5.1 所示。执行“选择”→“色彩范围”菜单命令，打开“色彩范围”对话框，如图 3.5.2 所示。系统会根据当前的前景色的颜色创建最初的选区，此处的前景色为默认颜色，即黑色，对话框中的预览区内几乎全部显示为黑色。

图 3.5.1

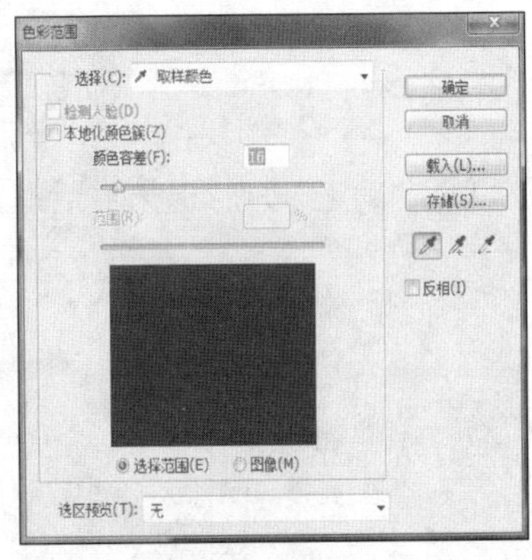

图 3.5.2

(2) 在此需要选择卡通人物的蝴蝶结和裙子。首先将光标移动至蝴蝶结上单击，拾取颜色，此时选择的色彩范围如图 3.5.3 所示。

图 3.5.3

图 3.5.4

(3) 由于容差太小导致所选择的颜色范围变小,此时可拖动“颜色容差”下的滑块以增加容差,扩大选择的范围(白色为选择的区域),如图 3.5.4 所示。

(4) 单击“色彩范围”对话框中的“添加到取样”按钮,在小鸟上单击添加选区的范围。此时选择的颜色范围如图 3.5.5 所示。

图 3.5.5

(5) 单击“确定”按钮,退出对话框,得到的选区如图 3.5.6 所示。

图 3.5.6

(6) 执行“图像”→“调整”→“色相/饱和度”菜单命令，在打开的“色相/饱和度”对话框中调整选区内图像的色相为－55，饱和度为 38，如图 3.5.7 所示。单击“确定”按钮，按下 Ctrl＋D 键取消选择，图像的效果如图 3.5.8 所示。

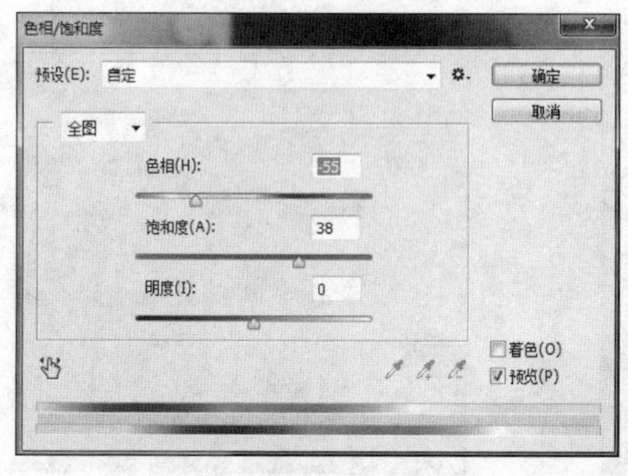

图 3.5.7

图 3.5.8

3.6　案例 5　制作包装立体效果

1) 案例分析

本案例除了继续练习使用“矩形选框工具”“多边形套索工具”等选取工具外，还涉及图像的调整和变换、复制、粘贴、移动等操作。通过对图像的调整，将包装盒的平面图效果，制作成立体效果。

2) 案例实现

(1) 首先设置背景色为黑色(＃000000)，执行“文件”→“新建”菜单命令(或者使用 Ctrl＋N 快捷键)新建一个文件，设置文件大小为 7 厘米×9 厘米，分辨率为 300 像素/英寸，颜色模式为 RGB 颜色，背景内容为背景色，文件命名为“立体效果”，如图 3.6.1 所示。

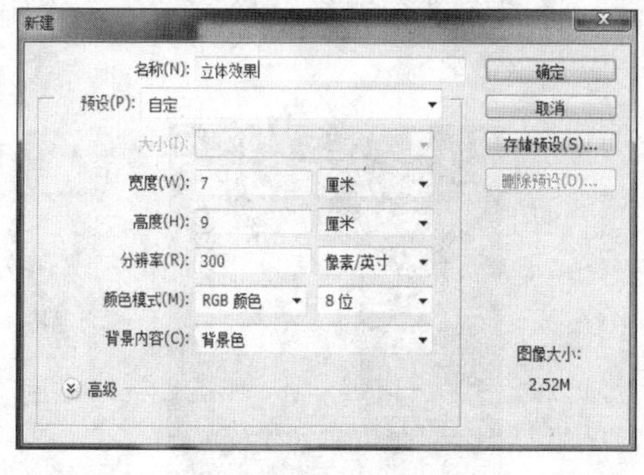

图 3.6.1

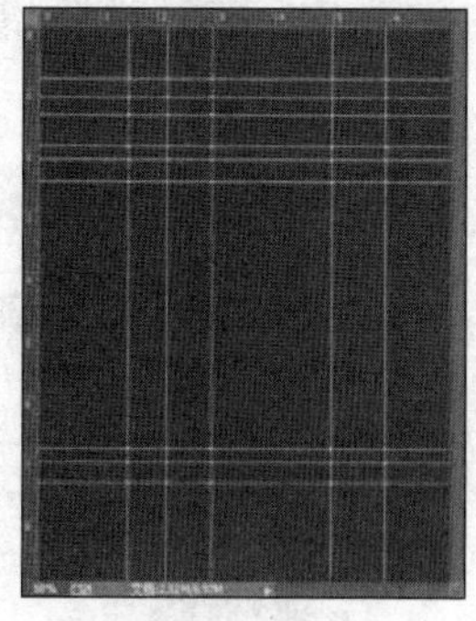

图 3.6.2

(2) 执行“视图”→“标尺”菜单命令(或者使用 Ctrl＋R 快捷键)，在窗口中显示标尺，将鼠标移动到标尺上，按住鼠标拖动创建参考线，如图 3.6.2 所示。

(3) 执行"文件"→"打开"菜单命令(或者使用 Ctrl+O 快捷键),打开素材图片"平面图.psd",如图 3.6.3 所示。在工具箱中选择"矩形选框工具",在图像中沿着参考线选出包装盒封面图像,使用 Ctrl+C 快捷键复制图像,如图 3.6.4 所示。

图 3.6.3

图 3.6.4

(4) 切换到"立体效果.psd"文件,按 Ctrl+V 快捷键粘贴选区图像,生成新图层命名为"封面"图层,如图 3.6.5 所示。

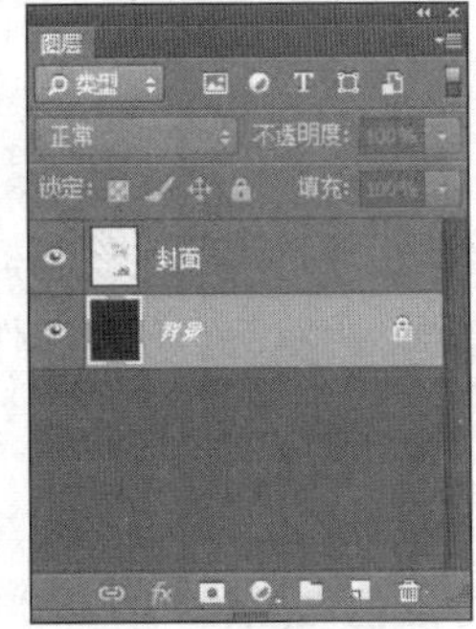

图 3.6.5

(5) 选中"封面"图层,按 Ctrl+T 快捷键进入自由变换状态,将鼠标移动到控制框中,弹出快捷菜单,选中"透视"操作,如图 3.6.6 所示,将图像进行透视变换,按 Enter 键确认,如图 3.6.7 所示。

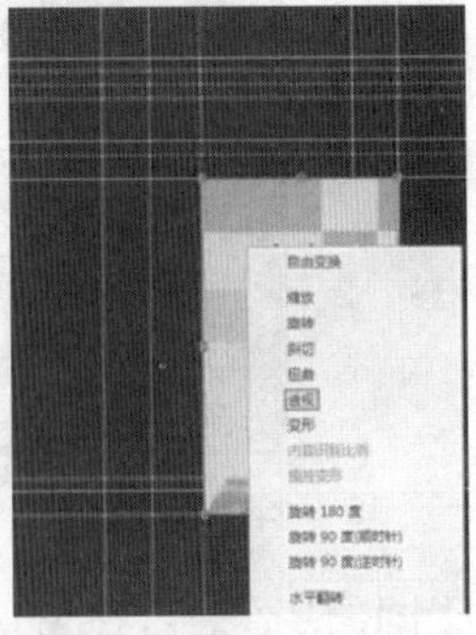

图 3.6.6

图 3.6.7

(6) 切换到素材图片“平面图. psd”，在工具箱中选择“矩形选框工具”，在图像中沿着参考线选出包装盒侧面图像，使用 Ctrl+C 快捷键复制图像，如图 3. 6. 8 所示。

图 3. 6. 8

(7) 切换到“立体效果. psd”文件，按 Ctrl+V 快捷键粘贴选区图像，生成新图层命名为“侧面”图层，如图 3. 6. 9 所示。

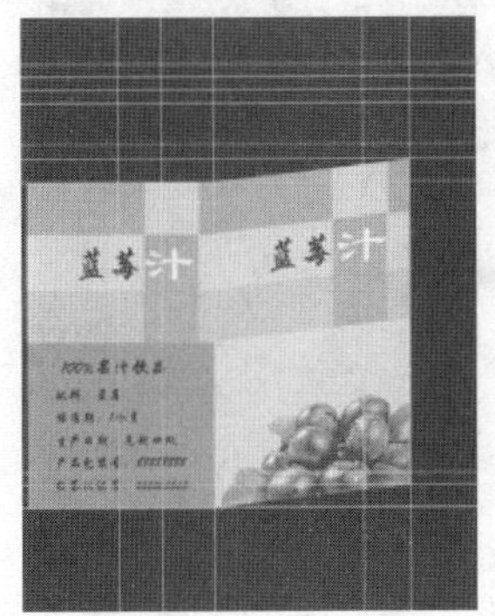

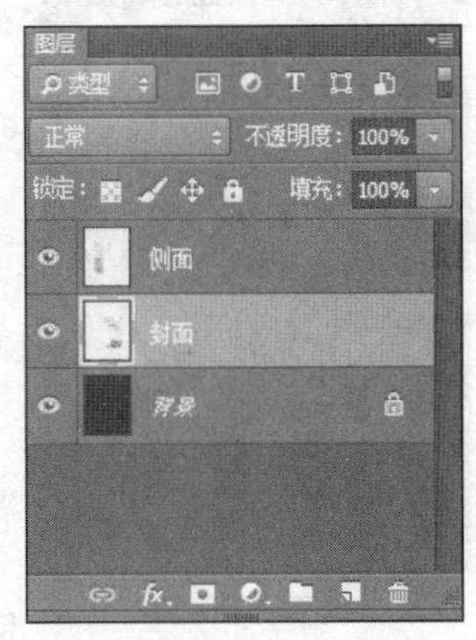

图 3. 6. 9

(8) 选中“侧面”图层，按 Ctrl+T 快捷键进入自由变换状态，首先调整图像的大小，如图 3. 6. 10所示。然后选择“透视”操作，将图像进行透视变换，按 Enter 键确认，如图 3. 6. 11 所示。

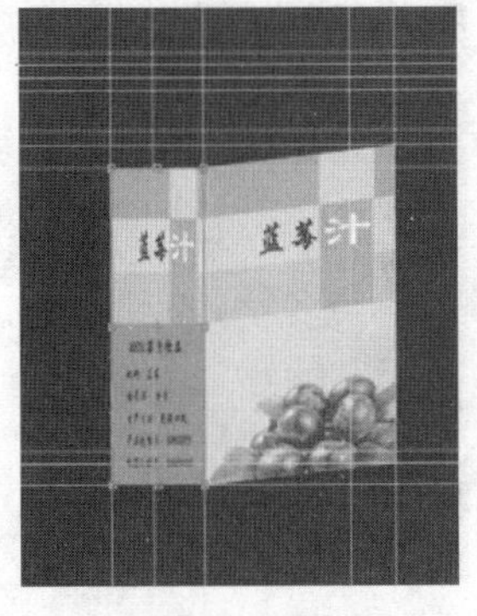

图 3. 6. 10

图 3. 6. 11

(9) 切换到素材图片“平面图. psd”，在工具箱中选择“矩形选框工具”，在图像中沿着参考线选出包装盒顶部图像，使用 Ctrl+C 快捷键复制图像，如图 3.6.12 所示。

图 3.6.12

(10) 切换到"立体效果.psd"文件，按 Ctrl+V 快捷键粘贴选区图像，生成新图层命名为"顶部"图层，如图 3.6.13 所示。

图 3.6.13

(11) 选中"顶部"图层，按 Ctrl+T 快捷键进入自由变换状态，首先调整图像的大小。然后将鼠标移动到控制框中，单击右键，弹出快捷菜单，选中"扭曲"操作，如图 3.6.14 所示。调整各个控制点，将图像变为透视效果，按 Enter 键确认，如图 3.6.15 所示。

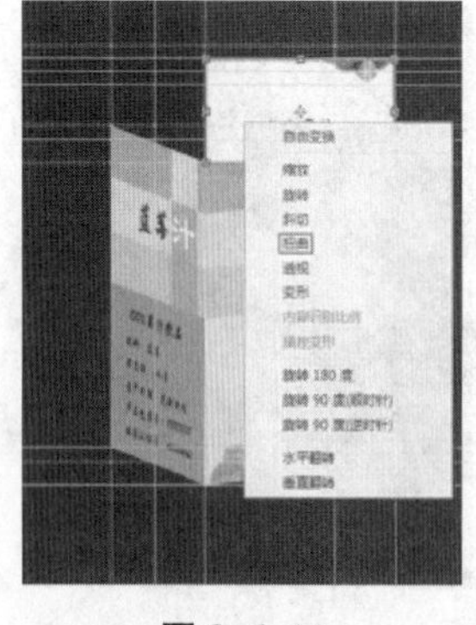

图 3.6.14

图 3.6.15

(12) 切换到素材图片"平面图.psd"，在工具箱中选择"矩形选框工具"，在图像中沿着参考线选出包装盒封顶图像，使用 Ctrl＋C 快捷键复制图像，如图 3.6.16 所示。

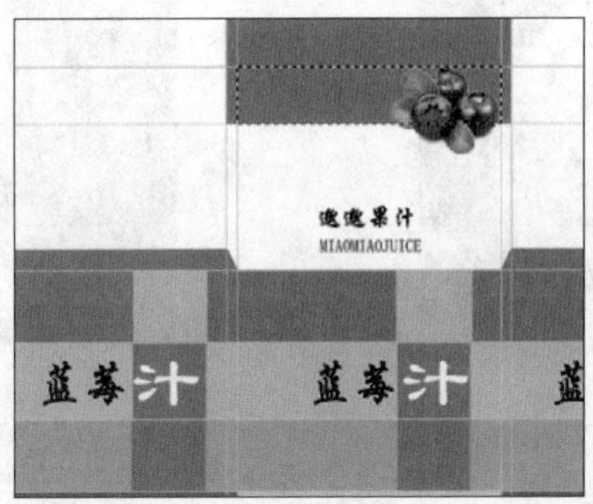

图 3.6.16

(13) 切换到“立体效果.psd”文件，按 Ctrl＋V 快捷键粘贴选区图像，生成新图层命名为“封顶”图层，如图 3.6.17 所示。

图 3.6.17

(14) 选中“封顶”图层，按 Ctrl＋T 快捷键进入自由变换状态，首先调整图像的大小，然后选中“扭曲”操作，调整各个控制点，将图像变为如图 3.6.18 所示，按 Enter 键确认。

图 3.6.18

图 3.6.19

(15) 建立新图层并命名为“封顶 2”，如图 3.6.19 所示。选择“多边形套索工具”，绘制一个三角选区，如图 3.6.20 所示。用“油漆桶工具”填充选区，填充色为灰色(＃dcdcdc)，如图 3.6.21所示。

图 3.6.20

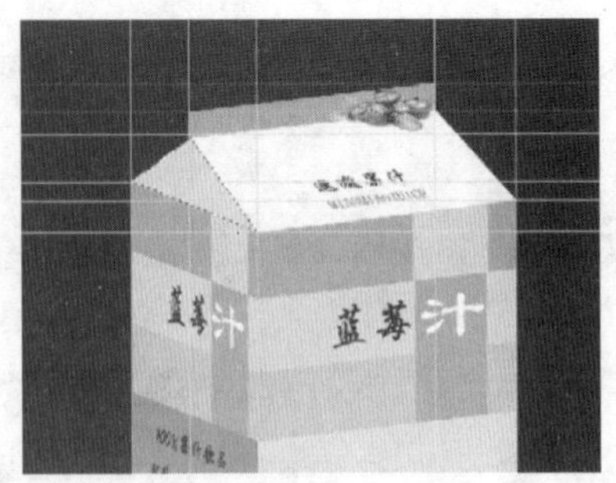

图 3.6.21

(16) 选中"封顶 2"图层,选择"多边形套索工具",绘制一个不规则选区,如图 3.6.22 所示。用"油漆桶工具"填充选区,填充色为灰色(#a9a9a9),如图 3.6.23 所示。按 Ctrl+D 快捷键取消选区。

图 3.6.22

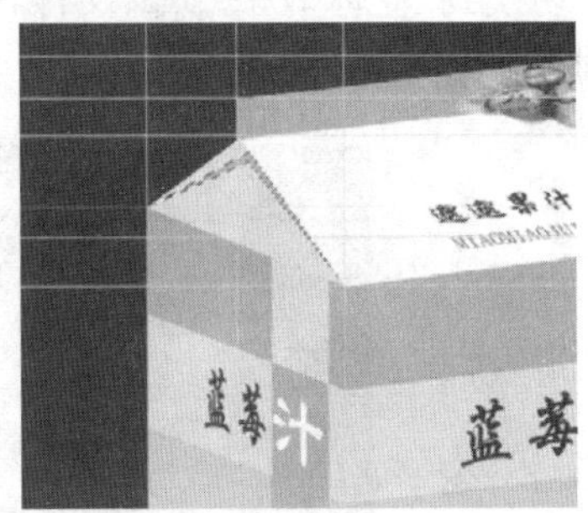

图 3.6.23

(17) 执行"视图"→"清除参考线"菜单命令,消除参考线。执行"文件"→"存储为"菜单命令(或者使用 Ctrl+Shift+S 快捷键),弹出"另存为"对话框,将默认的"立体效果.psd",文件格式修改为"立体效果.jpg"格式,得到最后的效果图,如图 3.6.24 所示。

图 3.6.24

 3.7 知识梳理

创建和调整图像选区,是每一位 Photoshop 软件使用者必须具备的能力,是对图像进行

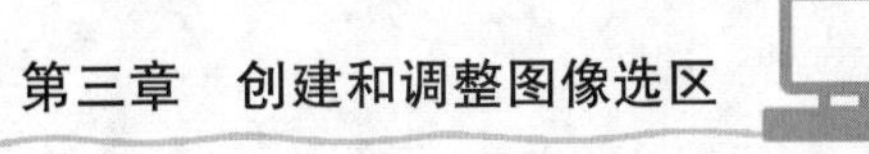

其他操作的基础。

重要工具:选框工具组、套索工具组、魔棒工具和“色彩范围”命令。

核心技术:根据图像的特点和操作的不同选择合适的选取工具,并可以灵活掌握选区的调整、变换、复制、移动、羽化、描边、选区的存储和载入等操作。

3.8 能力训练

1）训练 1

制作如图 3.8.1 所示的效果图。打开提供的素材图片“背景.jpg”,选择合适的选取工具分别将图片“太阳花.jpg”“瓢虫.jpg”“蝴蝶.jpg”中的太阳花、瓢虫和蝴蝶图像选出,拖到“背景.jpg”文件中,利用“自有变换”工具调整图像的大小和角度,并调整到适当的位置,得到如图 3.8.1 所示效果。

图 3.8.1

2）训练 2

标志设计,如图 3.8.2 所示。利用选区的创建、选区的运算、填充、修改、缩放和变换等操作完成各种标志的设计。

(a) 标志 1

(b) 标志 2

图 3.8.2

第四章　图层应用

图层是 Photoshop 中非常重要的知识，几乎 Photoshop 所有应用都是基于图层的，很多强劲的图像处理功能也是图层所提供的。本章让读者了解图层的基本概念，理解特殊图层，掌握图层的基本操作，并学会灵活地运用图层样式来创造特殊的图像效果。

4.1　知识储备

4.1.1　图层的基本操作

在 Photoshop CC 中图层具有很强大的功能，通过“图层”面板的操作，用户可以独立修改某一图层的图像，而不影响到其他图层的图像。图层功能又被誉为 Photoshop 的灵魂，它在图像处理中具有十分重要的地位。

1）图层的概念

图层是 Photoshop 存放处理图像的平台，每个图层就仿佛是一张透明胶片，每张透明胶片上都有不同的画面，这样一层层地叠加在一起可以形成丰富多变的图像，而且当图层的顺序和属性改变后，图像效果也会随之改变。通过对图层的操作，使用它的特殊功能可以创建很多复杂的图像效果。

2）图层的类型

图层的类型按内容可分为：普通图层、背景图层、文字图层、蒙版图层、填充图层、调整图层、形状图层、链接图层以及效果图层等。

3）图层的基本操作

执行“窗口”→“图层”菜单命令或使用“F7”快捷键，可以打开“图层”面板，如图 4.1.1 所示。图层面板是进行图层编辑操作时必不可少的工具，它显示了当前图层的图层信息，在图层面板上可以调节图层的排放顺序，图层的不透明度以及图层的混合模式等参数，几乎所有的图层操作都可以通过它来实现。

当编辑的文件中图层较多时，可使用图层组帮助组织和管理图层。您可以使用组来按逻辑顺序排列图层，以减轻图层面板中的杂乱情况，也可以将组嵌套在其他组内，还可以使用组将属性和蒙版同时应用到多个图层中，如图 4.1.2 所示。

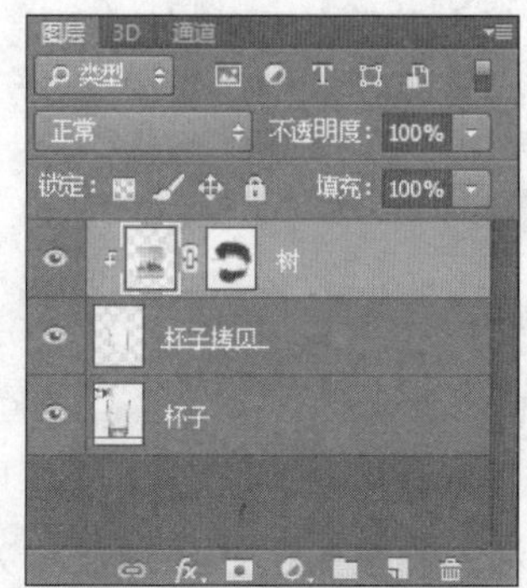

图 4.1.1　“图层”面板

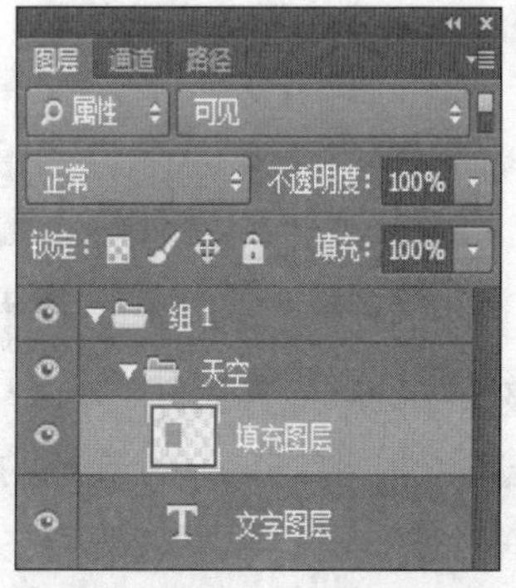

图 4.1.2　图层组

同时，在“图层”面板的顶部，使用过滤选项也可帮助您快速地在复杂多样的图层中找到关键层，可以基于名称、种类、效果、模式、属性、颜色或选定标签显示图层的子集，如，选择过滤选项中的“属性”标签，选择不同的属性类型，可以显示相应属性的关键层，如图 4.1.3 和图 4.1.4 所示。

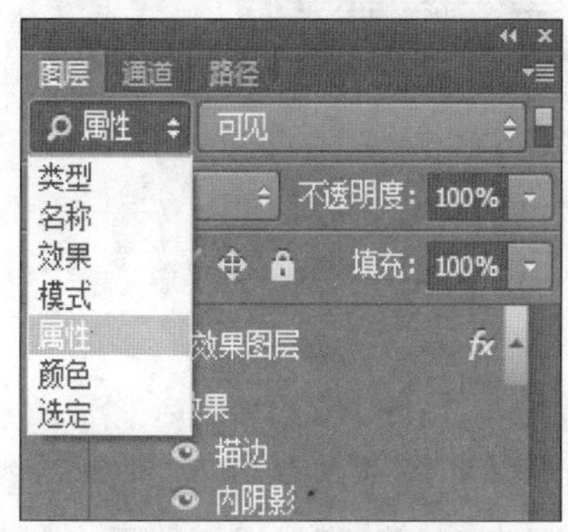

图 4.1.3　“图层”面板

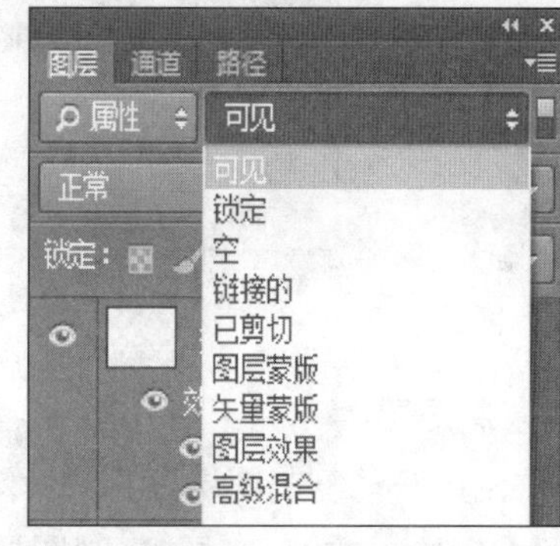

图 4.1.4　图层组

除此之外，还可对图层进行多种编辑，比较常用的有以下几种：

(1) 新建图层

执行“图层”→“新建”→“图层”菜单命令(或者使用 Shift＋Ctrl＋N 快捷键)，即可新建普通图层，如图 4.1.5 所示。或通过点击 Photoshop 中图层面板右下角的“创建新图层”按钮，也可以创建一个新的图层。

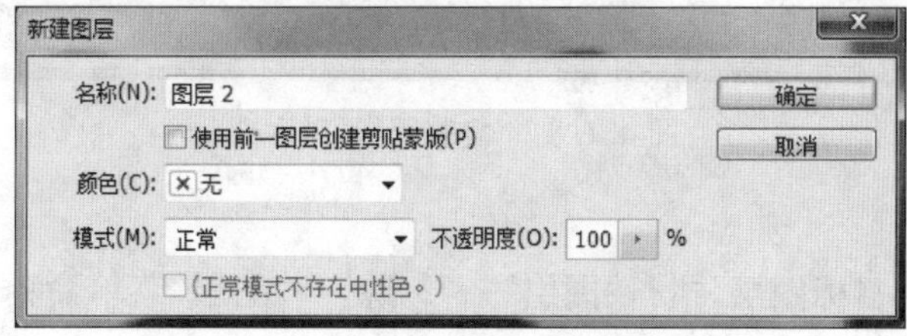

图 4.1.5　“新建图层”对话框

同样，执行“图层”→“新建”→“背景图层”菜单命令可新建背景图层。

（2）图层重命名

首先用鼠标点击图层面板中需要重新命名的图层，选中这个图层，然后在该图层名称上双击鼠标，图层的名称即变成可编辑状态，在里面输入“新名称”，然后点击回车键，如图 4.1.6 所示。

图 4.1.6　图层重命名

（3）调整图层的顺序位置

在 Photoshop 中图层是互为遮挡的关系，上面图层的内容会遮挡住下面图层的内容，图层之间可以通过调整图层顺序来改变图像的最终显示。调整图层顺序最简单方便的方法，就是选中图层面板上的目标图层，然后通过上下拖动来改变图层顺序；也可选中图层，执行“图层”→“排列”→“置为顶层”菜单命令（快捷键 Ctrl＋Shift＋]）、执行“图层”→“排列”→“前移一层”菜单命令（快捷键 Ctrl＋]）、执行“图层”→“排列”→“后移一层”菜单命令（快捷键 Ctrl＋[）或执行“图层”→“排列”→“置为底层”菜单命令（快捷键 Shift＋Ctrl＋[）等命令来实现，如图 4.1.7 所示。

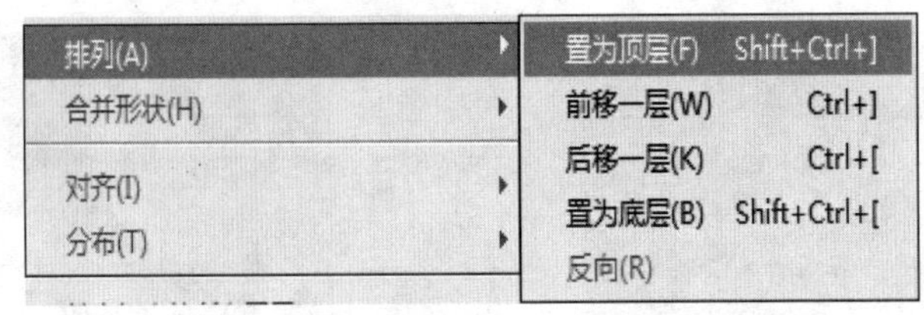

图 4.1.7

（4）复制图层

执行“图层”→“复制图层”菜单命令，或使用 Ctrl＋J 快捷键，即可复制图层。或者在图层图标的右侧单击右键，选择“复制图层”命令，弹出的“复制图层”对话框如图 4.1.8 所示，输入新复制图层的名称，也可快速复制图层。

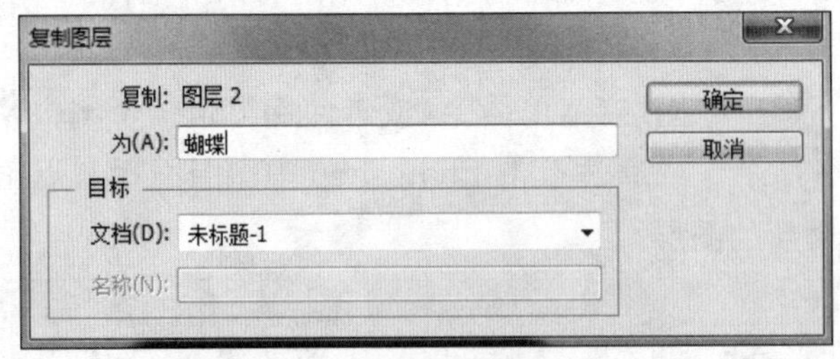

图 4.1.8　“复制图层”对话框

（5）删除图层

可选中要删除的目标图层，执行“图层”→“删除”→“图层”菜单命令，在弹出的对话框中选择"是",即可删除图层,如图 4.1.9 所示;或把鼠标放到图层面板上要删除的图层上,当光标变成小手形状时,按住鼠标左键不放,把图层拖到图层面板下面的删除图层按钮上即可删除图层;另外,在图层面板上选中图层后点击鼠标右键,在右键菜单中选择"删除图层",在弹出的对话框中选择"是"即可,如图 4.1.9 所示。

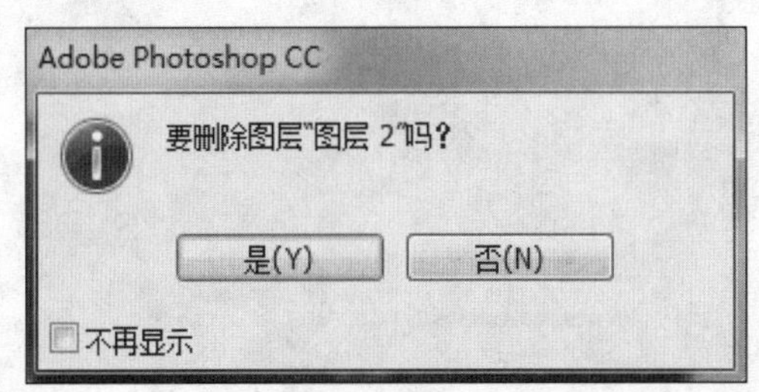

图 4.1.9

(6) 链接图层

图层的链接功能可以对几个图层同时进行移动、旋转、自由变换等操作。要使几个图层成为链接的层,可以用以下的方法:选中要链接的图层,执行"图层"→"链接图层"菜单命令;或者按住 Ctrl 键,依次选中想要链接的图层,然后在选中的图层上点击鼠标右键,在弹出的菜单中选择"链接图层";亦或,先选择所有要链接的图层,然后单击图层面板最下边的"链接图层"按钮即可。当要链接的图层后面多了个"锁链"图标时,表示这些图层已相互链接起来了,如要取消链接时,则再次单击 "链接图层"按钮,就取消链接了。

(7) 合并图层

当图像制作完成后,可以将一些不用改动的图层合并在一起,这样既可以减少磁盘空间,提高操作速度,又可以方便管理图层。向下合并:选择"向下合并"命令可向下合并图层,也可以使用 Ctrl+E 快捷键进行操作。合并可见图层:该命令可以将不想合并的图层隐藏。拼合图像:选择该命令后,所有可见图层将被合并到背景图层中,如果有隐藏的图层,将会弹出对话框,提示是否要扔掉隐藏的图层。

4.1.2 图层样式的应用

图层样式是 Photoshop CC 中用于制作各种效果的强大武器,利用图层样式,可以速度更快、效果更精确、可编辑性更强地制作出各种立体投影,各种质感以及光影效果的图像特效。

选择需要添加图层样式的图层,点击"图层"面板下方的"添加图层样式"按钮,或者双击"图层"面板中图层缩略图,会弹出"图层样式"对话框,如图 4.1.10 所示,可以在对话框中设置一种或几种图层样式,为图层上的图像添加图层样式。

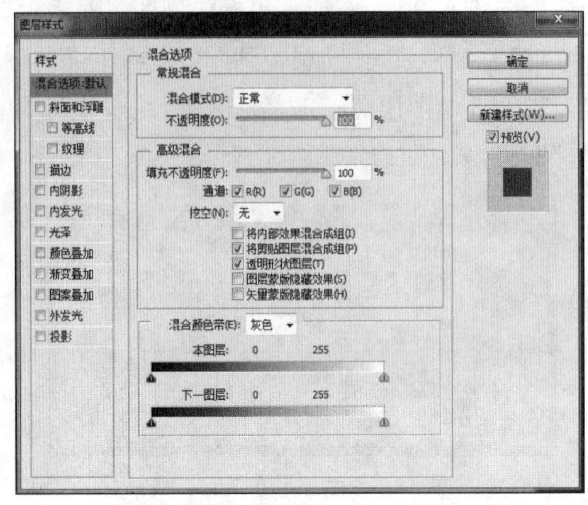

图 4.1.10 “图层样式”对话框

图层样式被广泛地应用于各种效果制作当中,主要有以下十种效果。

1) 斜面和浮雕

在斜面和浮雕样式对话框中,“样式”下拉菜单将为图层添加高亮显示和阴影的各种组合效果,如图 4.1.11 所示。“斜面和浮雕”样式对话框参数解释如下。

外斜面:沿图像的外边缘创建三维斜面,如图 4.1.12 所示。

内斜面:沿图像的内边缘创建三维斜面,如图 4.1.13 所示。

浮雕效果:创建外斜面和内斜面的组合效果,如图 4.1.14 所示。

枕状浮雕:创建内斜面的反相效果,其中对象、文本或形状看起来下沉,如图 4.1.15 所示。

描边浮雕:只适用于描边对象,即在应用描边浮雕效果时才打开描边效果。

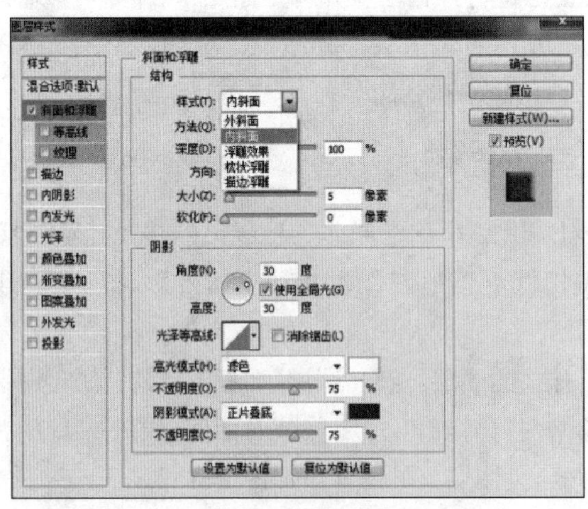

图 4.1.11 斜面和浮雕样式对话框

图 4.1.12　外斜面

图 4.1.13　内斜面

图 4.1.14　浮雕效果

图 4.1.15　枕状浮雕

2）描边

使用颜色、渐变颜色或图案描绘当前图层上图像的轮廓，对于边缘清晰的形状（如文本），这种效果尤其有用，描边样式对话框如图 4.1.16 所示，描边样式的图像效果如图 4.1.17所示。

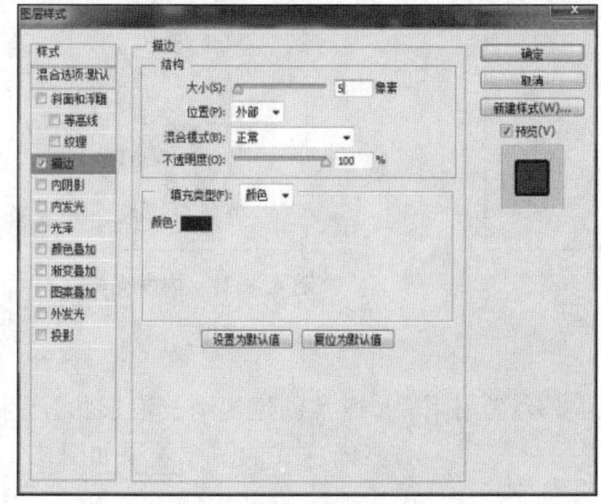

图 4.1.16　描边样式对话框

图 4.1.17　描边样式

3）内阴影

为图像的内边缘添加阴影，让图层产生一种凹陷外观，内阴影效果对文本对象效果更佳。内阴影样式对话框如图 4.1.18 所示，内阴影样式的图像效果如图 4.1.19 所示。

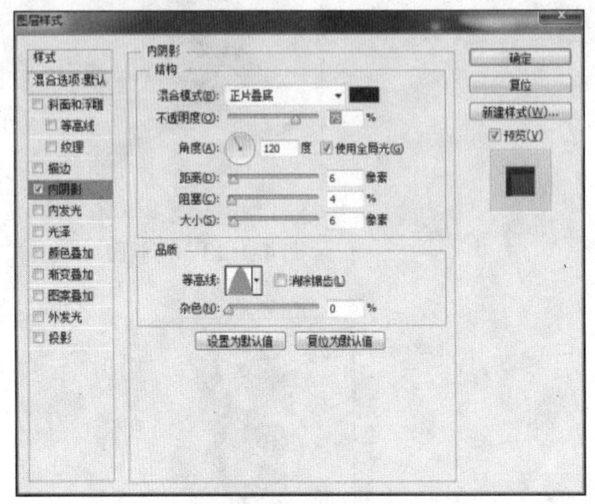

图 4.1.18　内阴影样式对话框

图 4.1.19　内阴影样式

4）内发光

将从图像的边缘向内添加发光效果。内发光样式对话框如图 4.1.20 所示，内发光样式的图像效果如图 4.1.21 所示。

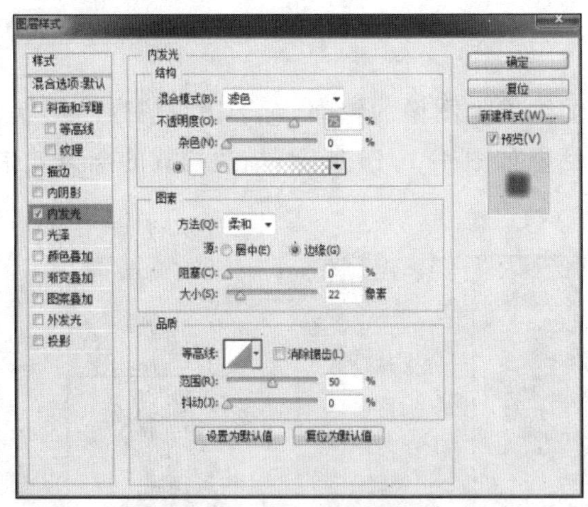

图 4.1.20　内发光样式对话框

图 4.1.21　内发光样式

5）光泽

将对图层对象内部应用阴影，与对象的形状互相作用，通常创建规则波浪形状，产生光滑的磨光及金属效果，光泽样式对话框如图 4.1.22 所示，光泽样式的图像效果如图 4.1.23 所示。

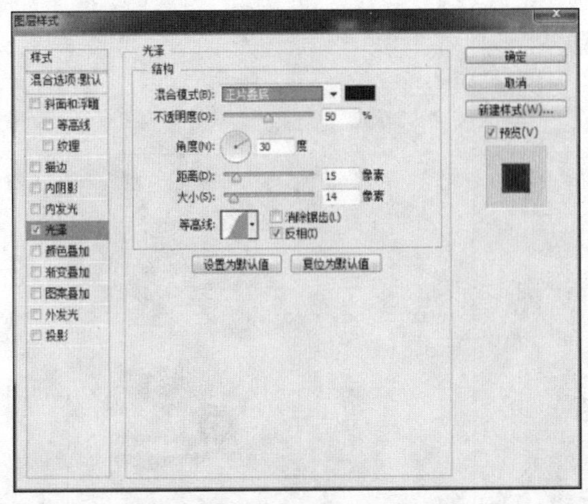

图 4.1.22 光泽样式对话框

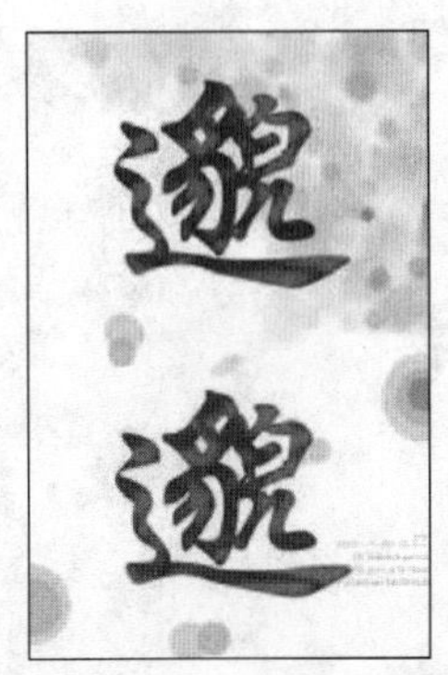

图 4.1.23 光泽样式

6）颜色叠加

在图层图像上叠加一种颜色，即用一层纯色填充到应用样式的对象上，从“设置叠加颜色”选项可以通过“选取叠加颜色”对话框选择任意颜色。颜色叠加样式对话框如图 4.1.24 所示，颜色叠加样式的图像效果如图 4.1.25 所示。

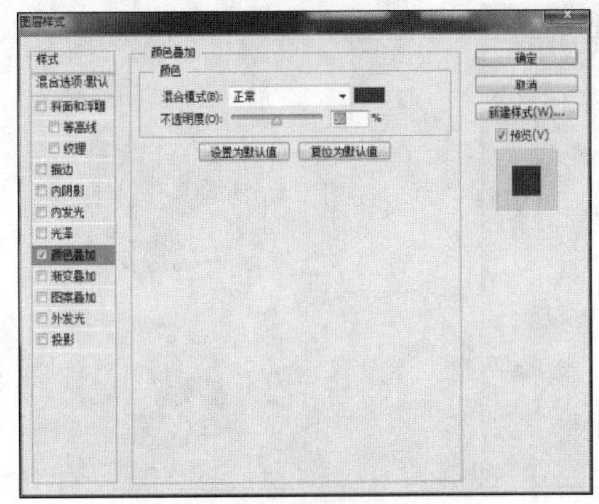

图 4.1.24 颜色叠加样式对话框

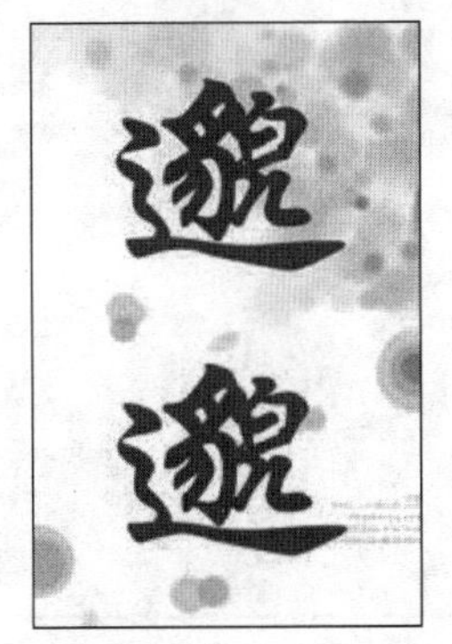

图 4.1.25 颜色叠加样式

7）渐变叠加

在图层对象上叠加一种渐变颜色，即用一层渐变颜色填充到应用样式的对象上，通过“渐变编辑器”还可以选择使用其他的渐变颜色。渐变叠加样式对话框如图 4.1.26 所示，渐变叠加样式的图像效果如图 4.1.27 所示。

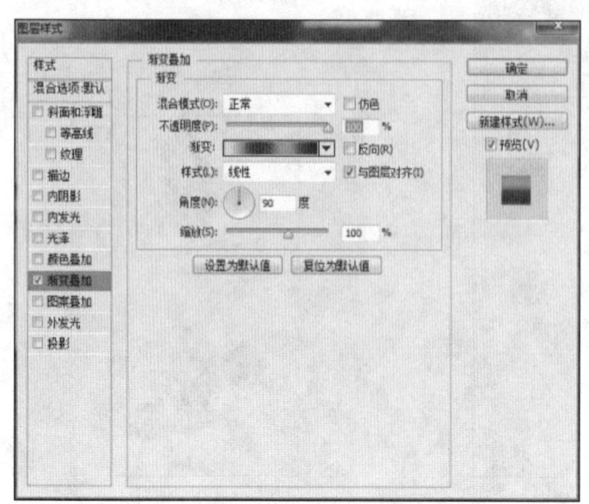

图 4.1.26　渐变叠加样式对话框

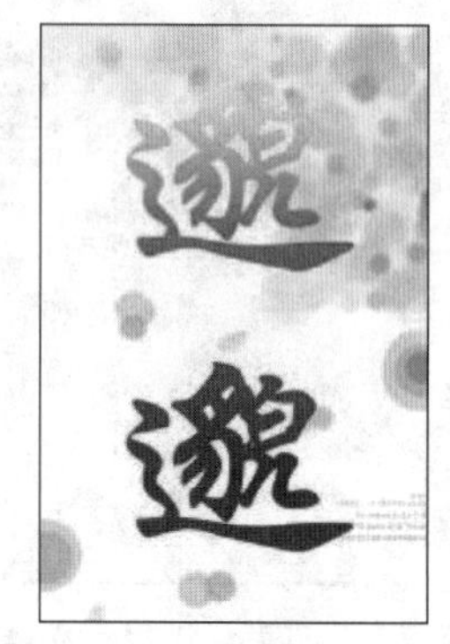

图 4.1.27　渐变叠加样式

8）图案叠加

在图层对象上叠加图案，即用一致的重复图案填充对象，从“图案拾色器”还可选择其他图案。图案叠加样式对话框如图 4.1.28 所示，图案叠加样式的图像效果如图 4.1.29 所示。

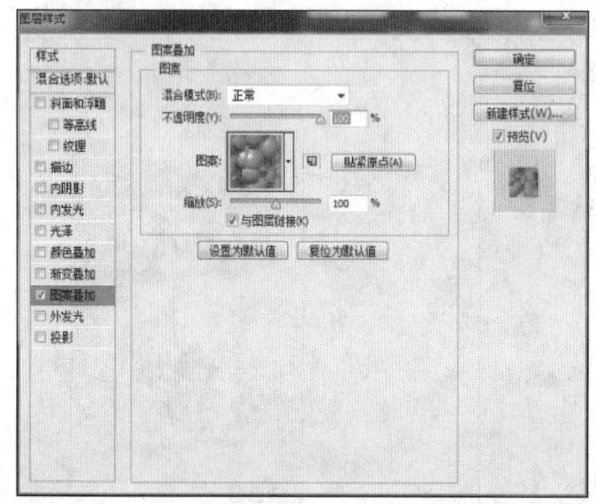

图 4.1.28　图案叠加样式对话框

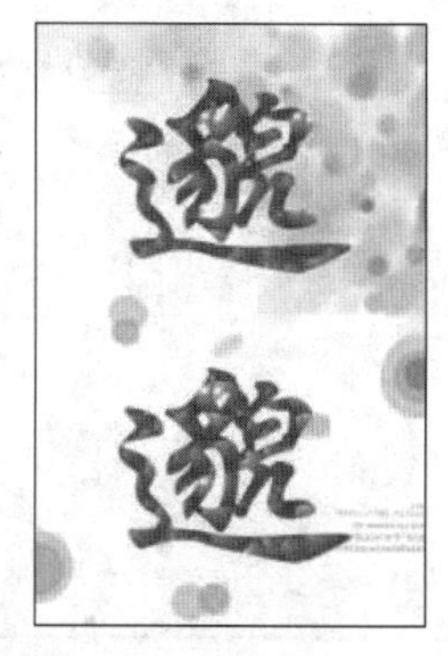

图 4.1.29　图案叠加样式

9）投影

投影图层样式的添加可以为图像增强立体感和真实感。投影样式对话框如图 4.1.30 所示，投影样式的图像效果如图 4.1.31 所示。

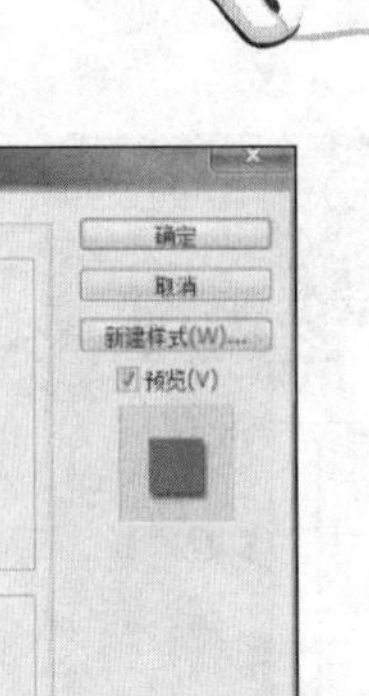

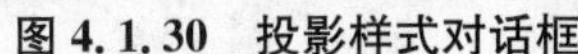

图 4.1.30　投影样式对话框

图 4.1.31　投影样式

10）外发光

将从图层对象、文本或形状的边缘向外添加发光效果。外发光样式对话框如图 4.1.32 所示，外发光样式的图像效果如图 4.1.33 所示。

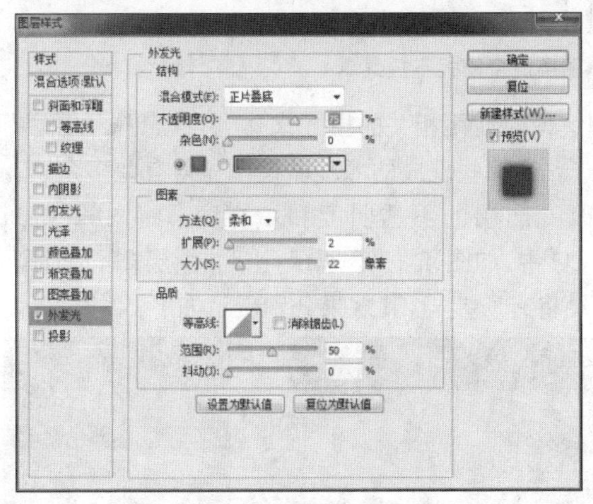

图 4.1.32　外发光样式对话框

图 4.1.33　外发光样式

4.1.3　图层混合模式的应用

对于设计师来说要经常使用 Photoshop，那么就必须要了解 Photoshop 一个简单却不容易理解的特性——图层混合模式。图层混合模式通过色彩的混合获得一些特殊的效果，混合模式是将当前绘制的颜色与图像原有的底色以某种模式进行混合。当两个图层叠加时，默认状态为“正常”。在“图层”面板中单击“设置图层混合模式”下三角按钮，从弹出的下拉列表中可选择需要的模式。可以将混合模式按照下拉菜单中的分组来将它们分为不同类别：变暗模式、变亮模式、饱和度模式、差集模式和颜色模式，如图 4.1.34 所示

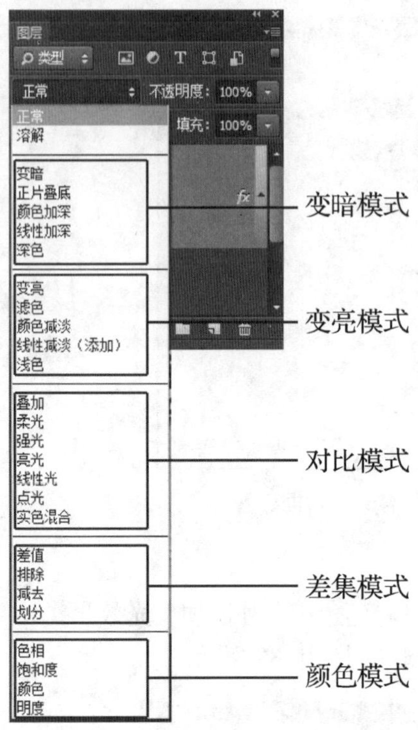

图 4.1.34　图层混合模式下拉菜单

了解混合模式的分类后，便很容易理解何时使用相关的模式来达到自己想要的效果了。混合模式有非常广泛的用途，学会了混合模式，那些现成的照片滤镜便显得有些多余了。

混合模式是没有修改选项的，只能改变图层的不透明度和填充度。将图 4.1.35 和图 4.1.36两张图片分别导入 Photoshop CC 中，如图 4.1.37 所示，当为“图层 2”设置不同的混合模式后，它与“图层 1”的像素混合效果将有所差异，其效果分别展示如下：

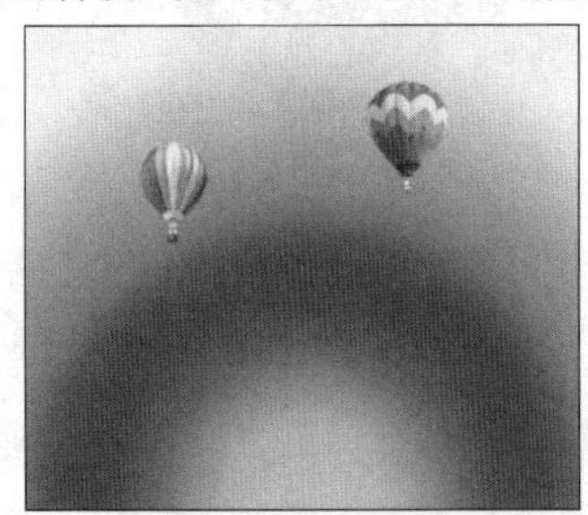

图 4.1.35　图层 1

图 4.1.36　图层 2

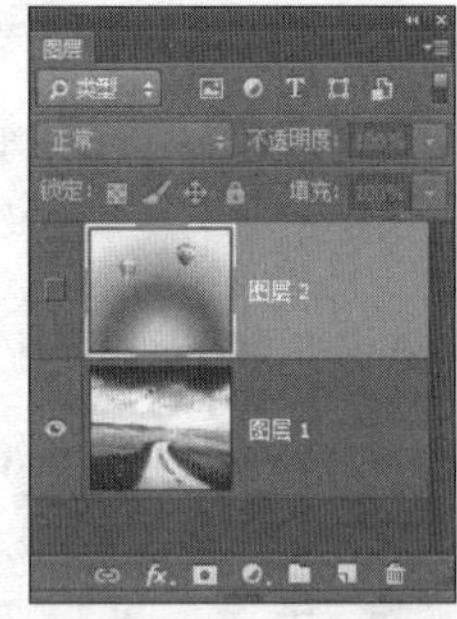

图 4.1.37　“图层”面板

1）正常模式(Normal)

这是默认的混合模式，在“正常”模式下，混合效果的显示与不透明度的设置有关。如图 4.1.38和图 4.1.39 所示，是“不透明度”分别为 100％和 60％的效果。

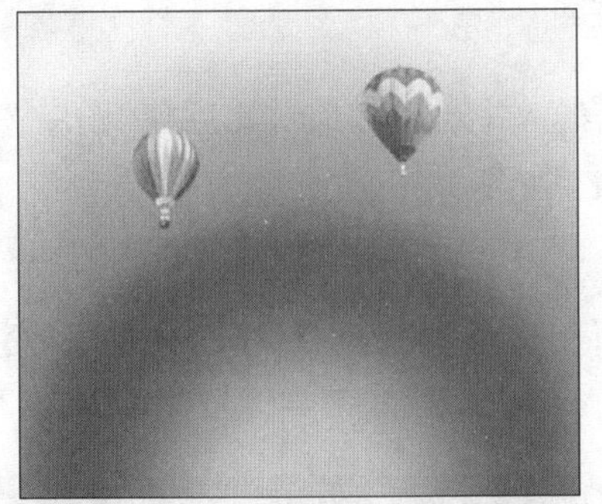

图 4.1.38　不透明度为 100%

图 4.1.39　不透明度为 60%

2) 溶解模式(Dissolve)

当透明度降低时，溶解模式可以使半透明区域上的像素离散，产生点状颗粒，如图 4.1.40 所示。"溶解"模式最好是同 Photoshop CC 中的一些着色工具一同使用效果比较好，如"画笔""仿制图章""橡皮擦"工具等，也可以使用文字。

3) 变暗模式(Darken)

将导致"图层 2"中较亮的像素被"图层 1"中较暗的像素代替，如图 4.1.41 所示。

图 4.1.40　溶解模式

图 4.1.41　变暗模式

4) 正片叠底模式(Multiply)

在"正片叠底"模式中，"图层 2"中的任何颜色与"图层 1"黑色复合产生黑色，与白色复合保持不变，效果如图 4.1.42 所示。

图 4.1.42　正片叠底模式

图 4.1.43　颜色加深模式

5）颜色加深模式(Color Burn)

在“颜色加深”模式中，查看每个通道中的颜色信息，并通过增加对比度使“图层 2”深色区域得到加强，如果与白色混合的话将不会产生变化，如图 4.1.43 所示。

6）线性加深模式(Linear Burn)

在“线性加深”模式中，查看每个通道中的颜色信息，通过减小亮度使“图层 2”变暗，与“正底片叠加”相似，效果如图 4.1.44 所示。

图 4.1.44　线性加深模式

图 4.1.45　深色模式

7）深色模式(Darker Color)

在深色模式中，比较两个图层的所有通道值的总和，并显示值较小的颜色，不生成第三种颜色，效果如图 4.1.45 所示。

8）变亮模式(Lighten)

在“变亮”模式中，查看每个通道中的颜色信息，并选择两图层中较亮的颜色显示，不生成第三种颜色，效果如图 4.1.46 所示。

图 4.1.46　变亮模式

图 4.1.47　滤色模式

9）滤色模式(Screen)

“滤色”模式与“正片叠底”模式正好相反，它将两个图层颜色结合起来产生比两种颜色都浅的第三种颜色，效果如图 4.1.47 所示。

10）颜色减淡模式(Color Dodge)

在"颜色减淡"模式中，查看每个通道中的颜色信息，并通过减小对比度使"图层 2"变亮，并使其颜色更加饱和，与黑色混合则不发生变化，效果如图 4.1.48 所示。

图 4.1.48　颜色减淡模式

图 4.1.49　线性减淡模式

11）线性减淡模式(Linear Dodge)

在"线性减淡"模式中，通过增加亮度使"图层 2"变亮，效果如图 4.1.49 所示。

12）浅色模式(Lighter Color)

比较两个图层的所有通道值的总和，并显示值较大的颜色，不生成第三种颜色，效果如图 4.1.50 所示

图 4.1.50　浅色模式

图 4.1.51　叠加模式

13）叠加模式(Overlay)

"叠加"模式把两个图层的颜色相混合产生一种中间色，效果如图 4.1.51 所示。

14）柔光模式(Soft Light)

"柔光"模式会产生一种柔光照射的效果。如果"图层 2"颜色比 50%灰颜色像素亮，则图像将变亮；如果像素比 50%灰颜色的像素暗，那么图像的颜色将变暗，使图像的亮度反差增大，效果如图 4.1.52 所示。

15）强光模式(Hard Light)

"强光"模式将产生一种强光照射的效果。如果"图层 2"颜色比 50%灰颜色像素亮，则

图像将变亮；如果像素比50%灰颜色的像素暗，那么图像的颜色将变暗，使图像的亮度反差增大，效果如图4.1.53所示。这种模式实质上同“柔光”模式是一样的，但比“柔光”模式更强烈一些。

图4.1.52　柔光模式

图4.1.53　强光模式

16）亮光模式(Vivid Light)

通过增加或减小对比度来加深或减淡颜色，如果“图层2”比50%灰色亮，则通过减小对比度使图像变亮；如果比50%灰色暗，则通过增加对比度使图像变暗，效果如图4.1.54所示。

图4.1.54　亮光模式

图4.1.55　线性光模式

17）线性光模式(Linear Light)

通过减小或增加亮度来加深或减淡颜色，如果“图层2”比50%灰色亮，则通过增加亮度使图像变亮；如果比50%灰色暗，则通过减小亮度使图像变暗，效果如图4.1.55所示。

18）点光模式(Pin Light)

“点光”模式其实就是替换颜色，如果“图层2”比50%灰色亮，则替换暗的像素；如果比50%灰色暗，则替换亮的像素，这对于向图像添加特殊效果非常有用，如图4.1.56所示。

19）实色混合模式(Hard Mix)

如果“图层2”比50%灰色亮，会使“图层1”图像变亮；如果比50%灰色暗，会使“图层1”图像变暗，而不改变比“混合色”暗的像素，该模式会使图像产生色调分离效果，效果如

图 4.1.57所示。

图 4.1.56　点光模式

图 4.1.57　实色混合光模式

20) 差值模式(Difference)

在“差值”模式中,“图层 2”的白色区域会使“图层 1”产生反相效果,黑色则不会产生任何影响,效果如图 4.1.58 所示。

图 4.1.58　差值模式

图 4.1.59　排除模式

21) 排除模式(Exclusion)

“排除”模式与“差值”模式相似,但是具有高对比度和低饱和度的特点。比用“差值”模式获得的颜色要更柔和、更明亮一些。建议您在处理图像时,首先选择“差值”模式,若效果不够理想,可以选择“排除”模式来试试。无论是“差值”模式还是“排除”模式都能使人物或自然景色图像产生更真实或更吸引人的图像合成效果,如图 4.1.59 所示。

22) 减去模式(Minus)

可以从目标通道中相应的像素生减去源通道中的像素值,效果如图 4.1.60 所示。

23) 划分模式(Divide)

查看每个通道中的颜色信息,从基色中划分混合色,效果如图 4.1.61 所示。

图 4.1.60 减去模式

图 4.1.61 划分模式

24）色相模式(Hue)

将“图层 2”的色相应用于“图层 1”图像的亮度和饱和度中，可以改变其图像的色相，但不会影响其亮度和饱和度，效果如图 4.1.62 所示。“色相”模式不能用于黑色、彩色和灰度模式的图像。

图 4.1.62 色相模式

图 4.1.63 饱和度模式

25）饱和度模式(Saturation)

“饱和度”模式的作用方式与“色相”模式相似，它只将“图层 1”颜色的饱和度值进行着色，而使色相值和亮度值保持不变，效果如图 4.1.63 所示。

26）颜色模式(Color)

“颜色”模式能够使“图层 1”颜色的饱和度和色相同时进行着色，但亮度不变，效果如图 4.1.64所示。“颜色”模式可以看成是“饱和度”模式和“色相”模式的综合效果。

27）明度模式(Luminosity)

“明度”模式能够使“图层 1”图像的亮度，饱和度和色相保持不变，效果如图 4.1.65 所示。

图 4.1.64　颜色模式

图 4.1.65　明度模式

4.2　案例 1　广告制作

1）案例分析

本案例通过添加图层蒙版，实现不同图层之间的完美结合，使整体效果更加完美，达到更好的视觉效果。

2）案例实现

(1) 执行“文件”→“打开”菜单命令(或者使用 Ctrl＋O 快捷键)，打开素材图片“杯子.jpg”，如图 4.2.1 所示。

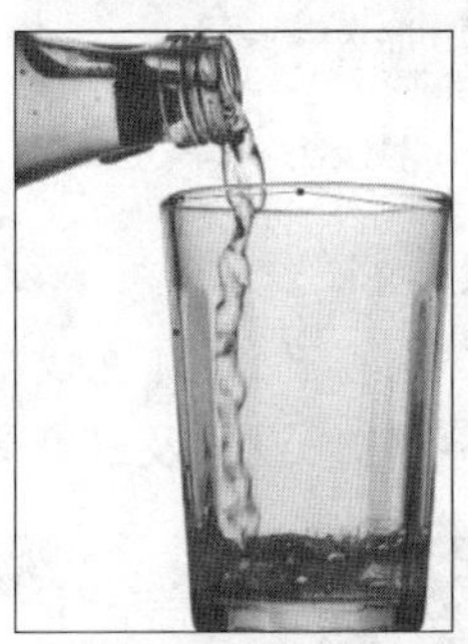

图 4.2.1

(2) 点击工具箱中的“钢笔”工具，沿杯子内沿绘制一条闭合的曲线，如图 4.2.2 所示。然后按住 Ctrl 键，点击“路径”面板里的“工作路径”，如图 4.2.3 所示。执行“图层”→“新建”→“通过拷贝的图层”菜单命令，生成“杯子拷贝”图层，如图 4.2.4 所示。

图 4.2.2

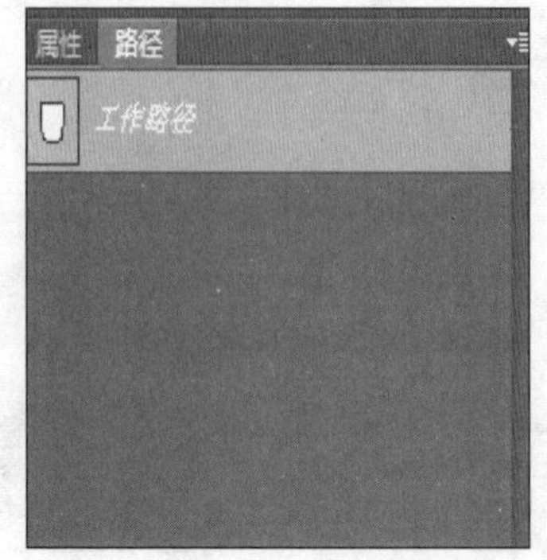

图 4.2.3

图 4.2.4

(3) 执行“文件”→“打开”菜单命令(或者使用 Ctrl+O 快捷键)打开素材图片“树.jpg”,将其拖入“杯子”文件中,然后按住 Alt 键在图层面板中点击“树”图层和“杯子拷贝”图层之间,将“杯子拷贝”图层的路径应用于“树”图层,再点击图层面板下方的添加矢量蒙版按钮,添加蒙版,效果及设置如图 4.2.5、图 4.2.6 和图 4.2.7 所示。

图 4.2.5

图 4.2.6

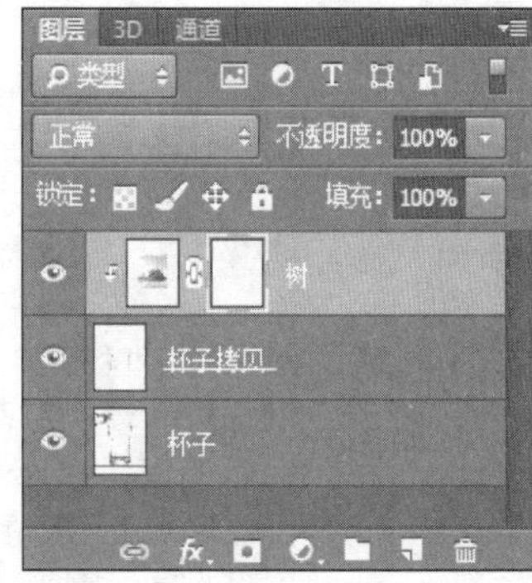

图 4.2.7

(4) 点击工具箱中的“画笔工具”,将笔刷的大小设在 150 左右,擦除树上不必要的部分。为使效果更加自然真实,可先将笔刷的颜色设为中灰(即前景色设为中灰,如#999999),再调至黑色擦除一次,效果更佳。设置及最终效果如图 4.2.8 和图 4.2.9 所示。

图 4.2.8

图 4.2.9

4.3　案例 2　万圣节之夜

1）案例分析

本案例通过使用图层混合模式和图层样式等命令，制作出氛围浓厚的万圣节之夜。

2）案例实现

(1) 执行“文件”→“打开”菜单命令（或者使用 Ctrl＋O 快捷键），打开素材图片“背景图片.jpg”，如图 4.3.1 所示。

图 4.3.1

(2) 执行“图层”→“新建”→“图层”菜单命令（或者使用 Shift＋Ctrl＋N 快捷键），新建“乌云”图层，并将素材图片“乌云.jpg”拖入到这个图层中。然后选中“乌云”图层，执行“图层”→“图层蒙版”→“隐藏全部”菜单命令，在图层蒙版的属性栏中选择“径向渐变”，渐变颜色为白色到黑色，渐变方向为－90 度（或在舞台上从上往下垂直拖动鼠标即可），如图 4.3.2 所示。然后执行“图像”→“调整”→“色阶”命令，将整体的色调变暗。具体设置及最终效果如图 4.3.3 和图 4.3.4 所示。

图 4.3.2

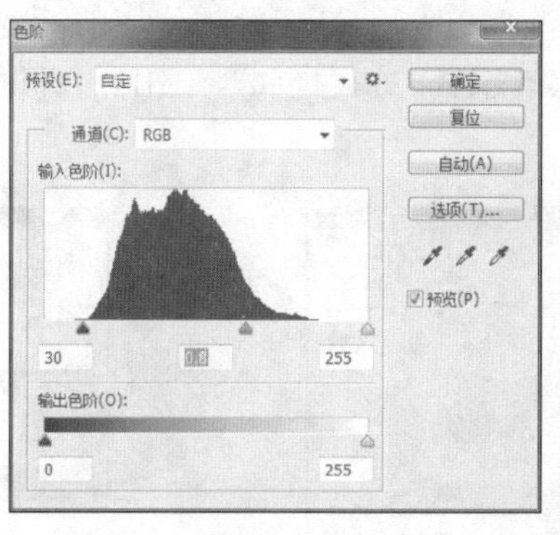

图 4.3.3

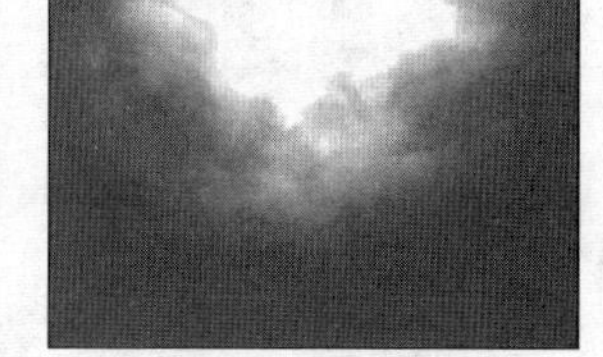

图 4.3.4

(3) 执行“图层”→“新建”→“图层”菜单命令（或者使用 Shift＋Ctrl＋N 快捷键），新建“城堡”图层，打开素材图片“城堡.jpg”并将其拖入到这个图层中。然后，执行“图层”→“新

建调整图层”→“通道混合器”菜单命令，在属性面板中选择“使用蓝色滤镜的黑白”，并点击“此调整剪切至此图层”(使通道混合器只影响“城堡”图层)，如图 4.3.5 所示，完成后将“城堡”图层的混合模式选择为“叠加”，如图 4.3.6 所示，最终效果如图 4.3.7 所示。

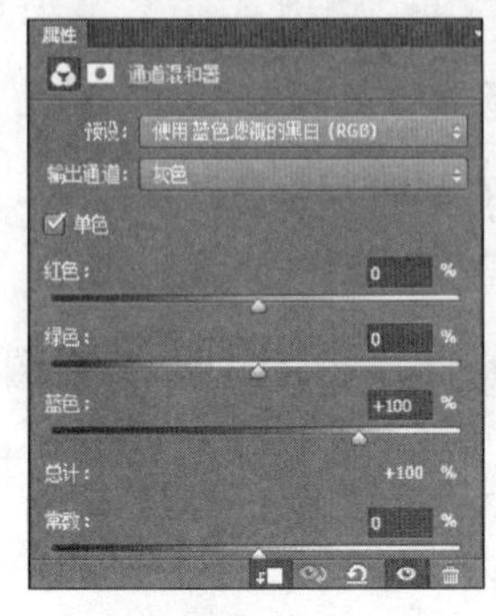

图 4.3.5

图 4.3.6

图 4.3.7

(4) 执行面板工具中的“字体”工具，在图片的下方输入“Hallowmas”，字体的具体设置如图 4.3.8 所示。

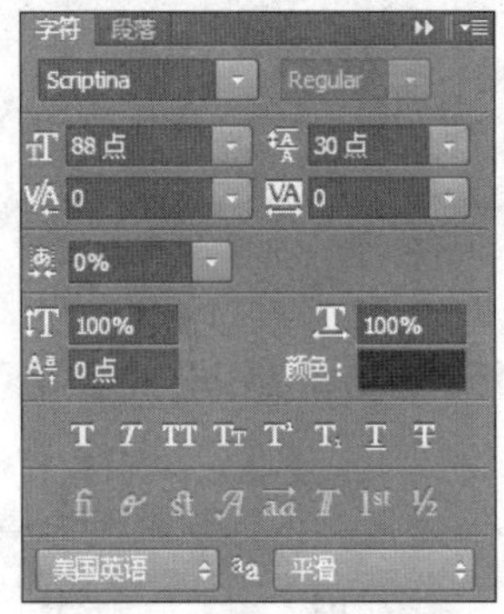

图 4.3.8

(5) 对字体图层添加图层样式中的“外发光”和“渐变叠加”效果[外发光使用的颜色为蓝灰色(＃9eb6d0)，如图 4.3.9 所示，渐变叠加使用的渐变颜色分别为：深蓝色(＃070abf)、白色(＃ffffff)、浅灰蓝色(＃b4cbe7)、白色(＃ffffff)]，具体设置如图 4.3.10 所示，最终效果如图 4.3.11 所示。

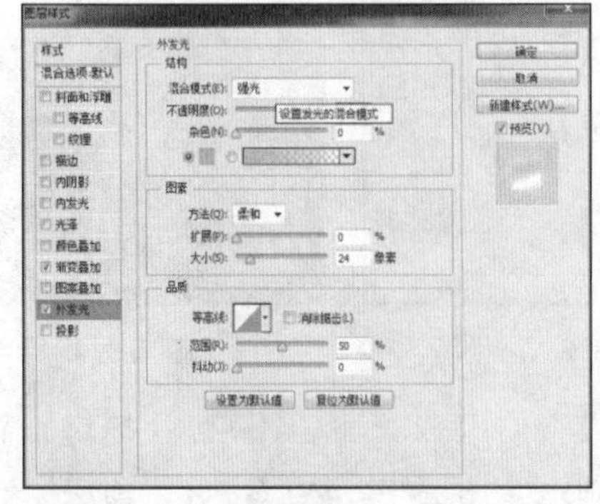

图 4.3.9

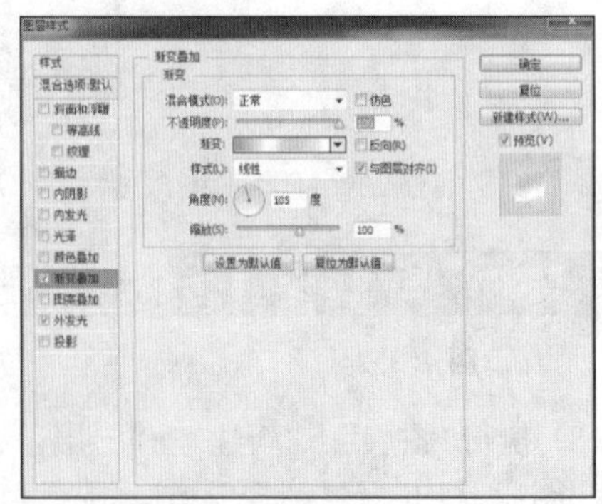

图 4.3.10

图 4.3.11

(6) 执行工具箱中的“笔刷”工具，在属性面板中选择“星星”笔刷，在合适位置点击，刷上不同的星星，具体设置及最终效果如图 4.3.12 和图 4.4.13 所示。

图 4.3.12

图 4.3.13

4.4　知识梳理

图层是 Photoshop 中最基本也是最重要的概念。一幅作品是由许多图层组成，只有建立不同的图层，在创作过程中才能够对这些元素单独进行修改和编辑，而不影响其他元素。

重要工具：“图层”面板、“图层菜单”“图层样式”和“图层混合模式”。

核心技术：熟练运用“图层”面板的各项功能；掌握图层的创建、复制、删除、调整图层顺序、图层的链接和合并等基本操作；掌握图层不透明度和图层混合模式的结合使用；掌握图层样式的相关操作。

4.5 能力训练

1）训练 1

利用图层样式和图层的混合模式，制作绚丽光环效果，如图 4.5.1 所示。使用形状工具选择合适的图形进行绘制，并添加“描边”和“内发光”图层样式；旋转并复制形状，然后将图层合并；创建蒙版，使用柔角画笔工具在形状上涂抹黑色；使用椭圆工具绘制椭圆，并添加“描边”和“内发光”图层样式；新建一个图层进行渐变色填充，并将混合模式改为“叠加”。

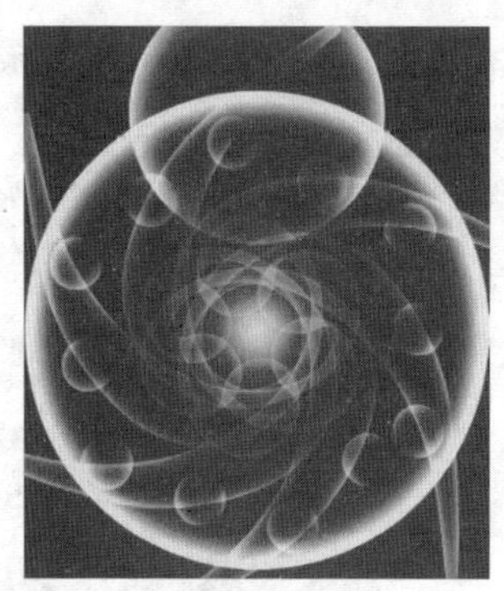

图 4.5.1

2）训练 2

制作金属质感的可爱小蜗牛，将“背景图片.jpg”作为背景，利用形状工具中的动物形象创建蜗牛的形象并输入文字；在“样式”面板中载入新的样式，并将其添加到已绘制的形状图形；创建剪切蒙版，调整色阶和饱和度，使形状的金属色和背景有所区别，如图 4.5.2 所示。

图 4.5.2

第五章　图像的绘画与修饰

Photoshop 中的图像编辑功能非常强大，可以通过“画笔工具”“铅笔工具”“橡皮擦工具”等绘图工具创作图像、绘制图形，也可以通过“仿制图章工具”“污点修复画笔工具”“修补工具”“减淡工具”“加深工具”等修饰工具对各类图像进行修复和修饰，使图像变得更加完美。

5.1　知识储备

5.1.1　图片修饰工具

在 Photoshop CC 中修饰图像的方法是多样的，用来修饰图像的工具被分别放置到“仿制图章工具组”“修复工具组”“模糊工具组”和“减淡工具组”中。

1）仿制图章工具

使用“仿制图章工具”可以十分轻松地将整个图像或图像中的一部分进行复制。“仿制图章工具”一般常用在对图像中的某个区域进行复制。使用“仿制图章工具”复制图像时可以是同一文档中的同一图层，也可以是不同图层，还可以是不同文档之间进行复制。在“工具箱”中单击“仿制图章工具”后，Photoshop CC 的选项栏会自动变为“仿制图章工具”所对应的选项的设置，通过选项栏可以对该工具进行相应的属性设置，如图 5.1.1 所示。

图 5.1.1

2）仿制源面板

通过“仿制源”面板可以将复制的图像进行缩放、旋转、位移等设置，还可以设置多个取样点。执行“窗口”→“仿制源”菜单命令，即可打开“仿制源”面板，如图 5.1.2 所示。

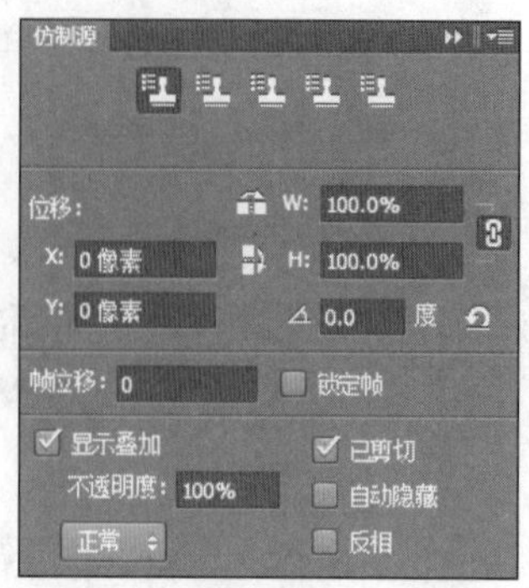

图 5.1.2

其中的各项含义如下。

仿制取样点：用来设置取样复制的采样点，可以一次设置 5 个取样点。

位移：用来设置复制源在图像中的坐标值。

缩放：用来设置被仿制图像的缩放比例。

旋转：用来设置被仿制图像的旋转角度。

复位变换：单击该按钮，可以清除设置的仿制变换。

帧位移：设置动画中帧的位移。

帧锁定：将被仿制的帧锁定。

显示叠加：钩选该复选框，可以在仿制的时候显示预览效果。

不透明度：用来设置仿制复制的同时会出现采样图像的图层的不透明度。

模式：显示仿制采样图像的混合模式。

自动隐藏：仿制时将叠加层隐藏。

反相：将叠加层的效果以负片显示。

3）图案图章工具

使用“图案图章工具”可以将预设的图案或自定义的图案复制到当前文件中。“图案图章工具”通常用在快速仿制预设或自定义的图案时，该工具的使用方法非常简单，只要选择图案后，在文档中拖动即可复制。

在“工具箱”中单击“图案图章工具”后，Photoshop CC 的选项栏会自动变为“图案图章工具”所对应的选项的设置，通过选项栏可以对该工具进行相应的属性设置，如图 5.1.3 所示。

图 5.1.3

其中的各项含义如下。

图案：用来放置仿制时的图案，单击右边的倒三角形，打开“图案拾色器”选项面板，在其中可以选择要被用来复制的源图案。

印象派效果：使仿制的图案效果具有一种印象派绘画的效果。

4）污点修复画笔工具

使用“污点修复画笔工具”可以十分轻松地将图像中的瑕疵修复。“污点修复画笔工具”一般常用在快速修复图片或照片。该工具的使用方法非常简单，只要将指针移到要修复的位置，按下鼠标拖动即可对图像进行修复。在“工具箱”中单击“污点修复画笔工具”后，Photoshop CC 的选项栏会自动变为“污点修复画笔工具”所对应的选项的设置，通过选项栏可以对该工具进行相应的属性设置，如图 5.1.4 所示。

图 5.1.4

其中的各项含义如下。

模式：用来设置修复时的混合模式。当选择“替换”选项时，可以保留画笔描边的边缘处的杂色、胶片颗粒和纹理。

近似匹配：钩选“近似匹配”单选项时，如果没有为污点建立选区，则样本自动采用污点外部四周的像素；如果在污点周围绘制选区，则样本采用选区外围的像素。

创建纹理：钩选“创建纹理”单选项时，使用选区中的所有像素创建一个用于修复该区域的纹理。如果纹理不起作用，请尝试再次拖过该区域。

5）修复画笔工具

使用“修复画笔工具”可以对被破坏的图片或有瑕疵的图片进行轻松修复。“修复画笔工具”一般常用在修复瑕疵图片上。使用该工具进行修复时首先要进行取样（取样方法为按住 Alt 键在图像中单击），再使用鼠标在被修复的位置上涂抹。使用样本像素进行修复的同时可以把样本像素的纹理、光照、透明度和阴影与所修复的像素相融合。

“修复画笔工具”的使用方法是只要在需要被修复的图像周围按住 Alt 键单击鼠标设置源文件的选取点后，松开鼠标将指针移动到要修复的地方按住鼠标跟随目标选取点拖动，便可以轻松修复。在“工具箱”中单击“修复画笔工具”后，Photoshop CC 的选项栏会自动变为“修复画笔工具”所对应的选项的设置，通过选项栏可以对该工具进行相应的属性设置，如图 5.1.5 所示。

图 5.1.5

其中的各项含义如下。

模式：用来设置修复时的混合模式，如果选用“正常”，则使用样本像素进行绘画的同时把样本像素的纹理、光照、透明度和阴影与所修复的像素相融合；如果选用“替换”，则只用样本像素替换目标像素且与目标位置没有任何融合。也可以在修复前先建立一个选区，则选区限定了要修复的范围在选区内而不在选区外。

取样：钩选“取样”必须按 Alt 键单击取样并使用当前取样点修复目标。

图案：可以在“图案”列表中选择一种图案来修复目标。

对齐:当钩选该项后,只能用一个固定位置的同一图像来修复。

样本:选择选取复制图像时的源目标点。包括当前图层、当前图层和下面图层与所有图层三种。

忽略调整图层:单击该按钮,在修复时可以将调整图层忽略。

6) 修补工具

"修补工具"会将样本像素的纹理、光照和阴影与源像素进行匹配。"修补工具"修复的效果与"修复画笔工具"类似,只是使用方法不同,该工具的使用方法是通过创建的选区来修复目标或源。该工具一般常用在快速修复瑕疵较少的图片。在"工具箱"中单击"修补工具"后,Photoshop CC 的选项栏会自动变为"修补工具"所对应的选项的设置,通过选项栏可以对该工具进行相应的属性设置,如图 5.1.6 所示。

图 5.1.6

其中的各项含义如下。

源:指要修补的对象是现在选中的区域。

目标:与"源"相反,要修补的是选区被移动后到达的区域而不是移动前的区域。

透明:如果不选该项,则被修补的区域与周围图像只在边缘上融合,而内部图像纹理保留不变,仅在色彩上与原区域融合;如果选中该项,则被修补的区域除边缘融合外,还有内部的纹理融合,即被修补区域好像做了透明处理。

使用图案:单击该按钮,被修补的区域将会以后面显示的图案来修补。

7) 红眼工具

使用"红眼工具"可以将在数码相机照相过程中产生的红眼睛效果轻松去除并与周围的像素相融合。该工具的使用方法非常简单,只要在红眼上单击鼠标即可将红眼去掉。在"工具箱"中单击"红眼工具"后,Photoshop CC 的选项栏会自动变为"红眼工具"所对应的选项的设置,通过选项栏可以对该工具进行相应的属性设置,如图 5.1.7 所示。

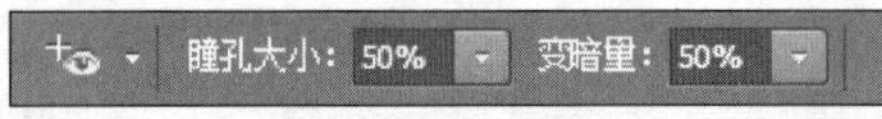

图 5.1.7

其中的各项含义如下。

瞳孔大小:用来设置眼睛的瞳孔或中心的黑色部分的比例大小,数值越大黑色范围越广。

变暗量:用来设置瞳孔的变暗量,数值越大越暗。

8) 减淡工具

"减淡工具"可以改变图像中的亮调与暗调。原理来源于胶片曝光显影后,经过部分暗化和亮化可改变曝光效果。"减淡工具"一般常用在为图片中的某部分像素加亮。该工具的使用方法是,在图像中拖动鼠标,鼠标经过的位置就会被加亮。

在“工具箱”中单击“减淡工具”后，Photoshop CC 的选项栏会自动变为“减淡工具”所对应的选项的设置，通过选项栏可以对该工具进行相应的属性设置，如图 5.1.8 所示。

图 5.1.8

其中的各项含义如下。

范围：用于对图像进行减淡时的范围选取，包括阴影、中间调和高光。选择“阴影”时，加亮的范围只局限于图像的暗部；选择“中间调”时，加亮的范围只局限于图像的灰色调；选择“高光”时，加亮的范围只局限于图像的亮部。

曝光度：用来控制图像的曝光强度。数值越大，曝光强度就越明显。建议在使用减淡工具时将曝光度设置得尽量小一些。

保护色调：对图像进行减淡处理时，可以对图像中存在的颜色进行保护。

9）加深工具

“加深工具”正好与“减淡工具”相反，使用该工具可以将图像中的亮度变暗。

10）海绵工具

“海绵工具”可以精确的更改图像中某个区域的色相饱和度。当增加颜色的饱和度时，其灰度就会减少，使图像的色彩更加浓烈；当降低颜色的饱和度时，其灰度就会增加，使图像的色彩变为灰度值。“海绵工具”一般常用在为图片中的某部分像素增加颜色或去除颜色。该工具的使用方法是，在图像中拖动鼠标，鼠标经过的位置就会被加色或去色。在“工具箱”中单击“海绵工具”后，Photoshop CC 的选项栏会自动变为“海绵工具”所对应的选项的设置，通过选项栏可以对该工具进行相应的属性设置，如图 5.1.9 所示。

图 5.1.9

其中的各项含义如下。

模式：用于对图像进行加色或去色的设置选项，在下拉列表中包括“降低饱和度”和“饱和”。

自然饱和度：灰色调到饱和色调的调整，用于提升不够饱和度的图片，可以调整出非常优雅的灰色调。

11）模糊工具

“模糊工具”可以对图像中被拖动的区域进行柔化处理使其显得模糊。原理是降低像素之间的反差。“模糊工具”一般常常用来模糊图像。该工具的使用方法是，在图像中拖动鼠标，鼠标经过的像素就会变得模糊。

在“工具箱”中单击“模糊工具”后，Photoshop CC 的选项栏会自动变为“模糊工具”所对应的选项的设置，通过选项栏可以对该工具进行相应的属性设置，如图 5.1.10 所示。

图 5.1.10

其中的各项含义如下。

强度:用于设置模糊工具对图像的模糊程度,设置的数值越大,模糊的效果就越明显。

12）锐化工具

“锐化工具”正好与“模糊工具”相反,可以增加图像的锐化度,使图像看起来更加清晰,原理是增强像素之间的反差。

13）涂抹工具

“涂抹工具”在图像上涂抹产生的效果就像使用手指在未干的油漆内涂抹一样,会将颜色进行混合或产生水彩般的效果。“涂抹工具”一般常用来对图像的局部进行涂抹修整。该工具的使用方法是,在图像中拖动鼠标,鼠标经过的像素会跟随鼠标移动。

在工具箱中单击“涂抹工具”后,Photoshop CC 的选项栏会自动变为“涂抹工具”所对应的选项的设置,通过选项栏可以对该工具进行相应的属性设置,如图 5.1.11 所示。

图 5.1.11

其中的各项含义如下。

强度:用来控制涂抹区域的长短,数值越大,该涂抹点会越长。

手指绘画:钩选此选项,涂抹图片时的痕迹将会是前景色与图像的混合涂抹。

5.1.2 图像绘制工具

1）画笔工具

“画笔工具”可以将预设的笔尖图案直接绘制到当前的图像中,也可以将其绘制到新建的图层内。“画笔工具”一般常用在绘制预设画笔笔尖图案或绘制不太精确的线条。该工具的使用方法与现实中的画笔较相似,只要选择相应的画笔笔尖后,在文档中按下鼠标进行拖动便可以进行绘制,被绘制的笔触颜色以前景色为准。

在“工具箱”中单击“画笔工具”后,Photoshop CC 的选项栏会自动变为“画笔工具”所对应的选项的设置,通过选项栏可以对该工具进行相应的属性设置,如图 5.1.12 所示。

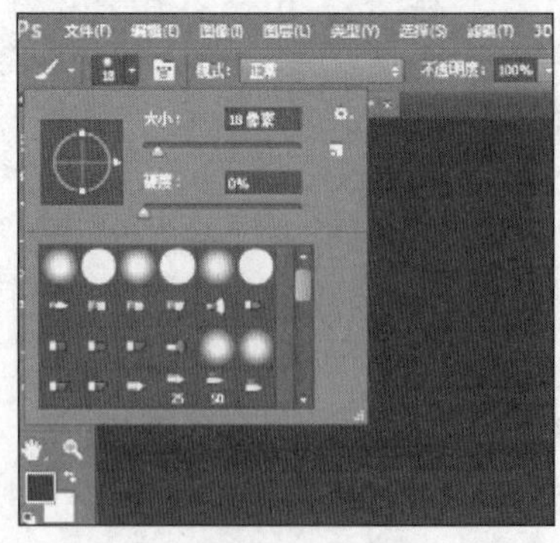

图 5.1.12

其中的各项含义如下。

喷枪：单击喷枪按钮后，画笔工具在绘制图案时将具有喷枪功能。

画笔面板：单击该按钮，或者执行菜单“窗口”→“画笔”菜单命令（或者按 F5 快捷键），即可打开“画笔”面板，如图 5.1.13 所示。在“画笔”面板中可以根据需要随意编辑画笔的样式，设置画笔的“形状动态”“散布”“纹理”“双重画笔”“颜色动态”等参数选项，可使画笔工具具有各种不同的绘制效果。

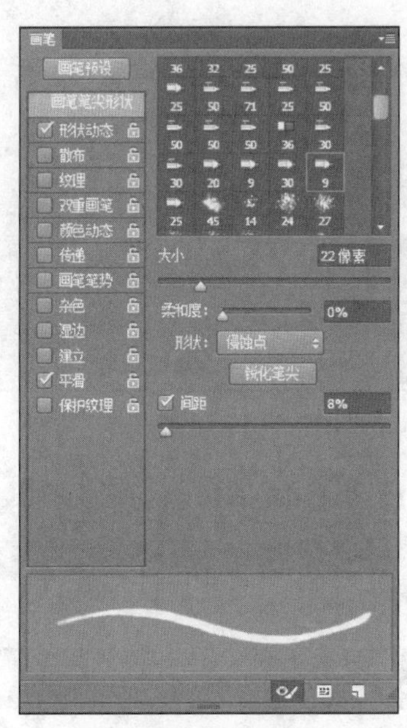

图 5.1.13

2）橡皮擦工具

使用“橡皮擦工具”可以将图像中的像素擦除。该工具的使用方法非常简单，只要选择“橡皮擦工具”后，在图像上按下鼠标拖动即可将鼠标经过的位置擦除，并以背景色透明色来显示被擦除的部分。在“工具箱”中单击“橡皮擦工具”后，Photoshop CC 的选项栏会自动变为“橡皮擦工具”所对应的选项的设置，通过选项栏可以对该工具进行相应的属性设置，如图 5.1.14所示。

图 5.1.14

其中的各项含义如下。

画笔：用来设置橡皮擦的主直径、硬度和选择画笔样式。

模式：用来设置橡皮擦的擦除方式，包括画笔、铅笔和块。

流量：控制橡皮擦在擦除时的流动频率，数值越大，频率越高。数值范围是 0%～100%。

涂抹到历史记录：可以在“历史记录”面板中确定要擦除的操作，再钩选“抹到历史记录”复选框，在图像上涂抹时会将在“历史记录”面板中选择的步骤选项擦除。

3）背景橡皮擦工具

使用“背景橡皮擦工具”可以在图像中擦除指定颜色的图像像素，鼠标经过的位置将会变为透明区域。在“背景”图层中擦除图像后，会将“背景”图层自动转换成可编辑的普通图层。“背景橡皮擦工具”一般常用在擦除指定图像中的颜色区域，也可以用于为图像去掉背景，如图 5.1.15 所示。

图 5.1.15

在“工具箱”中单击“背景橡皮擦工具”后，Photoshop CC 的选项栏会自动变为“背景橡皮擦工具”所对应的选项设置，通过选项栏可以对该工具进行相应的属性设置，如图 5.1.16 所示。

图 5.1.16

其中的各项含义如下。

取样：用来设置擦除图像颜色的方式，包括连续、一次和背景色板。连续：可以将鼠标经过的所有颜色作为选择色并对其进行擦除；一次：在图像上需要擦除的颜色上按下鼠标，此时选取的颜色将自动作为背景色，只要不松手即可一直在图像上擦除该颜色区域；背景色板：选择此项后，“背景橡皮擦工具”只能擦除与背景色一样的颜色区域。

限制：用来设置擦除时的限制条件。在该下拉列表中包括：不连续、连续和查找边缘。不连续：可以在选定的色彩范围内多次重复擦除；连续：在选定的色彩范围内只可以进行一次擦除，也就是说必须在选定颜色后连续擦除；查找边缘：擦除图像时可以更好地保留图像边缘的锐化程度。

容差：用来设置擦除图像中颜色的准确度，数值越大，擦除的颜色范围就越广，可输入的数值范围是 0%～100%。

保护前景色：钩选该复选框后，图像中与前景色一致的颜色将不会被擦除掉。

4）魔术橡皮擦

“魔术橡皮擦工具”的使用方法与“魔术棒工具”相类似，不同的是“魔术橡皮擦工具”会直接将选取的范围清除而不是建立选区。“魔术橡皮擦工具”一般常用在快速去掉图像的背景。该工具的使用方法非常简单，只要选择要清除的颜色范围，单击即可将其清除，如图 5.1.17所示。

图 5.1.17

5.2 案例1 去除多余人物

1) 案例分析

本案例通过使用“仿制图章工具”，将图像中多余的人物去除。

2) 案例实现

(1) 执行“文件”→“打开”菜单命令(或者使用 Ctrl＋O 快捷键)，打开素材图片“人物.jpg”，如图 5.2.1 所示。使用 Ctrl＋J 快捷键复制背景图层，生成背景图层的副本“背景 拷贝”图层，如图 5.2.2 所示。

图 5.2.1

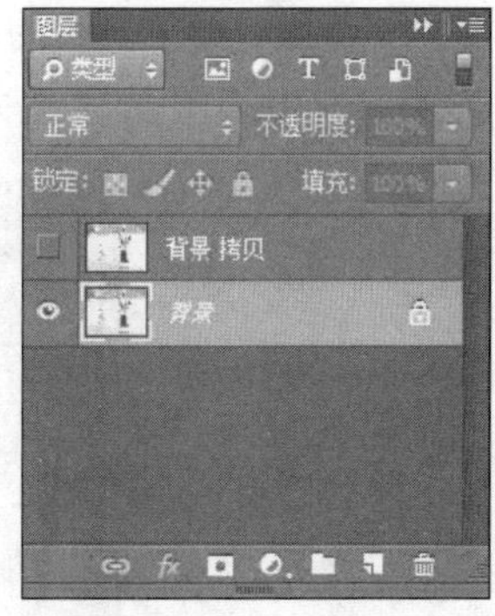

图 5.2.2

(2) 在工具箱中选择“仿制图章工具”，在其选项栏中设置画笔大小为 30 像素，硬度为 50%，流量和不透明度都为 100%，如图 5.2.3 所示。

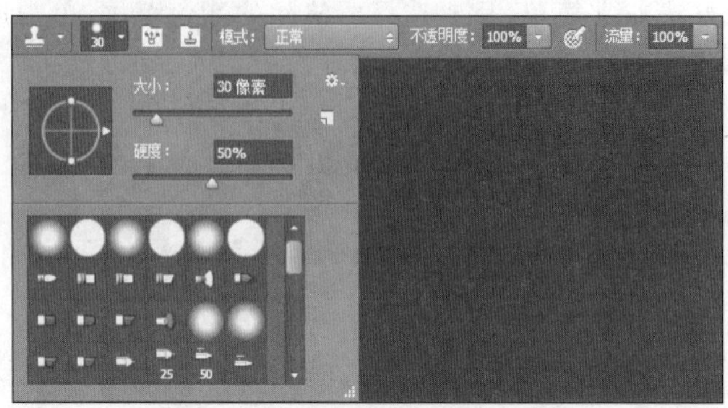

图 5.2.3

(3) 按住 Alt 键在人物周围选择好背景，单击鼠标左键获取修复图像的样本，然后慢慢涂抹。左侧人物选择左侧较好的背景覆盖，右侧的选右边的背景，这样整体会融合地更好。如图 5.2.4 所示。

图 5.2.4

(4) 使用“仿制图章工具”的时候先用 100％透明度涂抹，后面再用透明度较低的值涂抹，得到的图像效果如图 5.2.5 所示。

图 5.2.5

5.3　案例 2　去除人像脸部黑痣

1）案例分析

本案例通过使用“修复画笔工具”，去除人像脸部的祛斑、黑痣和青春痘。

2）案例实现

（1）执行“文件”→“打开”菜单命令（或者使用 Ctrl＋O 快捷键），打开素材图片“人像.jpg”，如图 5.3.1 所示。使用 Ctrl＋J 快捷键复制背景图层，生成背景图层的副本“背景 拷贝”图层，如图 5.3.2 所示。

图 5.3.1

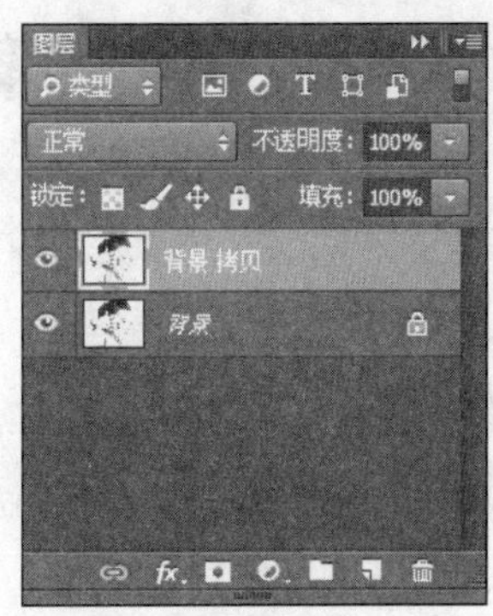

图 5.3.2

（2）选中“背景 拷贝”图层，选择工具箱中的“修复画笔工具”，在窗口中按住 Alt 键单击如图 5.3.3 所示的区域，选择仿制图形。

图 5.3.3

（3）松开 Alt 键，在人物脸部的黑痣上单击鼠标，去除青春痘，如图 5.3.4 所示。用同样的方法，去除其他黑痣、青春痘，最终效果如图 5.3.5 所示。

图 5.3.4

图 5.3.5

 5.4 案例 3 去除图片中多余白鸽

1) 案例分析

本案例通过使用“修补工具”，去除图片中多余的白鸽，使图片构图更加完美，达到更好的视觉效果。

2) 案例实现

(1) 执行“文件”→“打开”菜单命令(或者使用 Ctrl+O 快捷键)，打开素材图片“白鸽.jpg”，如图 5.4.1 所示。使用 Ctrl+J 快捷键复制背景图层，生成背景图层的副本“背景 拷贝”图层，如图 5.4.2 所示。

图 5.4.1

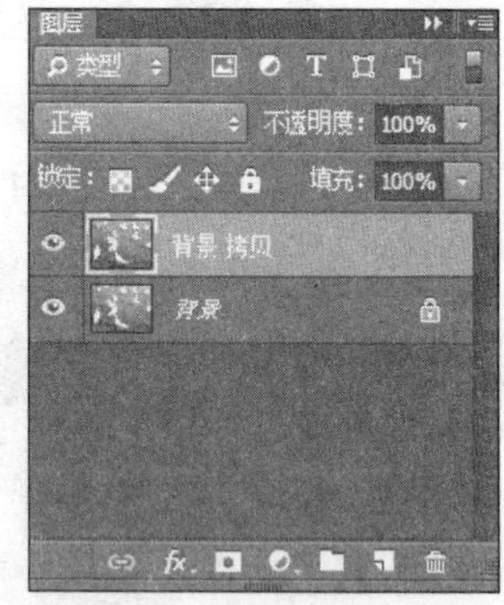

图 5.4.2

(2) 选中“背景 拷贝”图层，选择工具箱中的“修补工具”，在其选项栏内选中“源”单选按钮。在图片上方不完整的白鸽位置拖动鼠标，创建一个比要处理图像稍大一点的选区，如图 5.4.3所示。

(3) 用鼠标拖动选区内的图像到右侧的草坪处，用右侧的图像替代选区中的图像，如图 5.4.4所示。

图 5.4.3

图 5.4.4

(4) 使用“修补工具”选中图片右侧不完整的白鸽，如图 5.4.5 所示，使用相同的方法去除不完整的白鸽，最终效果如图 5.4.6 所示。

图 5.4.5

图 5.4.6

5.5　案例 4　舞者

1) 案例分析

通过本案例学会创建新的画笔，并根据需要通过“画笔”面板设定画笔的样式。

2) 案例实现

(1) 执行“文件”→“打开”菜单命令(或者使用 Ctrl+O 快捷键)，打开素材图片“舞蹈.jpg”，如图 5.5.1 所示。使用 Ctrl+J 快捷键复制背景图层，生成背景图层的副本“背景 拷贝”图层，如图 5.5.2 所示。

图 5.5.1

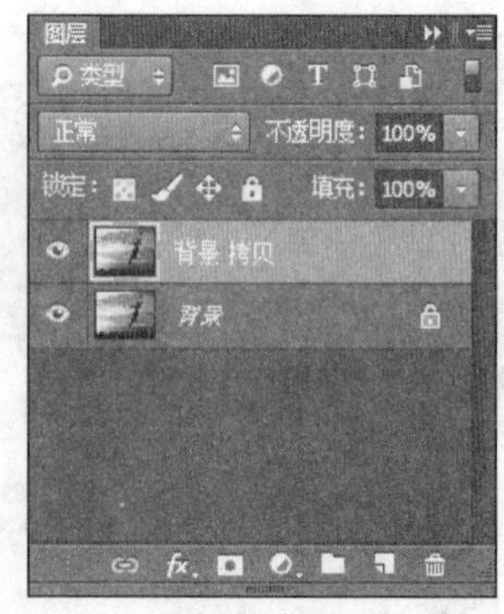

图 5.5.2

(2) 单击工具箱中的"磁性套索工具",选中图中的舞者,如图 5.5.3 所示。按 Ctrl+J 快捷键复制到一个新的图层中,产生的新图层命名为"舞者"图层,如图 5.5.4 所示。

图 5.5.3

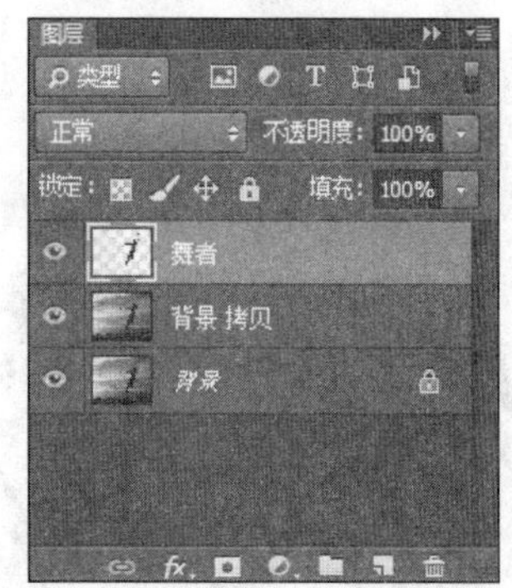

图 5.5.4

(3) 执行"图像"→"调整"→"去色"菜单命令(或者使用 Ctrl+Shift+U 快捷键),对"舞者"图层执行去色操作,效果如图 5.5.5 所示。按 Ctrl+T 快捷键,按住 Shift 键拖动控制点进行等比缩放,按 Enter 键确认,如图 5.5.6 所示。

图 5.5.5

图 5.5.6

(4) 单击"背景"图层和"背景 拷贝"图层前面的"指示图层可见性"👁,将这两个图层隐藏,如图 5.5.7 所示。执行"编辑"→"定义画笔预设"菜单命令,打开"画笔名称"对话框,将画笔命名为“舞者”，如图 5.5.8 所示，单击“确定”按钮关闭对话框。定义新画笔后将“舞者”图层删除，并重新显示“背景”图层和“背景 拷贝”图层两个图层，如图 5.5.9 所示。

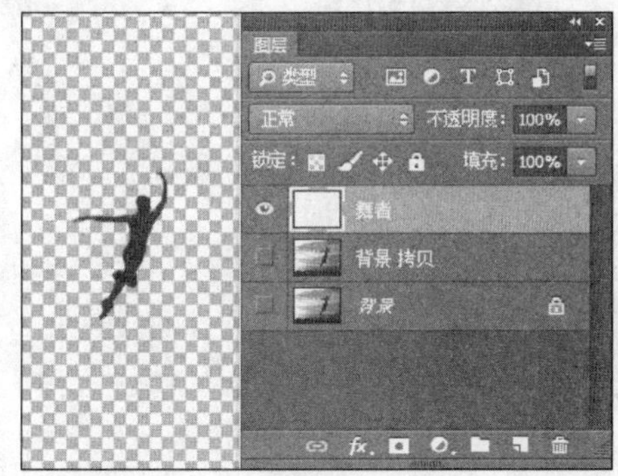

图 5.5.7

图 5.5.9

图 5.5.8

(5) 设置画笔样式，将前景色设置为红色(#ff0000)，将背景色设置为白色(#ffffff)，按 F5 快捷键打开“画笔”面板。选择定义的“舞者”画笔，设定“画笔笔尖形状”“形状动态”“散布”“颜色动态”的参数，如图 5.5.10 所示。

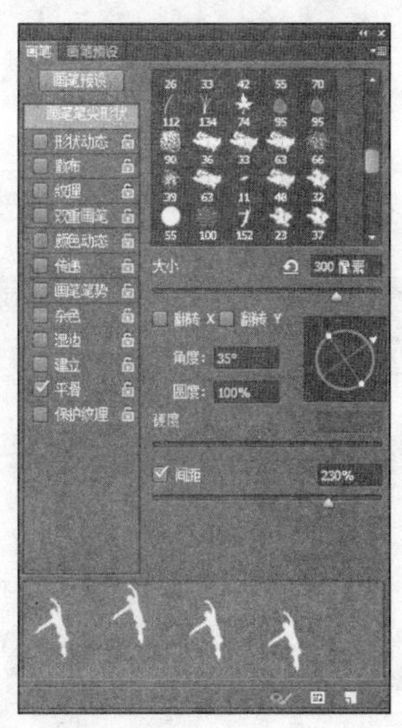

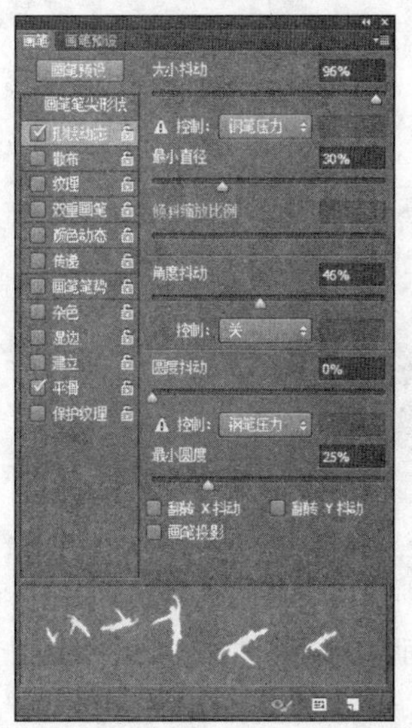

图 5.5.10

(6) 使用“画笔工具”在画面中单击并拖动鼠标进行绘制，绘制的最终效果如图 5.5.11 所示。

图 5.5.11

5.6 案例 5 制作邮票

1) 案例分析

通过本案例熟练掌握"画笔"面板的使用方法,并使用画笔制作出邮票的图像效果。

2) 案例实现

(1) 执行"文件"→"打开"菜单命令(或者使用 Ctrl+O 快捷键),打开素材图片"邮票.jpg",如图 5.6.1 所示。在"图层"面板中,双击"背景"图层弹出"新建图层"对话框将背景图层转变为普通图层,将图层命名为"邮票画面"图层,如图 5.6.2 所示。

图 5.6.1

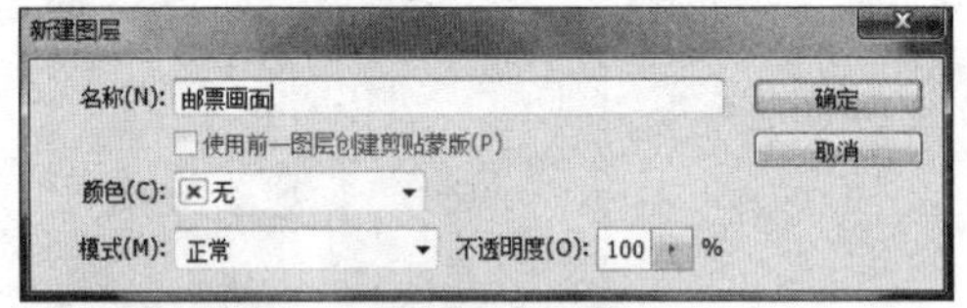

图 5.6.2

(2) 选中"邮票画面"图层按 Ctrl+T 快捷键,按住 Shift 键同时拖动变换框角上的控制块,将"邮票画面"图层图像成比例缩小到一定的大小,并调整到合适的位置,按 Enter 键确认,如图 5.6.3 所示。

(3) 按住 Ctrl 键,同时在"图层"面板上单击"邮票画面"图层的缩略图,将该层的图像全部选中,如图 5.6.4 所示。

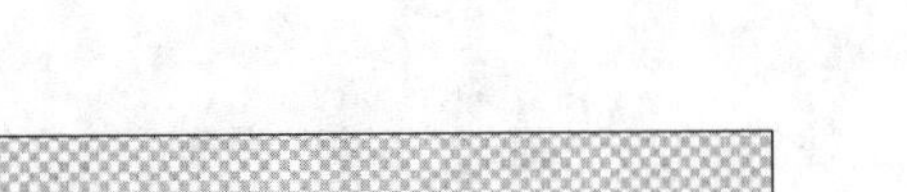

图 5.6.3

图 5.6.4

(4) 选择“选择”→“变换选区”菜单命令，按住 Alt 键同时拖移变换框的水平边和竖直边中间的控制块，将选区对称放大，按 Enter 键确认，如图 5.6.5 所示。

(5) 新建一个图层用来制作邮票的边界，命名新图层为“白色边界”图层，并把该层拖移到“邮票画面”图层的下面，在新图层的选区内填充白色，如图 5.6.6 所示。

图 5.6.5

图 5.6.6

(6) 按 Ctrl+D 取消选区。再新建一个图层，填充黑色。执行“图层”→“新建”→“图层背景”菜单命令，将黑色图层转化成背景层，如图 5.6.7 所示。

图 5.6.7

图 5.6.8

(7) 选择工具箱中“橡皮擦工具”。按 F5 快捷键，打开“画笔”面板，设置“画笔笔尖形状”的参数，画笔大小 25 像素、硬度 100%，间距 126%，其他参数默认，如图 5.6.8 所示。

(8) 关闭“画笔”面板。选择“白色边界”图层，将光标放置到图像的左上方，按下鼠标左键，按住 Shift 键，水平向右拖移鼠标，邮票上边界的齿孔做成了，如图 5.6.9 所示。使用同样的方法擦除其他三个边界，得到如图 5.6.10 所示的效果。

图 5.6.9

图 5.6.10

(9) 创建文字图层，在工具箱中单击“横排文字工具”，在邮票上书写“150 分”“中国邮政”“China”的字样，如图 5.6.11 所示。邮票的最终效果如图 5.6.12 所示。

图 5.6.11

图 5.6.12

5.7 知识梳理

Photoshop 为用户提供了丰富、强大的绘图功能和辅助绘图工具。绘图工具是使用前景色进行绘图，类似于传统的绘图工具，而辅助绘图工具则用来修改图像。

重要工具：“画笔工具组”“画笔”面板、“仿制图章工具组”“修复工具组”“模糊工具组”和“减淡工具组”。

核心技术：“仿制图章工具组”“修复工具组”“模糊工具组”和“减淡工具组”各种工具的使用方法；用“画笔工具”绘制图像的方法。

5.8　能力训练

1）训练 1

制作美丽夜空，将提供的“夜空.jpg”图片作为背景，“星球.jpg”作为仿制源，使用“仿制图章”工具，仿制几个星球到夜空文件中，通过“仿制源”控制面板，调整星球的位置、大小和透明度。最终效果如图 5.8.1 所示。

原图

效果图

图 5.8.1

2）训练 2

制作胶片效果，如图 5.8.2 所示。使用画笔工具中的“自定义画笔”及画笔中的“间距”设置，制作两条白色方框线；而中间的色彩条纹也使用相同的方法制作，其中条纹的角度通过画笔笔尖形状中的“角度”来设置。

图 5.8.2

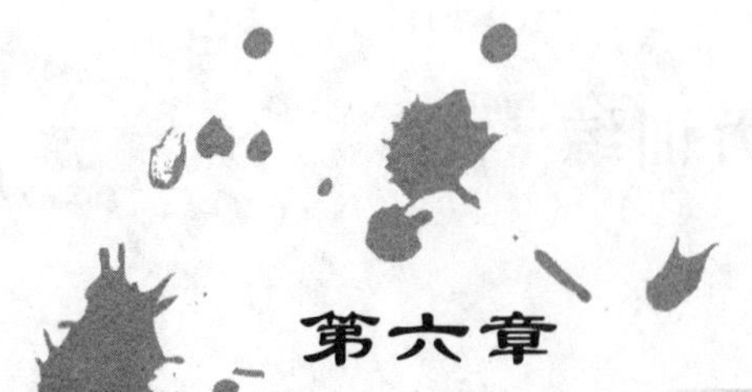

第六章　蒙版和通道的应用

在 Photoshop 中，通道和蒙版是很重要的功能之一。通道不但能保存图像的颜色信息，而且还是补充选区的重要方式；利用蒙版可以在不同的图像中制作出多种效果，而且还可以制作出高品质的影像合成。本章将通过实例使学习者掌握蒙版和通道的应用方法。

6.1　知识储备

6.1.1　通道的概念

在 Photoshop 中通道被用来存放图像的颜色信息及自定义的选区，可以使用通道得到非常特殊的选区辅助制图，还可以通过改变通道中存放的颜色信息来调整图像的色调。

无论是新建文件还是打开文件，当图像文件调入 Photoshop 后，Photoshop 都会为图像创建固有的颜色通道，颜色通道的数目取决于图像的颜色模式。一幅 RGB 模式的图像有 3 个原色通道，即“红色”通道、“绿色”通道和“蓝色”通道，以及由 3 个原色通道合成的复合通道，如图 6.1.1 所示。正是由于 3 个通道存在，Photoshop 才可以将 3 个通道保存的颜色信息叠加起来形成彩色的图像，这也是 RGB 模式的图像可以分色输出的原因。

(a)

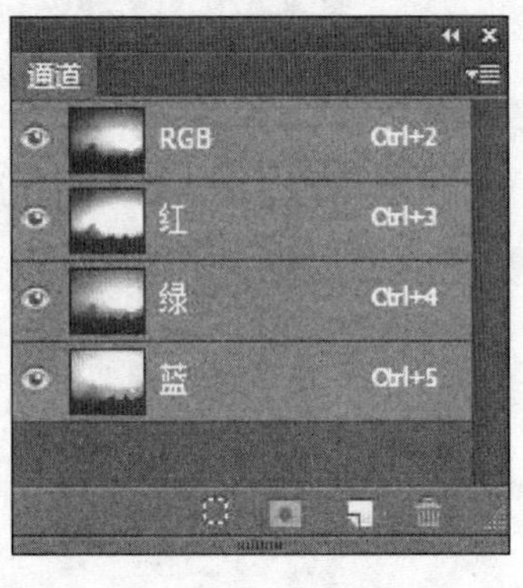

(b)

图 6.1.1　有 4 个颜色通道的 RGB 模式图像

1) 通道的类型

Photoshop 中有三种类型的通道，它们分别是颜色通道、专色通道和 Alpha 通道，如图 6.1.2所示。

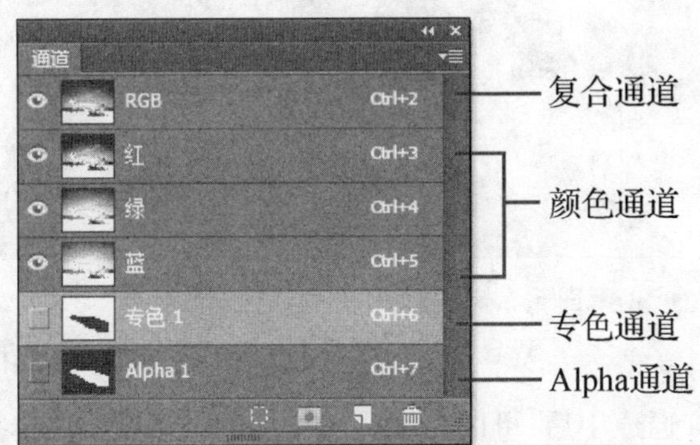

图 6.1.2　通道面板

2) 通道的基本操作

使用“通道”面板可以完成所有的通道操作，新建、复制、隐藏通道等。执行“窗口”→“通道”菜单命令，即可以打开“通道”面板，如图 6.1.2 所示。

新建 Alpha 通道

单击“通道”面板底部的“创建新通道”按钮，可以按照默认设置创建一个空白的 Alpha 通道。通道名称默认为 Alpha1；再次创建通道时，名称为 Alpha2，依此类推。如果当前图层中创建了选区，则单击“将选区存储为通道”按钮，可将选区保存到通道中。如图 6.1.3 所示为创建的选区和图像的“通道”面板，该选区创建的 Alpha 通道如图 6.1.4 所示。

图 6.1.3　创建的选区和图像的“通道”面板

图 6.1.4　创建的 Alpha 通道

(1) 显示与隐藏通道

默认状态下“通道”面板中显示所有的颜色通道，单击其中任何一个单色通道，其他通道就会自动隐藏，被选中的通道成为当前通道，如图 6.1.5 所示。

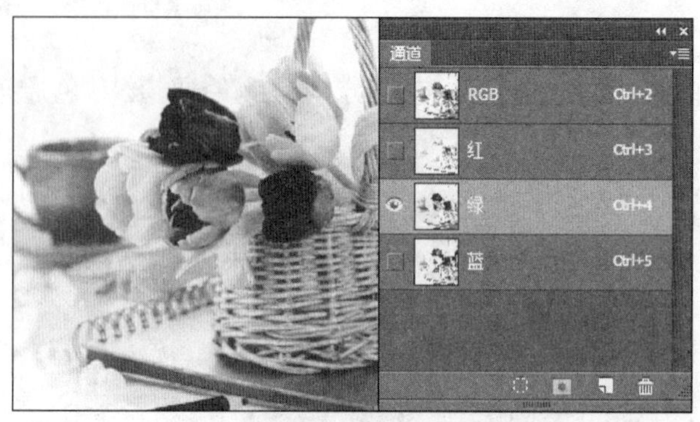

图 6.1.5　只显示绿色通道时的状态

(2) 载入通道中的选区

选区存储在 Alpha 通道中后,可以在需要的时候随时调用。先选择一个 Alpha 通道,然后单击“通道”面板底部的“将通道作为选区载入按钮”,即可将当前选择的 Alpha 通道转换为选区。或者在按住 Ctrl 键的同时单击其中一个 Alpha 通道,即可以将通道作为选区载入。

(3) 编辑 Alpha 通道

当 Alpha 通道被创建后,即可使用画笔工具、渐变工具、形状工具等编辑 Alpha 通道中的黑色与白色区域的大小和位置,以创建对应的合适的选区。此外,还可以通过填充白色或黑色、应用滤镜、使用图像调整命令等手段编辑 Alpha 通道。

(4) 复制与删除通道

复制通道的方法和复制图层的方法一样,将需要复制的通道拖动到“创建新通道”按钮上,即可复制该通道。选择要删除的通道,单击“通道”面板底部的“删除当前通道”按钮,在弹出的提示对话框中单击“是”按钮,即可以删除该通道。

6.1.2　蒙版的概念

Photoshop 中的蒙版是图像合成中必不可少的技术手段。依据不同的工作方式,可将常用的蒙版划分为图层蒙版、剪贴蒙版和矢量蒙版三大类。它们分别有着各自的工作方式和原理,但其作用都是以不同的手段来限制图像的显示和隐藏,最终达到图像合成的目的。

1) 图层蒙版的原理和应用

图层蒙版是一张 256 级色阶的灰度图像,其中的纯白色区域可以遮罩下面图层中的内容,纯黑色区域可以显示下面图层中的内容,而灰色区域则会根据灰度值呈现不同层次的透明效果。在蒙版上填充不同灰度对图像合成效果的影响,如图 6.1.6 所示。

(a) 未应用蒙版前的图像效果

(b) 图层面板

(c) 应用蒙版后的图像效果

图 6.1.6

在 Photoshop 中用户可以使用几乎所有的绘画工具来编辑图层蒙版,如用带有柔边的画笔修改蒙版可以使图像的边缘产生羽化的效果,图像的合成效果也更加自然,如图 6.1.7 所示。

(a)

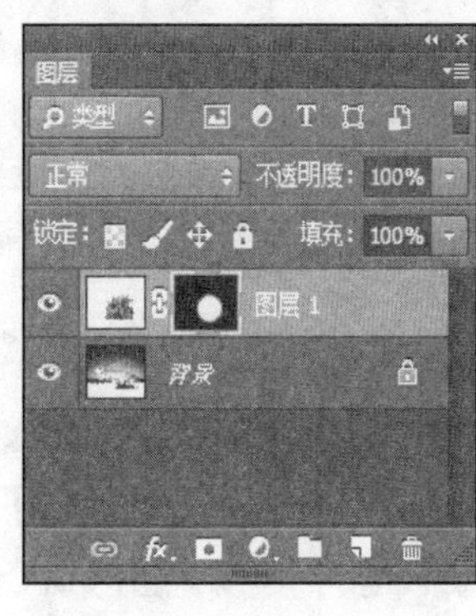

(b)

图 6.1.7　图像的边缘产生羽化效果

2) 创建图层蒙版

有两种方法为图层添加图层蒙版。

(1) 直接添加图层蒙版

单击“图层”面板底部的“添加图层蒙版”按钮,或者在“蒙版”面板中单击“添加像素蒙版”按钮，即可为当前的图层添加一个默认填充为白色的图层蒙版，即显示全部图像的蒙版，如图 6.1.8 所示。要创建隐藏整个图像的蒙版，只需要在单击按钮时按住 Alt 键，即可为图层添加一个填充为黑色的图层蒙版，如图 6.1.9 所示。

图 6.1.8　直接添加图层蒙版

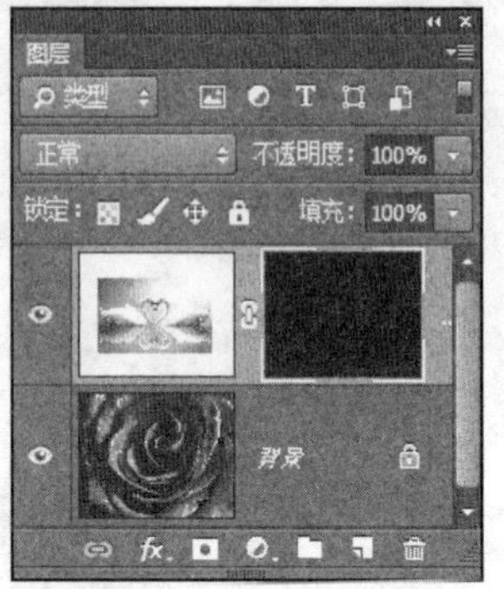

图 6.1.9　按住 Alt 键添加

(2) 根据选区添加图层蒙版

在当前图像中存在选区的情况下，可以利用该选区添加图层蒙版。选择要添加图层蒙版的图层，创建合适的选区，然后单击“图层”面板底部的“添加图层蒙版”按钮，即可依据当前选区的范围为图像添加蒙版，如图 6.1.10 所示。

(a) 创建选区

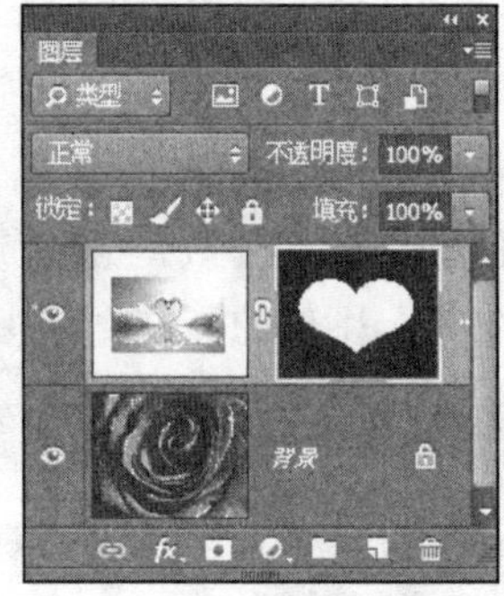

(b) 建立图层蒙版

(c) 建立蒙版后图像效果

图 6.1.10

3) 编辑图层蒙版

为图层添加图层蒙版只是完成了应用图层蒙版混合图像的第一步，接下来还必须根据需要对图层蒙版进行编辑才能得到令人满意的效果。

(1) 使用绘图工具编辑蒙版

在 Photoshop 中可以使用几乎所有的绘图工具来编辑图层蒙版。要编辑图层蒙版，首先要在“图层”面板中单击图层蒙版缩览图，使之处于选中状态，然后选择一种绘图工具，按照下面的准则进行编辑。

如果要隐藏当前图层中的图像，可用黑色在蒙版中绘制。

如果要显示当前图层中的图像，可用白色在蒙版中绘制。

如果要使当前图层中的图像部分可见，可用适当的灰色在蒙版中绘制。

(2) 使用“蒙版”面板编辑蒙版

在“蒙版”面板中可以对蒙版进行浓度、羽化、反向及显示/隐藏等编辑操作。

4) 剪贴蒙版的原理和应用

剪贴蒙版是使用下面图层中图像的形状控制上面图层显示区域的蒙版。剪切蒙版的创建非常简单。创建剪贴蒙版有如下两种方式：

(1) 首先要在文件中创建两个图层，下方的图层控制形状，上方的图层控制显示图像，“图层”面板如图 6.1.11 所示，图像效果如图 6.1.12 所示。

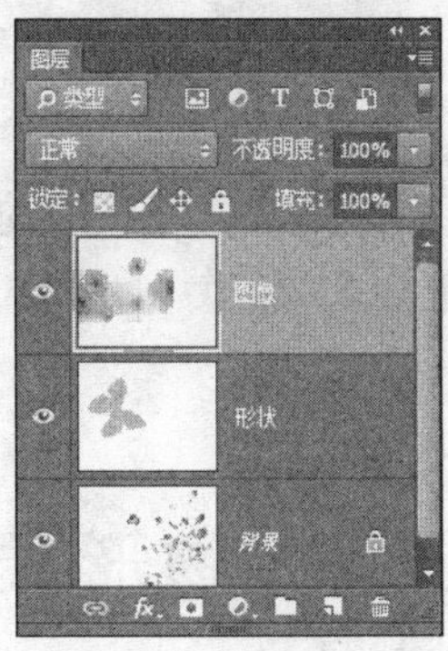

图 6.1.11

图 6.1.12

(2) 选择“图像”图层为当前图层，执行“图层”→“创建剪切蒙版”菜单命令，或使用 Ctrl＋Alt＋G 快捷键，即可将“图像”图层与下方的“形状”图层创建为一个剪切蒙版，“图层”面板如图 6.1.13 所示，图像效果如图 6.1.14 所示。

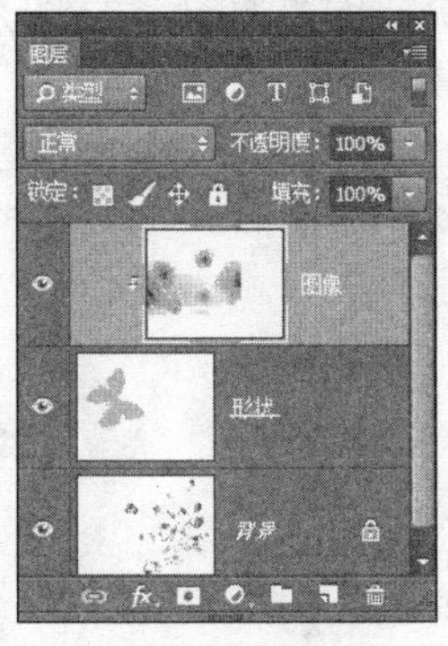

图 6.1.13

图 6.1.14

5) 快速蒙版的应用

利用快速蒙版功能可以快速地将选取范围转换为蒙版，对该蒙版进行处理后，可以将其转换为一个准确的选取范围，创建快速蒙版的方法如下：

(1) 使用选取工具给图像创建一个选区，如图 6.1.15 所示。在工具箱中单击“以快速蒙版模式编辑”按钮，这时选区以外的部分会被 20%的红色遮蔽，如图 6.1.16 所示。创建快速蒙版后，“通道”面板中会自动添加一个“Alpha”通道，如图 6.1.17 所示。

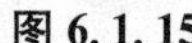
图 6.1.15

图 6.1.16

图 6.1.17

(2) 编辑快速蒙版的方法与编辑图层蒙版的方法基本一致，这里就不做详细的叙述了。编辑完成后单击工具箱中的“以标准模式编辑”按钮切换到标准模式，通道中的“Alpha”通道会马上消失。

 6.2　案例 1　从背景中提取人物形象

1) 案例分析

本案例主要是介绍如何使用通道模式进行快速抠图。

2) 案例实现

(1) 执行“文件”→“打开”菜单命令(或者使用 Ctrl+O 快捷键)，打开素材图片“人像.jpg”，如图 6.2.1 所示。

图 6.2.1

(2) 打开“通道”面板，分别查看红、绿、蓝三个通道，观察对比最强的通道，方便选择，红通道图像如图 6.2.2 所示，绿通道图像如图 6.2.3 所示，蓝通道图像如图 6.2.4 所示。

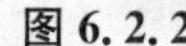

图 6.2.2

图 6.2.3

图 6.2.4

(3) 我们发现，蓝通道对比最明显，为了不破坏图像，复制蓝通道，生成“蓝 拷贝”，如图 6.2.5 所示。

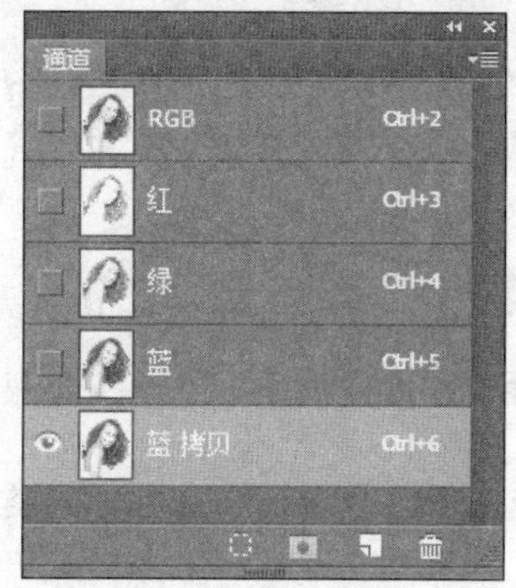

图 6.2.5

(4) 对蓝通道的拷贝图层执行“图像”→“调整”→“色阶”菜单命令(或者使用 Ctrl+L 快捷键)，弹出“色阶”对话框，设置参数如图 6.2.6 所示。调整后的图像如图 6.2.7 所示。单击工具箱中的“画笔工具”，并将前景色设置为黑色，在人物中高光部分涂抹，把人物换成黑色，让画面对比更强烈，如图 6.2.8 所示。

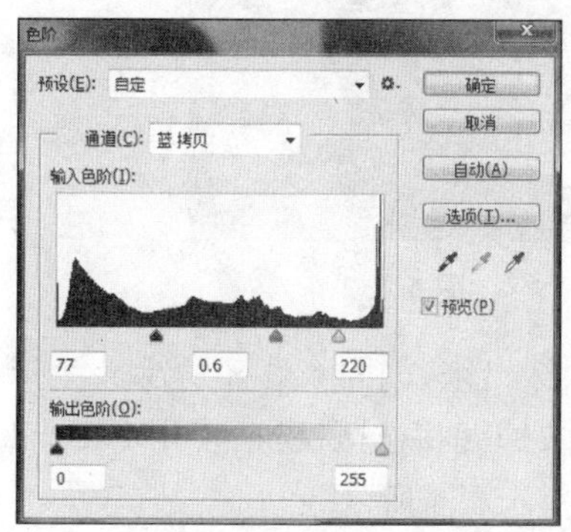

图 6.2.6

图 6.2.7

图 6.2.8

(5) 按 Ctrl 键点击图层“蓝 拷贝”，建立选区，使用 Ctrl+Shift+I 快捷键进行反选，点击 RGB 通道，回到图层面板，如图 6.2.9 所示。使用 Ctrl+J 快捷键通过拷贝的图层，将人物部分提取到新的图层上，如图 6.2.10。

图 6.2.9

图 6.2.10

 6.3 案例 2 使用快速蒙版改变发丝颜色

1) 案例分析

本案例主要是通过画笔、色相/饱和度等工具命令的使用，为人物方便、快捷的更换头发的颜色。

2) 案例实现

(1) 执行"文件"→"打开"菜单命令(或者使用 Ctrl+O 快捷键)，打开素材图片"发丝.jpg"，如图 6.3.1 所示。点击工具箱中的"快速蒙版"，通道面板自动生成了一个新的 Alpha 通道，如图 6.3.2 所示。

图 6.3.1

图 6.3.2

(2) 使用"画笔工具"将颜色设置为黑色，将发丝部分涂抹出来，如图 6.3.3 所示。涂抹结束，再次点击"快速蒙版"，生成选区，使用 Ctrl+Shift+I 快捷键将选区反选，使用 Ctrl+J 快捷键通过拷贝的图层，将发丝部分提取到新的图层上，如图 6.3.4 所示。

图 6.3.3

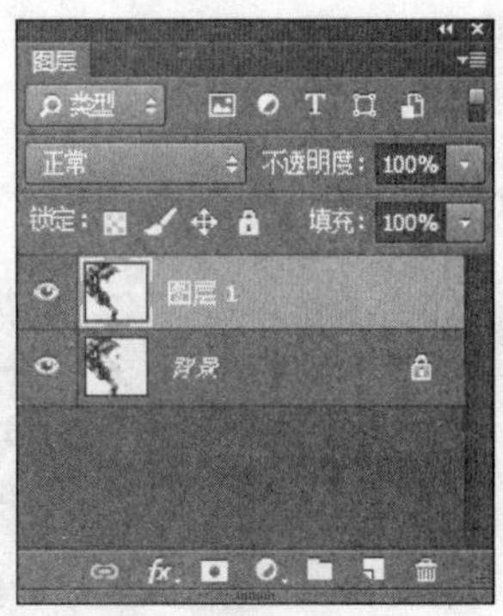

图 6.3.4

(3) 执行“图像”→“调整”→“色相/饱和度”菜单命令，弹出“色相/饱和度”对话框，设置色相为−27，饱和度为＋45，如图 6.3.5 所示。调整发丝颜色，最终效果如图 6.3.6 所示。

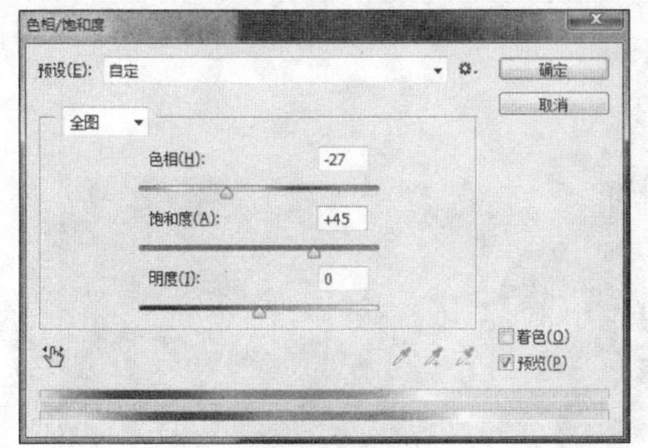

图 6.3.5

图 6.3.6

 6.4　案例 3　风景图调色

1) 案例分析

案例使用通道、蒙版等工具调整图层、图片的色彩，勾勒冷色调的魔幻美景。

2) 案例实现

(1) 执行“文件”→“打开”菜单命令(或者使用 Ctrl＋O 快捷键)，打开素材图片“风景图调色原图.jpg”，如图 6.4.1 所示。使用 Ctrl＋J 快捷键复制“背景”图层，产生“背景 拷贝”图层，如图 6.4.2 所示。

图 6.4.1

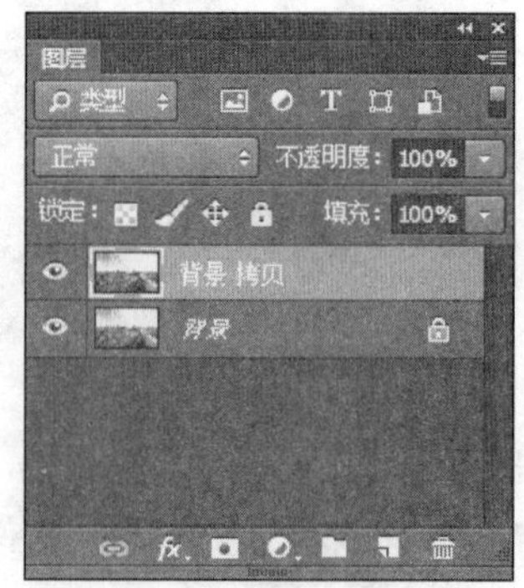

图 6.4.2

(2) 选中“背景 拷贝”图层，在“图层”面板中创建“色相/饱和度”调整图层，选择黄色，用吸管吸取地面的颜色调整，设置明度为+100，如图 6.4.3 所示，调整后的效果如图 6.4.4 所示。

图 6.4.3

图 6.4.4

(3) 再一次创建“色相/饱和度”调整图层，选择青色，用吸管吸取天空颜色调整，设置色相为−180，饱和度为−28，明度为−70，如图 6.4.5 所示，调整后的效果如图 6.4.6 所示。

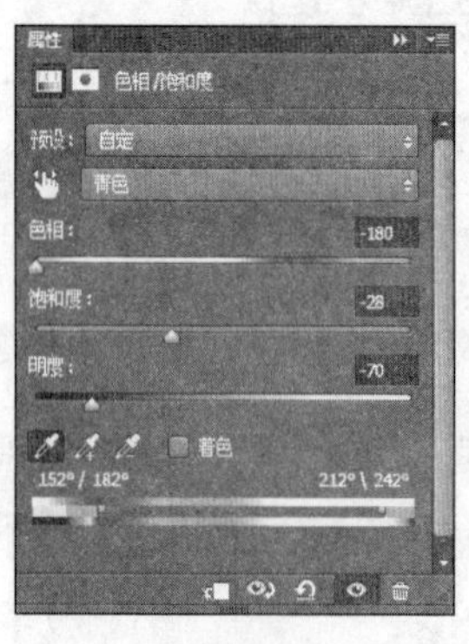

图 6.4.5

图 6.4.6

(4) 在“图层”面板中，创建“可选颜色”调整图层，对“红色”进行调整，参数设置如图 6.4.7 所示，调整后的效果如图 6.4.8 所示。

图 6.4.7

图 6.4.8

(5) 再创建“可选颜色”调整图层，对“黄色”进行调整，参数设置如图 6.4.9 所示，调整后的效果如图 6.4.10 所示。

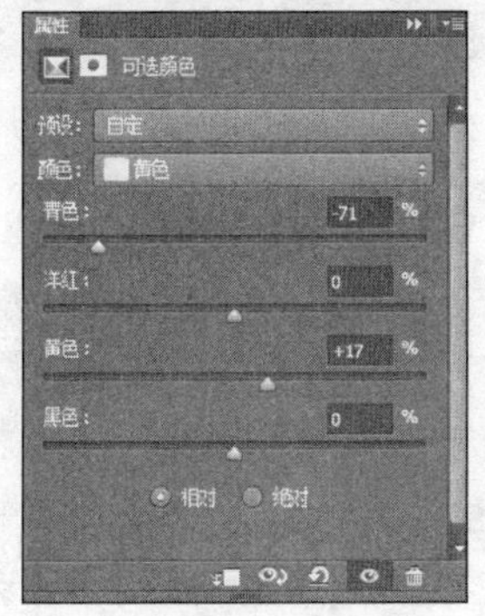

图 6.4.9

图 6.4.10

(6) 在“图层”面板中，创建“曲线”调整图层，对“红色”“黄色”“蓝色”进行调整，调整设置分别如图 6.4.11、图 6.4.12、图 6.4.13 所示，调整后的效果如图 6.4.14 所示。

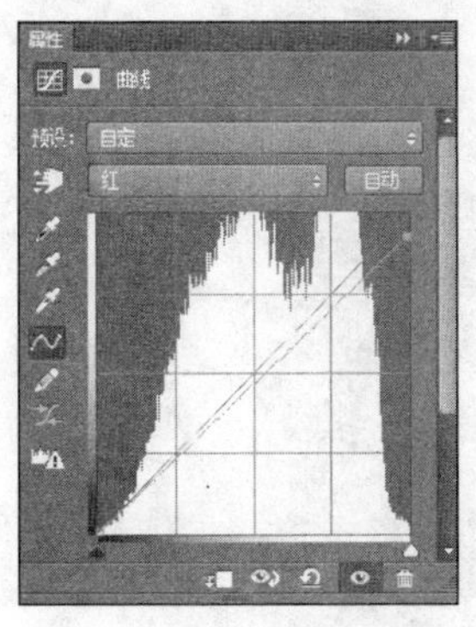

图 6.4.11

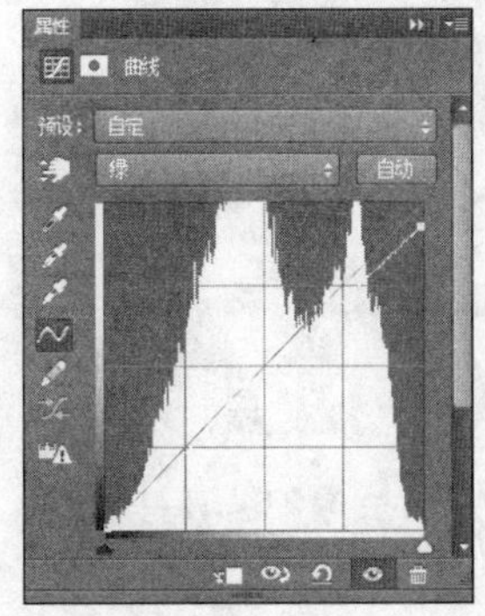

图 6.4.12

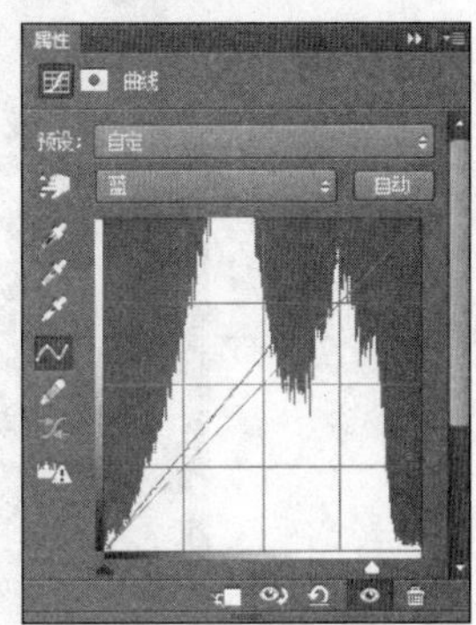

图 6.4.13

图 6.4.14

(7) 把当前“曲线”调整图层复制一层，图层的不透明度改为 30%，如图 6.4.15 所示，调整后的效果如图 6.4.16 所示。

图 6.4.15

图 6.4.16

(8) 使用 Ctrl＋Alt＋Shift＋E 快捷键盖印可见图层，使用 Ctrl＋Alt＋2 快捷键调出高光选区，如图 6.4.17 所示。

图 6.4.17

(9) 新建一个图层填充颜色为黄色(＃f6ef9b)，将“图层混合模式”改为“颜色加深”，不透明度改为 50%，如图 6.4.18 所示，调整后的效果如图 6.4.19 所示。

图 6.4.18

图 6.4.19

(10) 使用 Ctrl＋Alt＋Shift＋E 快捷键盖印可见图层,“图层混合模式”改为“正片叠底”,添加“图层蒙版”,用黑色画笔把中间部分擦出来,如图 6.4.20 所示,调整后的效果如图 6.4.21所示

图 6.4.20

图 6.4.21

(11) 在“图层”面板中,创建“色彩平衡”调整图层,对高光进行调整,参数设置如图 6.4.22 所示,调整后的效果如图 6.4.23 所示。

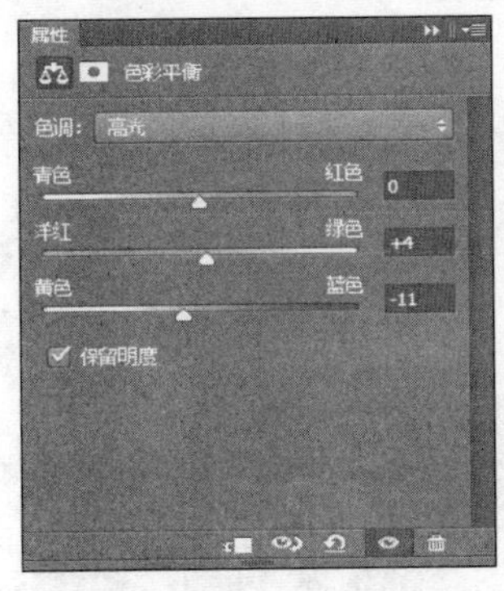

图 6.4.22

图 6.4.23

(12) 新建一个图层,使用“渐变工具”用黑白渐变做出中间为白色边角为黑色的径向渐变。“图层混合模式”为“正片叠底”,不透明度改为 50%,如图 6.4.24 所示。添加“图层蒙

版”，用黑色画笔把中间部分擦出来，如图 6.4.25 所示。

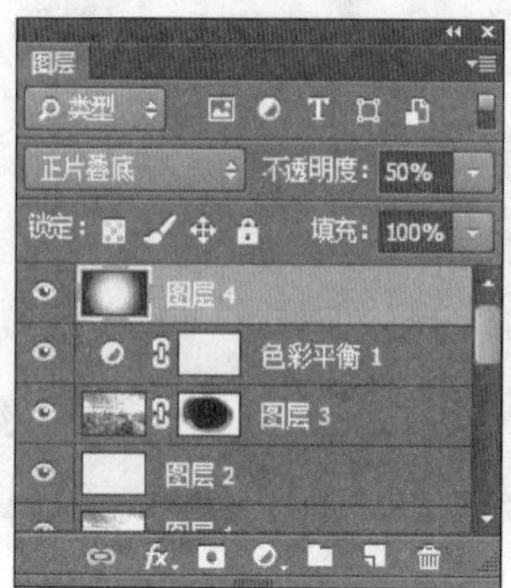

图 6.4.24

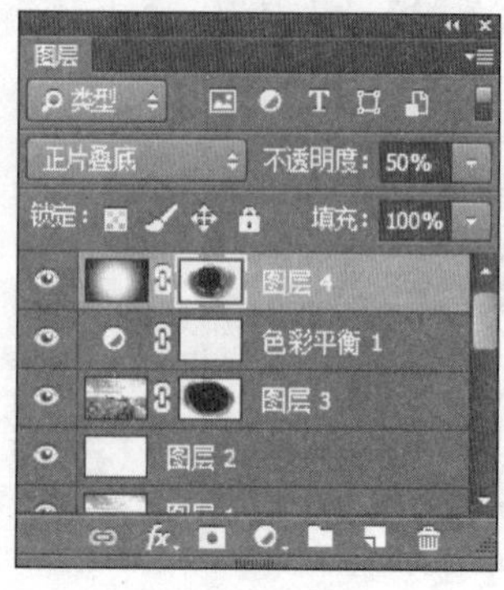

图 6.4.25

(13) 在“图层”面板中，创建“亮度/对比度”调整图层，图层不透明度改为 50%，参数设置如图 6.4.26 所示，调整后的效果如图 6.4.27 所示。

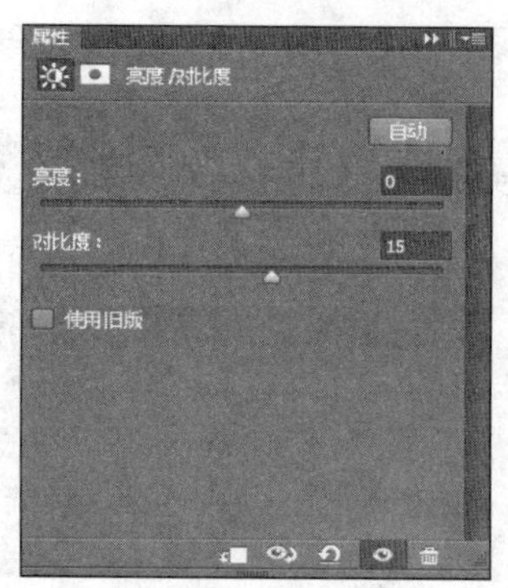

图 6.4.26

图 6.4.27

(14) 使用 Ctrl+Alt+Shift+E 快捷键盖印可见图层，执行“滤镜”→“模糊”→“高斯模糊”菜单命令，半径为 15 像素，如图 6.4.28 所示。“图层混合模式”为“柔光”，不透明度改为 70%，效果如图 6.4.29 所示。

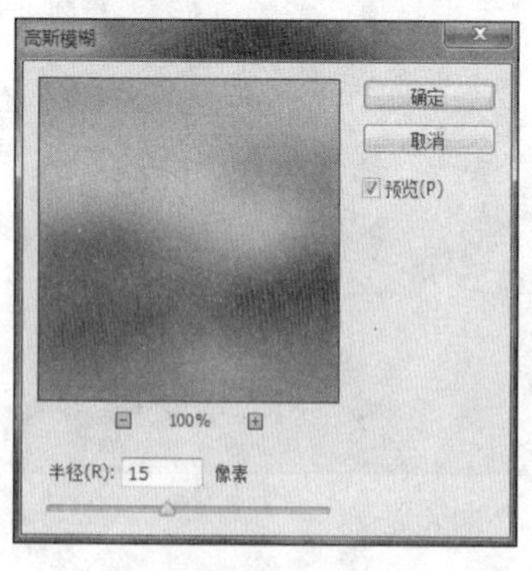

图 6.4.28

图 6.4.29

(15) 使用 Ctrl+Alt+Shift+E 快捷键盖印可见图层，执行“滤镜”→“锐化”菜单命令，完成最终效果，如图 6.4.30 所示。

图 6.4.30

6.5　案例 4　抠取婚纱像

1）案例分析

案例使用通道、蒙版、路径等工具调整图层、图片的色彩，将婚纱从背景中分离出来，替换背景，达到更好的视觉效果。

2）案例实现

（1）执行“文件”→“打开”菜单命令（或者使用 Ctrl＋O 快捷键），打开素材图片“抠取婚纱像原图.jpg”，如图 6.5.1 所示。使用 Ctrl＋J 快捷键复制“背景”图层产生“背景 拷贝”图层，如图 6.5.2 所示。

图 6.5.1

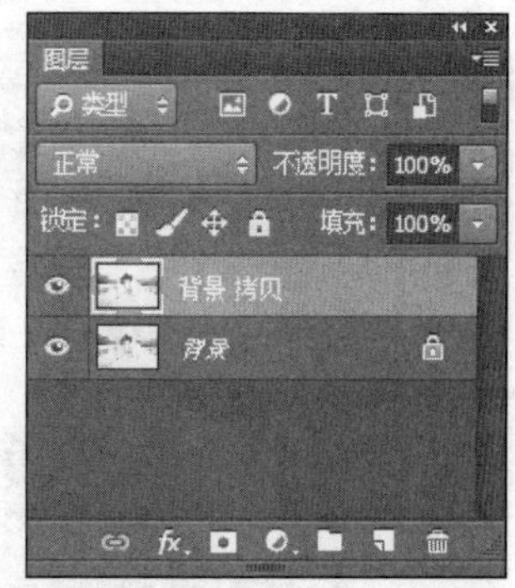

图 6.5.2

（2）打开“通道”面板，选择一个婚纱与背景对比最大的通道，通过比较本案例中蓝色通道中婚纱与背景的对比最大，复制蓝色通道得到“蓝 拷贝”通道，如图 6.5.3 所示。

图 6.5.3

(3) 使用"钢笔工具"把婚纱部分抠出来,如图 6.5.4 所示,将路径转为选区,如图 6.5.5 所示。

图 6.5.4

图 6.5.5

(4) 使用 Ctrl+Shift+I 快捷键进行反选,使用"油漆桶工具"填充黑色,效果如图 6.5.6 所示,"通道"面板如图 6.5.7 所示。

图 6.5.6

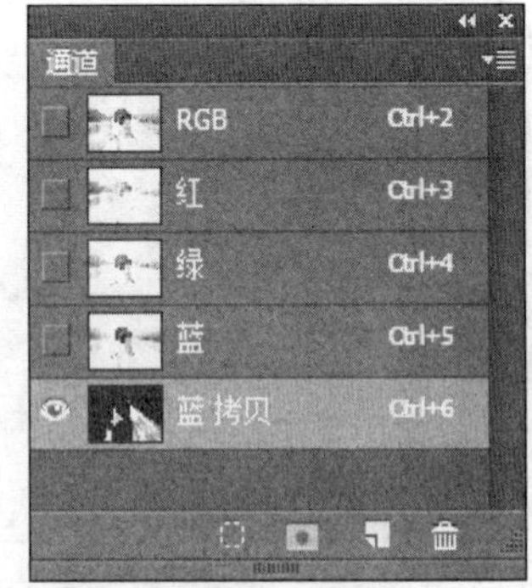

图 6.5.7

(5) 执行"图像"→"应用图像"菜单命令,参数如图 6.5.8 所示。再执行"图像"→"应用图像"菜单命令,参数不变,效果如图 6.5.9 所示。

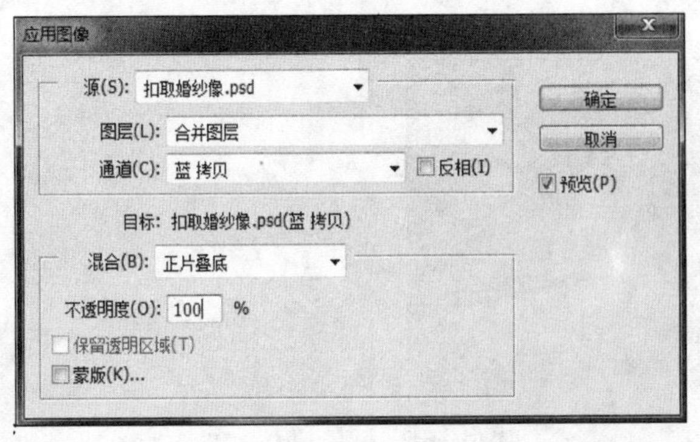

图 6.5.8

图 6.5.9

(6) 使用 Ctrl＋M 快捷键打开“曲线”对话框调整曲线,增加明暗对比,如图 6.5.10 所示。

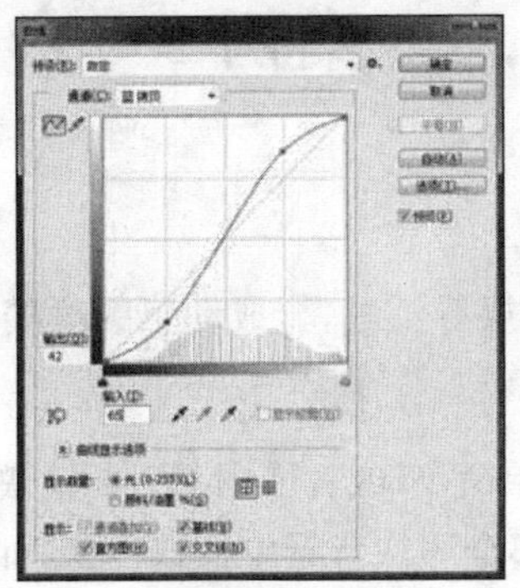

图 6.5.10

(7) 按住 Ctrl 键,单击“通道”面板中“蓝 拷贝”通道的小图标,载入“蓝 拷贝”通道选区,如图 6.5.11所示。点击 RGB 通道返回图层面板,给当前图层添加图层蒙版,效果如图 6.5.12 所示。

图 6.5.11

图 6.5.12

(8) 使用 Ctrl＋J 快捷键将婚纱图层复制一层,底部的原婚纱图层混合模式改为“柔光”,使用“钢笔工具”配合通道把人物抠取出来,打开一张风景图片放到背景图层上面,最后微调一下细节，完成最终效果，如图 6.5.13 所示。

图 6.5.13

 6.6　案例 5　合成图像

1）案例分析

案例使用通道、蒙版、调整图层等工具，合成动感的喷溅郁金香，达到更好的视觉效果。

2）案例实现

（1）执行“文件”→“打开”菜单命令（或者使用 Ctrl＋O 快捷键），打开素材图片“合成图像原图. jpg”，如图 6.6.1 所示。将郁金香从背景中抠取出来，如图 6.6.2 所示。使用 Ctrl＋J 快捷键将郁金香拷贝到新的图层上，如图 6.6.3 所示。

图 6.6.1

图 6.6.2

图 6.6.3

（2）执行“文件”→“打开”菜单命令（或者使用 Ctrl＋O 快捷键），打开素材“Milk_Layers. psd”，选择合适的牛奶液体，粘贴到素材图片“合成图像原图. jpg”文档中，调整郁金香和牛奶液体图像的大小和位置，如图 6.6.4 所示。执行“图像”→“调整”→“曲线”菜单命令，打开“曲线”对话框，调整曲线，如图 6.6.5 所示。将牛奶液体图层调整得明亮一些，如图 6.6.6 所示。

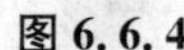

图 6.6.4

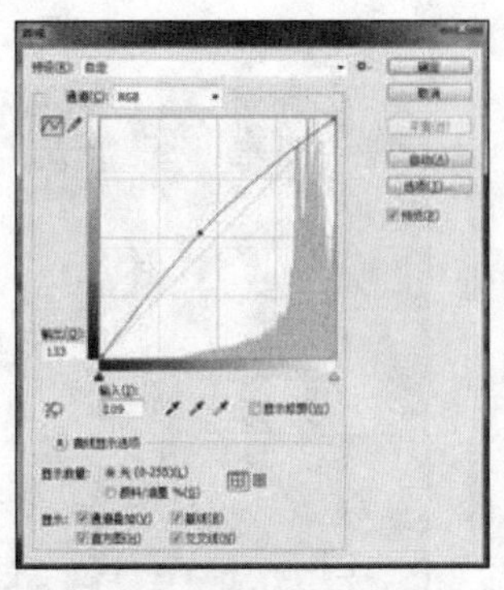

图 6.6.5

图 6.6.6

(3) 为牛奶液体图层添加“图层蒙版”，使用“画笔工具”将颜色设置为黑色，擦除多余部分，如图 6.6.7 所示，“图层”面板如图 6.6.8 所示。

图 6.6.7

图 6.6.8

(4) 双击牛奶液体图层，弹出“图层样式”对话框，为图层添加图层样式，设置“颜色叠加”的参数，混合模式为线性加深，颜色为黄色(＃ffff10)，不透明度为 58%，如图 6.6.9 所示。图像的效果如图 6.6.10 所示。

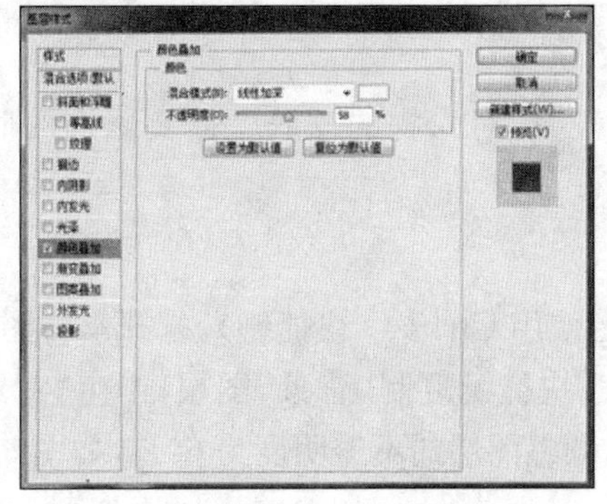

图 6.6.9

图 6.6.10

(5) 在“图层”面板中添加“照片滤镜”调整图层，设置参数如图 6.6.11 所示。选中“照片滤镜”调整图层，使用 Ctrl＋Alt＋G 快捷键，创建剪切蒙版，如图 6.6.12 所示。图像的效

果如图 6.6.13 所示。

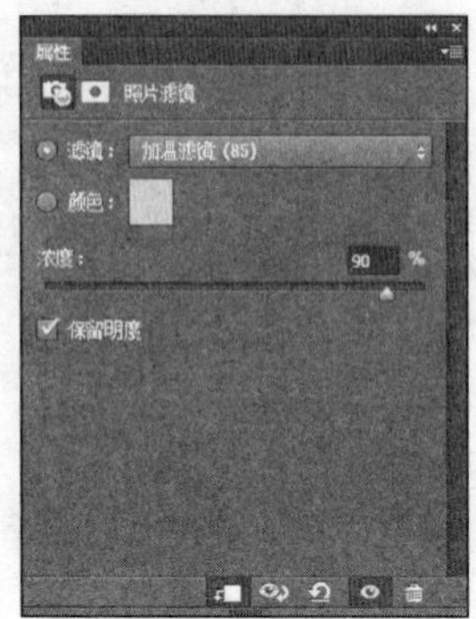

图 6.6.11

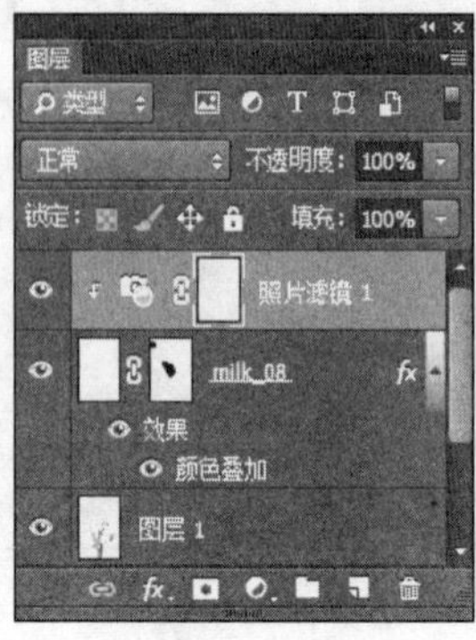

图 6.6.12

图 6.6.13

(6) 用相同的方法为其他郁金香花瓣添加液体，如图 6.6.14 所示。

图 6.6.14

6.7 案例 6 制作完美肌肤

1) 案例分析

案例使用通道、蒙版、计算、调整图层等工具，对人物的皮肤上需要修饰的瑕疵进行调整，达到更好的视觉效果。

2) 案例实现

(1) 执行“文件”→“打开”菜单命令（或者使用 Ctrl+O 快捷键），打开素材图片“修复图像原图.jpg”，如图 6.7.1 所示。使用 Ctrl+J 快捷键复制“背景”图层，产生“背景 拷贝”图层，将该图层的“图层混合模式”改为“滤色”，调整图层的不透明度为 60%，如图 6.7.2 所示。图像效果如图 6.7.3 所示。

图 6.7.1

图 6.7.2

图 6.7.3

(2) 使用 Ctrl＋Alt＋Shift＋E 快捷键，盖印可见图层，使用“修复画笔工具”去除较明显的斑点，如图 6.7.4 所示。“图层”面板如图 6.7.5 所示。

图 6.7.4

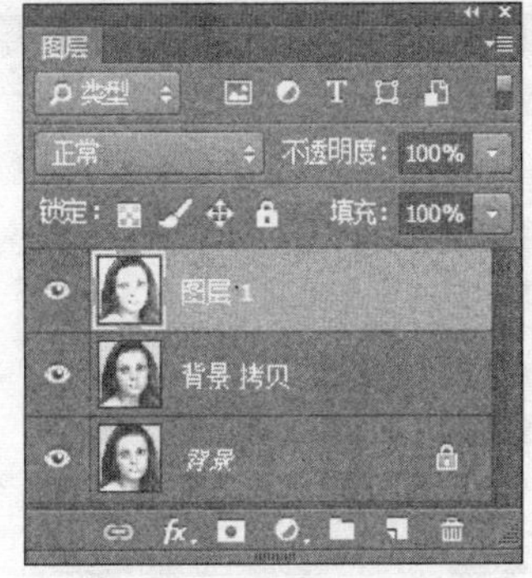

图 6.7.5

(3) 打开“通道”面板，选择对比最大的蓝色通道，并拷贝生成“蓝 拷贝”通道，如图 6.7.6 所示。图像效果如图 6.7.7 所示。

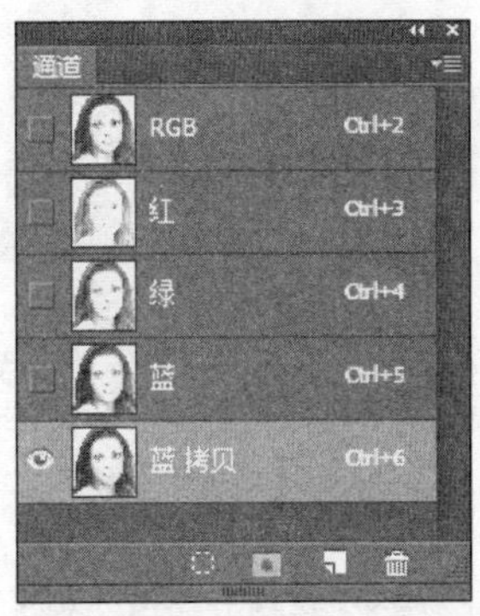

图 6.7.6

图 6.7.7

(4) 执行“滤镜”→“其它”→“高反差保留”菜单命令，弹出“高反差保留”对话框，设置半径为 10 像素，如图 6.7.8 所示。图像效果如图 6.7.9 所示。

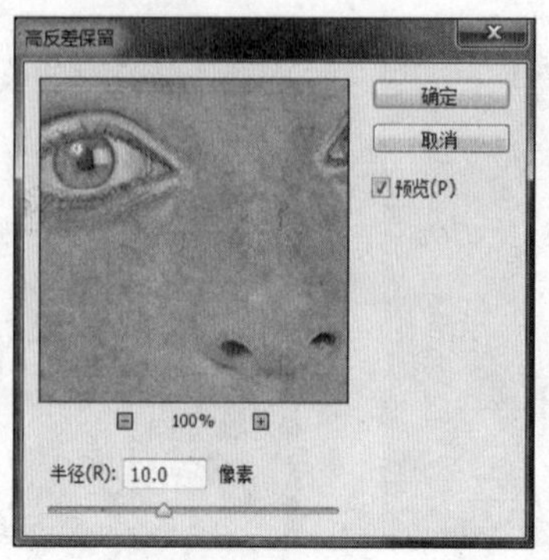

图 6.7.8

图 6.7.9

(5) 执行“图像”→“计算”菜单命令，弹出“计算”对话框，将“混合”改为“强光”，如图 6.7.10 所示。执行三次“计算”菜单命令，参数设置不变，图像效果如图 6.7.11 所示。

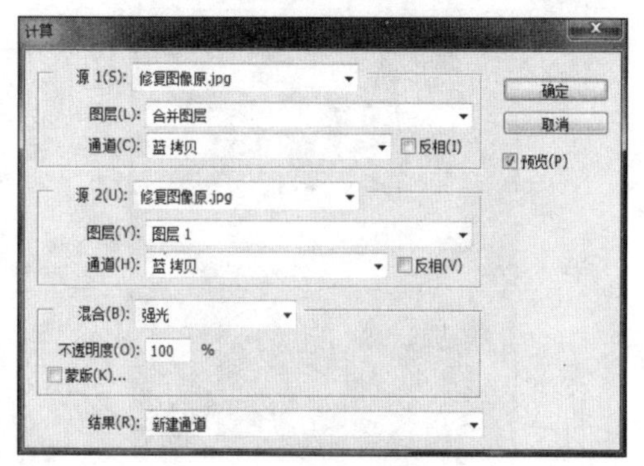

图 6.7.10

图 6.7.11

(6) 按住 Ctrl 键，单击“通道”面板中的“Alpha3”通道小图标，将“Alpha3”通道载入选区，如图 6.7.12。“通道”面板如图 6.7.13 所示。

图 6.7.12

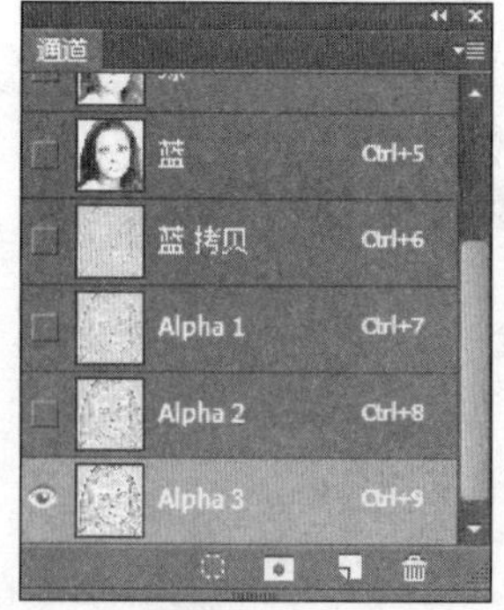

图 6.7.13

(7) 选中 RGB 通道，返回图层，使用 Ctrl+Shift+I 快捷键进行反选，使用 Ctrl+H 快捷键隐去选区，在“图层”面板中添加“曲线”调整图层，数值设置如图 6.7.14 所示。图像效果如图 6.7.15 所示。

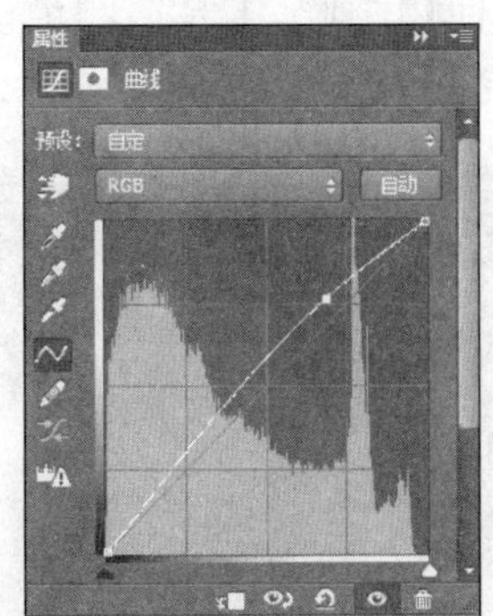

图 6.7.14

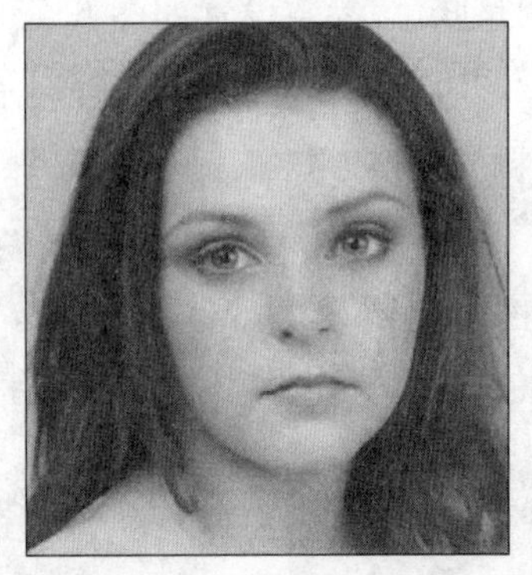

图 6.7.15

(8) 使用“画笔工具”，颜色设置为黑色，将眼睛、嘴唇、发丝、鼻翼、轮廓线等擦除干净，如图 6.7.16 所示。“图层”面板如图 6.7.17 所示。

图 6.7.16

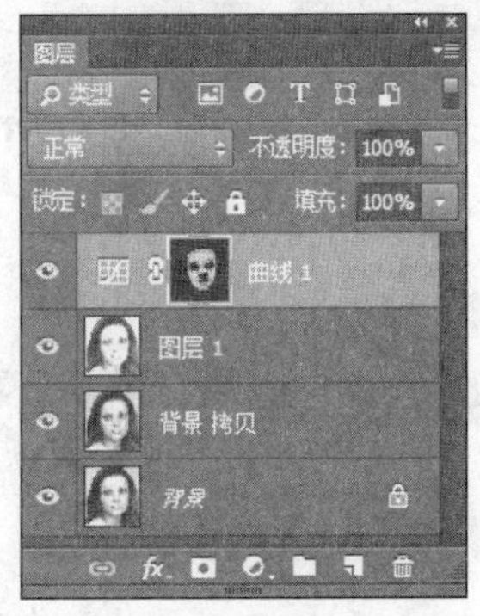

图 6.7.17

(9) 使用 Ctrl＋Alt＋Shift＋E 快捷键盖印可见图层，执行“滤镜”→“模糊”→“高斯模糊”菜单命令，设置半径为 3 像素，如图 6.7.18 所示。图层的不透明的设置为 70%，为该图层添加图层蒙版，使用“画笔工具”，颜色设置为黑色，将眼睛、嘴唇、发丝、鼻翼、轮廓线等擦除干净，如图 6.7.19 所示。图像效果如图 6.7.20 所示。

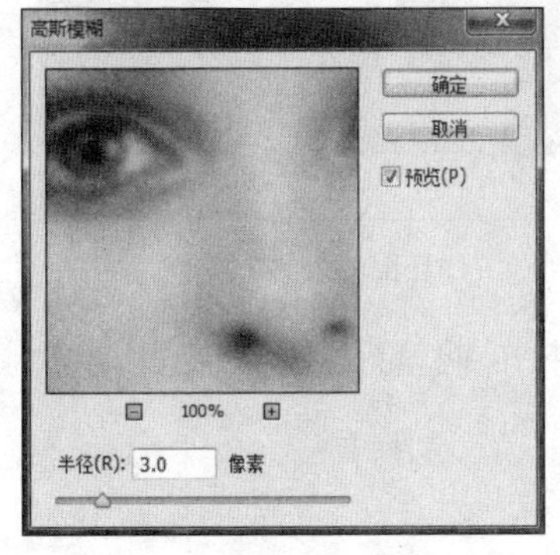

图 6.7.18

图 6.7.19

图 6.7.20

(10) 使用 Ctrl＋Alt＋Shift＋E 快捷键盖印可见图层，在“图层”面板添加“色彩平衡”调整图层，适当调整肤色，参数设置如图 6.7.21 所示。使用“画笔工具”，颜色设置为黑色，擦除发丝等部分，如图 6.7.22 所示。最终效果如图 6.7.23 所示。

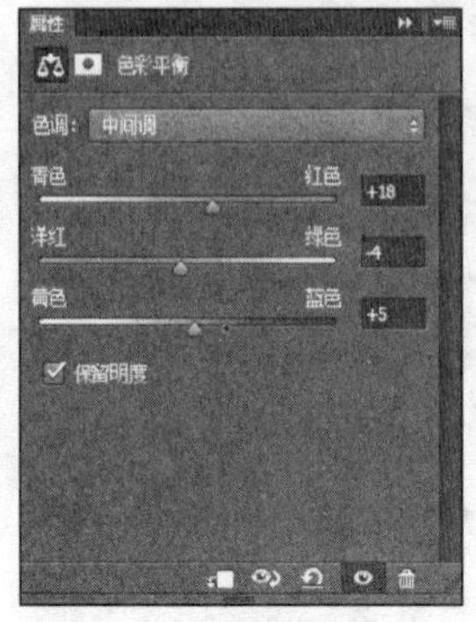

图 6.7.21

图 6.7.22

图 6.7.23

 6.8 案例 7 制作复古画像

1）案例分析

案例使用通道、图层蒙版、调整图层等工具，制作怀旧的复古画像。

2）案例实现

(1) 执行“文件”→“打开”菜单命令（或者使用 Ctrl+O 快捷键），打开素材图片“复古相框.jpg”和“油画.jpg”，如图 6.8.1 和图 6.8.2 所示。

图 6.8.1

图 6.8.2

(2) 使用“移动工具”将油画移动到“复古相框.jpg”文件中，调整好大小和位置，产生新图层“图层 1”，如图 6.8.3 所示。

图 6.8.3

图 6.8.4

(3) 双击"图层 1",弹出"图层样式"对话框,设置"颜色叠加"的参数,混合模式为正常,颜色为＃623e05,不透明度为 30％,图像效果如图 6.8.4 所示。

(4) 在"图层"面板,添加"亮度/对比度"调整图层,参数设置如图 6.8.5 所示。使用 Ctrl＋Alt＋G 快捷键,创建剪贴蒙版,如图 6.8.6 所示。图像效果如图 6.8.7 所示。

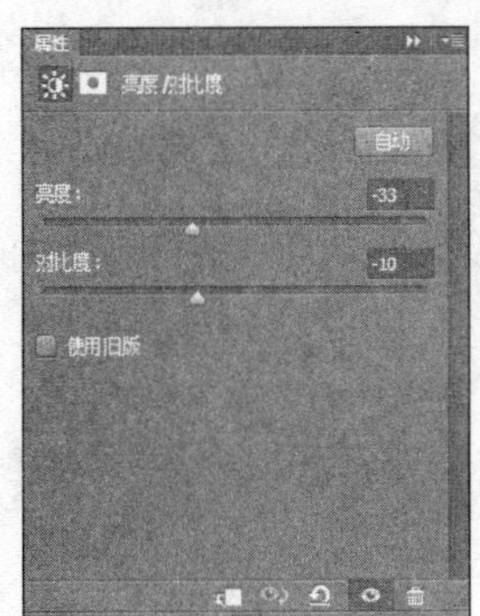

图 6.8.5

图 6.8.6

图 6.8.7

(5) 复制"背景"图层产生"背景 拷贝"图层,将其放置到最上一层,如图 6.8.8 所示。添加图层蒙版,使用"画笔工具",选择"平钝形短硬"画笔,设置为黑色,在图层蒙版上擦除,如图 6.8.9 所示,图像效果如图 6.8.10 所示。

图 6.8.8

图 6.8.9

图 6.8.10

(6) 新建图层，填充暗黄色(＃b58a52)，设置图层的混合模式为正片叠底，不透明度为60%，添加图层蒙版。使用“画笔工具”，设置为黑色，在图层蒙版上擦除，如图 6.8.11 所示。图像效果如图 6.8.12 所示。

图 6.8.11

图 6.8.12

 6.9　知识梳理

Photoshop 中的通道和蒙版是图像合成中必不可少的技术手段。通道用来存放图像的色彩信息和自定义的选区；蒙版则可以用来限制图像的显示和隐藏，达到图像合成的目的。

重要工具：“通道”面板、“图层蒙版”“剪切蒙版”“快速蒙版”。

核心技术：使用通道抠取复杂的图像、调整图像颜色的方法；使用蒙版处理图像的方法。

 6.10　能力训练

1) 训练 1

制作 CD 盘面，使用通道、剪贴蒙版、图层蒙版等工具，将提供的素材制作成具有艺术感的 CD 盘面，如图 6.10.1 所示。

图 6.10.1

2）训练 2

为可爱的小动物图片换背景，利用“通道”面板，并结合“色阶”命令和“画笔工具”，将素材图片“小狗.jpg”中的小狗抠出，并换一个新的背景，如图 6.10.2 所示。

(a) 原图

(b) 效果图

图 6.10.2

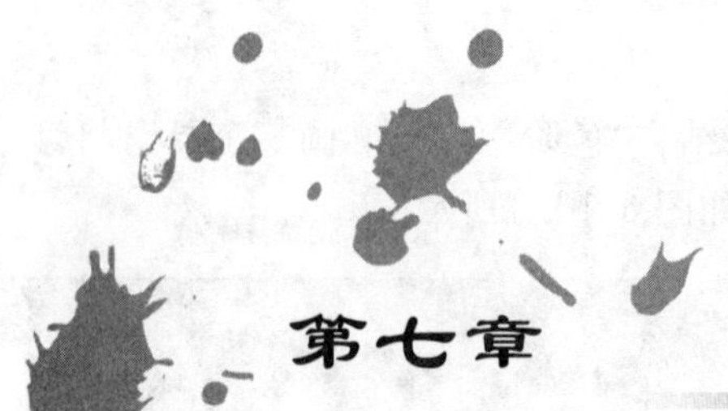

第七章　　矢量图绘制和编辑

本章主要介绍路径的绘制、编辑方法以及图形的绘制及应用技巧。通过学习，读者可以快速地绘制所需路径并对路径进行修改和编辑，还可以应用工具快速地绘制出系统自带的图像，提高图像绘制的效率。

7.1　知识储备

7.1.1　路径工具绘制图形

本节主要讲解路径工具的使用及路径的应用。路径在 Photoshop 中起着非常重要的作用，不仅可以绘制图形，而且还可以创建精确的选择区域。路径工具是一种矢量工具，使用其绘制的图形不同于使用其他工具绘制的点阵图像；它可以绘制直线路径和光滑的曲线路径。

1）路径的概念

路径是使用“钢笔工具”或形状工具创建的由直线和曲线组成的矢量对象。路径可以是一条直线、一条曲线或形状各异的线条，这些线条可以是闭合的，也可以是开放的，如图 7.1.1 所示。

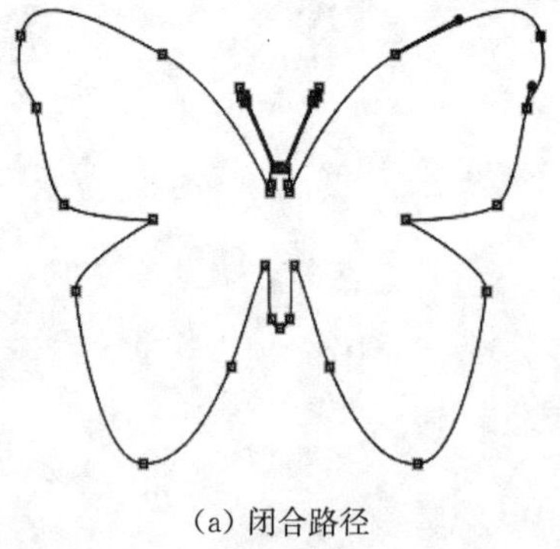

(a) 闭合路径　　(b) 开放路径

图 7.1.1

连接路径的点称为锚点，它是构成路径的基本元素，可以控制路径的形状。锚点包括平滑点和角点，平滑点构成曲线，通过控制柄可以调整曲线的方向和曲率，控制柄越长曲线的曲率越大；而角点没有控制柄，角点之间连接可形成直线。

2）路径工具的使用

"钢笔工具"是所有路径工具中绘制最精确的工具，也是最基本和最常用的路径绘制工具，主要用来绘制直的或弯曲的路径。

（1）绘制直线路径

在工具箱中选择"钢笔工具"，在图像上单击即可绘制起点。用鼠标在图像的另一个位置单击，两点间就会连成一条直线，继续绘制其他节点。当终点和起点重合时，鼠标指针右下方会出现一个小圆圈，表示闭合路径。

（2）绘制曲线路径

选择"钢笔工具"，将鼠标指针放在曲线开始的位置，单击鼠标并拖动，则第一个节点和方向线便会出现。将鼠标指针置于第二个节点的位置后单击，将鼠标指针沿需要的曲线方向拖动。拖动时，笔尖会导出两条方向线，方向线的长度和斜率决定了曲线段的形状。

绘制完成曲线的某一节点后释放鼠标，按住 Alt 键单击方向点并拖动，此时不会影响另一侧的方向线，有利于以后进行曲线方向的控制。将鼠标指针移动到下一条线段需要的位置后进行拖动，完成路径的绘制。若要结束开放路径的绘制，可按住 Ctrl 键单击路径以外的任何位置。要闭合路径，将指针移动到路径的第一个节点上，放置位置正确，则鼠标指针右下方会出现一个小圆圈。

3）编辑修改路径

路径的特点是容易编辑，在任何时候都可以通过锚点、控制柄任意改变其形状。对于路径的编辑是基于数学层面的，因此无论对它怎么编辑、缩放，都不会出现锯齿，精确度也不会下降。

（1）选择路径

如果要选择整条路径，在工具箱中选择"路径选择工具"，直接单击需要选择的路径即可，如图 7.1.2 所示，处于选中状态的路径线呈黑色显示。

使用"直接选择工具"在已有的路径中单击一个锚点，即可选中该点。如果需要选择多个锚点，可以在按住 Shift 键的同时单击另外的锚点。选中的锚点呈黑色实心圆，未选中的锚点是空心圆，如图 7.1.3 所示。对选中的锚点可以进行移动或删除等操作。

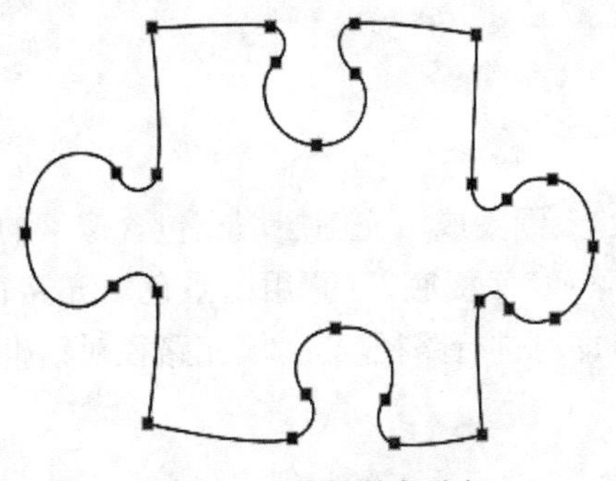

图 7.1.2　选择整条路径

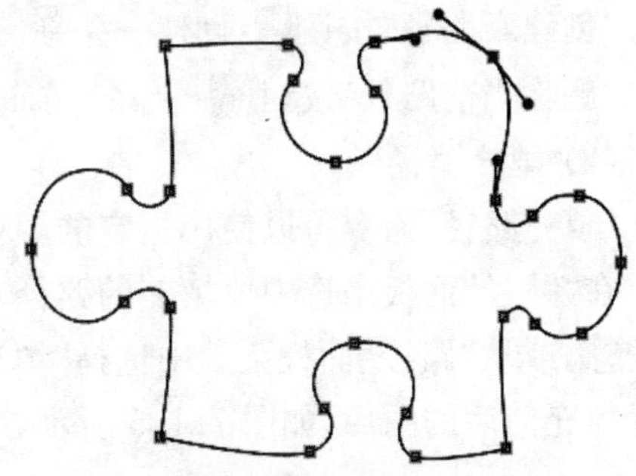

图 7.1.3　选择锚点

(2) 转换锚点

利用“转换点工具”可以在直角锚点、光滑锚点与拐点锚点之间进行互相转换。要将光滑锚点转换为直角锚点,可以利用“转换点工具”单击光滑锚点。要将直角锚点转换为光滑锚点,利用“转换点工具”单击并拖动直角锚点。

(3) 添加、删除锚点

添加锚点,可选择“添加锚点工具”,将光标定位至现有路径非锚点处,当光标变为添加锚点图标时单击,即可添加锚点。

删除锚点,可选择“删除锚点工具”,将光标停在现有路径的任意一个锚点上,当光标变为删除锚点图标时单击,即可删除锚点。

4) 填充和描边路径

(1) 路径面板

使用“钢笔工具”或者形状工具时,会自动在“路径”面板中创建一条工作路径,如图 7.1.4 所示。利用“路径”面板,用户可以有效地填充与描边路径、存储与删除路径。

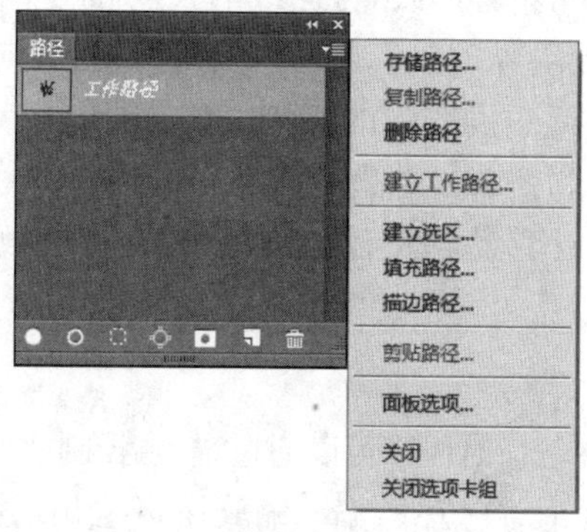

图 7.1.4

“用前景色填充路径”按钮:用前景色填充路径区域。

“用画笔描边路径”按钮:用当前选择的工具(画笔工具、橡皮擦工具或工具箱中的任意工具)沿路径进行描边。

“将路径作为选区载入”按钮:单击该按钮,可以将当前路径转换为选择区域。

“从选区生成工作路径”按钮:单击该按钮,则将选择区域转换为路径。

“创建新路径”按钮:创建一条新路径。

“删除当前路径”按钮:删除当前选择的路径。

(2) 填充路径

“填充路径”命令可以使用指定的颜色、图像的状态、图案或填充图层填充包含像素的路径。在“路径”面板中选中要填充的路径,然后单击“路径”面板底部的“用前景色填充路径”按钮,或从“路径”面板菜单中选择“填充路径”命令即可进行路径填充,填充路径对话框和路径填充前后的图像,如图 7.1.5 所示。

(a) 路径

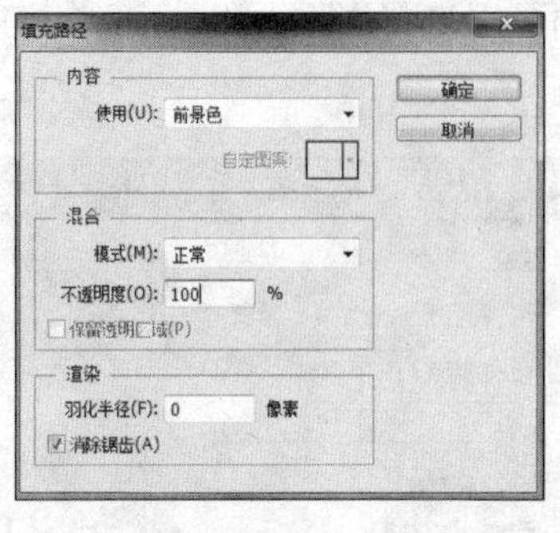

(b) “填充路径”对话框

(c) 前景色填充路径

图 7.1.5

(3) 描边路径

路径可以使用各种不同的画笔进行描边，并可以任意选择描边的绘图工具。选择要描边的路径，单击“路径”面板底部的“用画笔描边路径”按钮，便会以默认方式进行描边；如果想对描边进行设置，可选择“路径”面板弹出式菜单中的“描边路径”命令，弹出“描边路径”对话框，如图 7.1.6 所示。在此对话框中选择一种描绘工具即可以用前景色对路径描边，选择不同画笔描边的效果如图 7.1.7 所示。

图 7.1.6　“描边路径”对话框

(a)

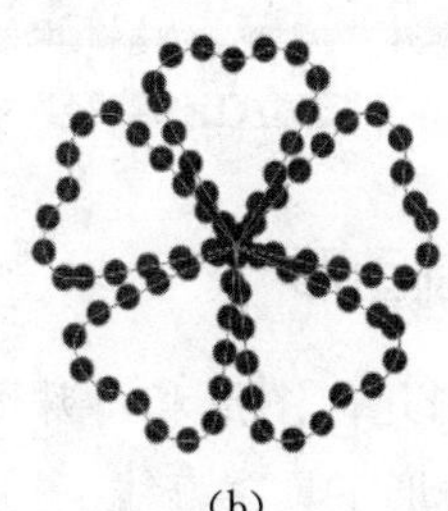

(b)

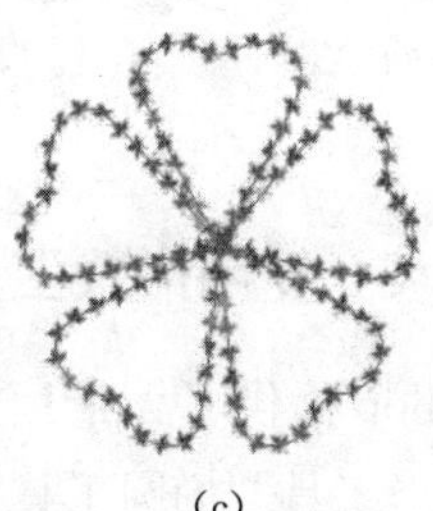

(c)

图 7.1.7　设置不同画笔参数的描边效果

5) 删除路径

在路径被选中的情况下，单击“路径”面板底部的“删除当前路径”按钮，在弹出的对话框中单击“是”，即可删除该路径。

6) 将路径转换为选区

通过“路径”面板可以将一个闭合路径转换为选区，这样就可以通过路径工具制作出许多复杂的选取范围。在完成路径绘制后，按住 Ctrl 键单击“路径”面板中的缩览图，也可以单击“路径”面板下方的“将路径作为选区载入”按钮，此时闭合路径会转换为选区。若要对选取范围做比较精确的控制，则可以选择“路径”面板菜单栏中的“建立选区”命令，在“建立选区”对话框中设置，如图 7.1.8 所示。

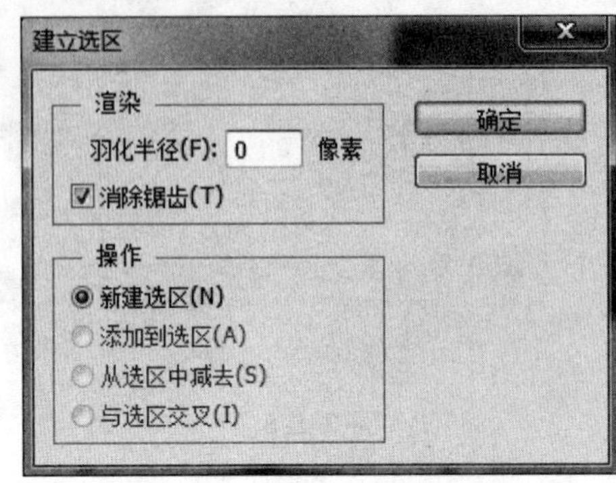

图 7.1.8 “建立选区”对话框

7) 将选区转换为路径

要将一个选区范围转换为路径，可以通过单击“路径”面板中的“从选区生成工作路径”按钮，此时就可以以默认的设置将该选区范围转换为路径。若要修改设置，当建立完选区后，按住 Alt 键单击“路径”面板底部的“从选区生成工作路径”按钮，或选择“路径”面板菜单中的“建立工作路径”命令，会弹出“建立工作路径”对话框，如图 7.1.9 所示，可以控制转换后路径的平滑度。

图 7.1.9 “建立工作路径”对话框

7.1.2 使用形状工具绘制图形

Photoshop 提供了大量用于绘制几何图形和特殊图形的形状工具，其中包括“矩形工具”“圆角矩形工具”“椭圆工具”“多边形工具”“直线工具”“自定形状工具”。使用形状工具，可以非常方便地创建各种规则的形状或路径。

1) 矩形工具

选择“矩形工具”，在图像窗口中拖动鼠标即可以绘制矩形。

2) 圆角矩形工具和椭圆工具

选择“圆角矩形工具”，可以绘制圆角矩形，使用“椭圆工具”可以绘制椭圆或正圆，其使用方法与选项设置与“矩形工具”基本相似。

3) 多边形工具

“多边形工具”用于绘制不同边数的多边形或星形。在工具选项栏中的“边”选项中输入数值,可控制多边形或星形的边数。

4）直线工具

使用“直线工具”可以绘制出不同形状的直线,根据需要还可以为直线增加箭头。直线的粗细可在工具选项栏上的“粗细”选项中进行设置,范围为 1 像素～1000 像素,数值越大,绘制出来的线条越粗。

5）自定形状工具

使用“自定形状工具”可以绘制出系统预设的各种特殊形状。在工具选项栏单击“形状”右侧的下拉按钮,从弹出的“形状”下拉列表中选择一种形状,即可在图像窗口中创建相应的形状,如图 7.1.10 所示。

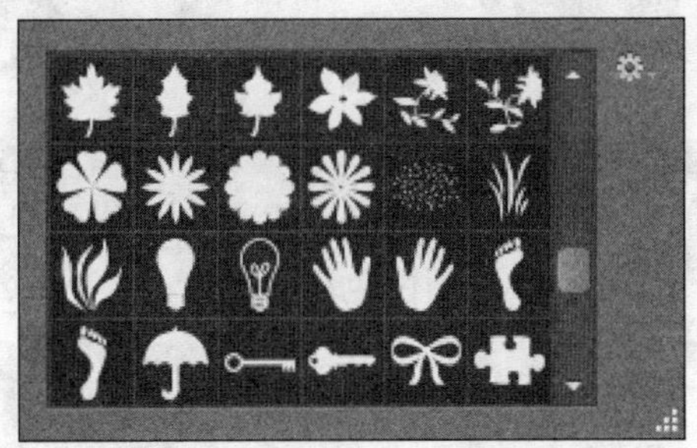

图 7.1.10　“形状”下拉列表

7.2　案例 1　路径绘制绚丽花朵效果

1）案例分析

案例使用钢笔工具、图层、路径等面板功能绘制绚丽花朵。

2）案例实现

(1) 执行“文件”→“新建”菜单命令(或者使用 Ctrl+N 快捷键)建立一个新的文档,文件大小为 500 像素×500 像素,分辨率为 72 像素/英寸,颜色模式为 RGB 颜色,背景内容是黑色,文件命名为“绚丽花朵”,如图 7.2.1 所示。

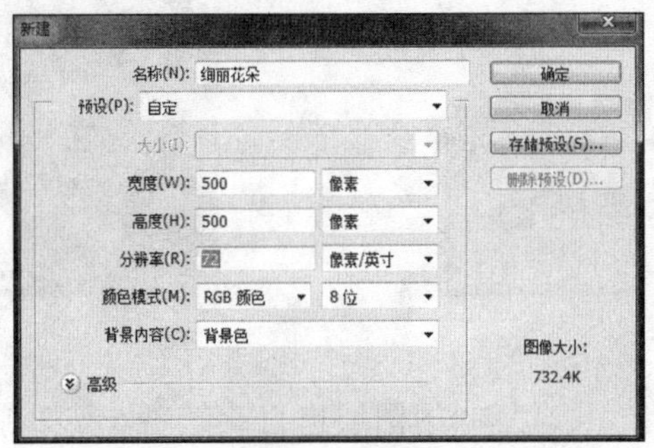

图 7.2.1

(2) 新建图层，使用“钢笔工具”绘制一片花瓣的路径，如图 7.2.2 所示。使用“转换点工具”和“直接选择工具”调整花瓣的形状，如图 7.2.3 所示。

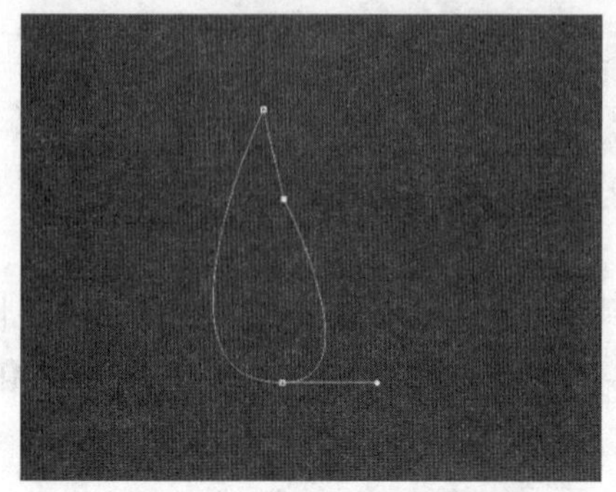
图 7.2.2

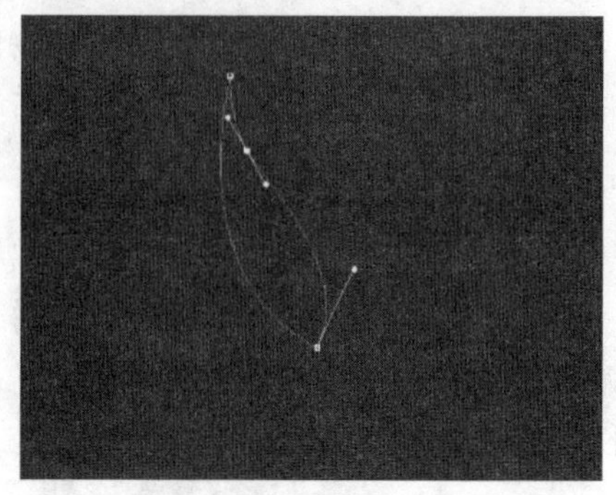
图 7.2.3

(3) 选中工具箱中的“直接选择工具”，将鼠标移到画好的路径上，单击鼠标右键在弹出的菜单中选择“建立选区”命令，弹出“新建选区”对话框，羽化半径为 0 像素，钩选消除锯齿，如图 7.2.4 所示，将路径转为选区，然后用白色填充选区，如图 7.2.5 所示。

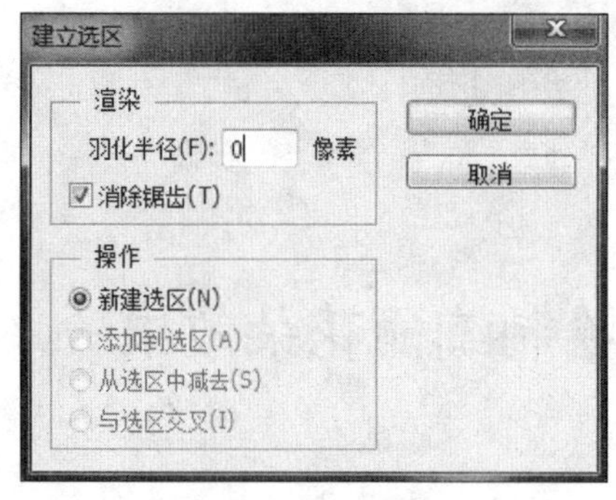

图 7.2.4

图 7.2.5

(4) 执行“选择”→“修改”→“羽化”菜单命令，弹出“羽化选区”对话框，羽化半径为 5 像素，如图 7.2.6。然后按 Delete 键删除选区中的白色，效果如图 7.2.7 所示。

图 7.2.6

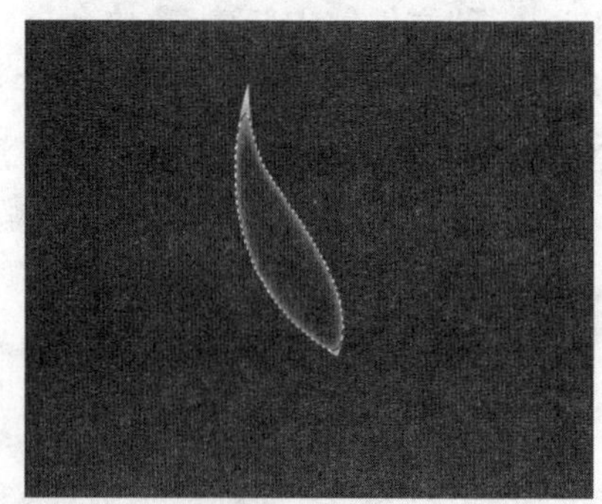
图 7.2.7

(5) 将此图层复制几层，并对复制的图层进行旋转变小，来制作其他花瓣，如图 7.2.8 所示。提示：使用 Ctrl＋T 快捷键旋转时，可将旋转中心点移到右下角的控制点上。这样旋转的物体都是围着同一个中心点进行旋转。

图 7.2.8

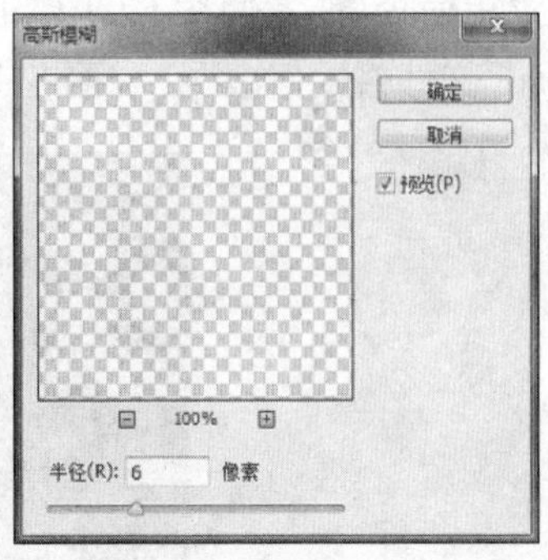

图 7.2.9

(6) 选择其中的花瓣分别执行“滤镜”→“模糊”→“高斯模糊”菜单命令，弹出“高斯模糊”对话框，设置半径为 6 像素，如图 7.2.9 所示。执行“滤镜”→“模糊”→“动感模糊”菜单命令，设置模糊角度范围在－100 度到＋80 度之间，距离在 50 像素以内均可，如图 7.2.10 所示。其他几个花瓣也进行同上的处理，如图 7.2.11 所示。

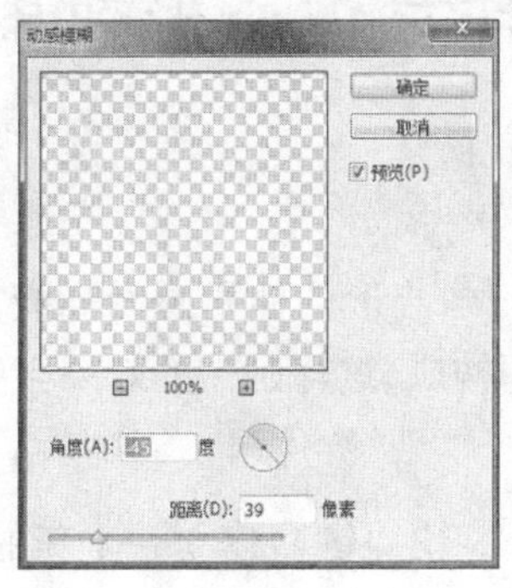

图 7.2.10

图 7.2.11

(7) 将背景层隐藏起来，执行“盖印图层”命令(使用 Ctrl＋Shift＋Alt＋E 快捷键)，除了背景层以外的其他图层都合拼在一起，命名为“花瓣”图层，如图 7.2.12 所示。再新建立一层，命名为“叠加”图层，用渐变工具(渐变颜色选择你喜欢的颜色)填充新图层，并将该图层的“混合模式”变成“叠加”，效果如图 7.2.13 所示。

图 7.2.12

图 7.2.13

(8) 最后复制几层花朵，适当调整大小和位置，让视觉看起来更丰富。执行“文件”→“存储为”菜单命令(或者使用 Ctrl＋Shift＋S 快捷键)，弹出“另存为”对话框，将默认的“绚丽花朵. psd”文件格式修改为“绚丽花朵. jpg”格式，最终的图片效果如图 7. 2. 14 所示。

图 7. 2. 14

 7. 3　案例 2　路径制作立体心形效果

1) 案例分析

案例使用钢笔工具、蒙版、路径等面板功能，重点是刻画心形的体积感及高光。制作之前最好找一些心形的素材参考一下，了解清楚高光及暗部构成，这样制作的效果会更形象。

2) 案例实现

(1) 执行“文件”→“新建”菜单命令(或者使用 Ctrl＋N 快捷键)，建立一个新的文档，文件大小为 900 像素×650 像素，分辨率为 72 像素/英寸，颜色模式为 RGB 颜色，背景内容为背景色，文件命名为“立体心形”，背景色设置为粉红色(＃ecacce)，如图 7. 3. 1 所示。

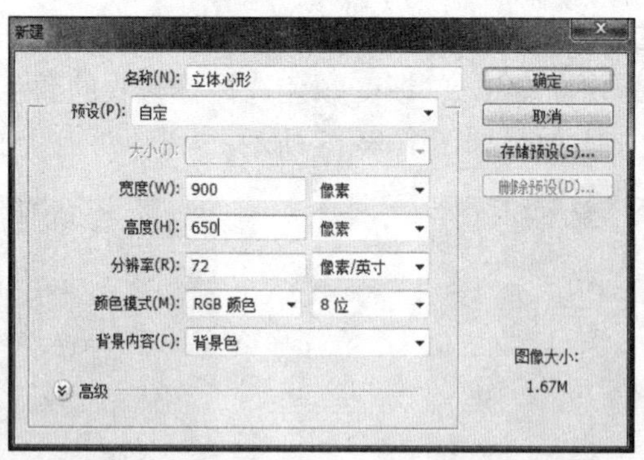

图 7. 3. 1

(2) 新建图层，使用 Ctrl＋R 快捷键显示标尺，添加辅助线，如图 7. 3. 2 所示。使用“钢笔工具”勾出半个心形轮廓，如图 7. 3. 3 所示。

图 7.3.2

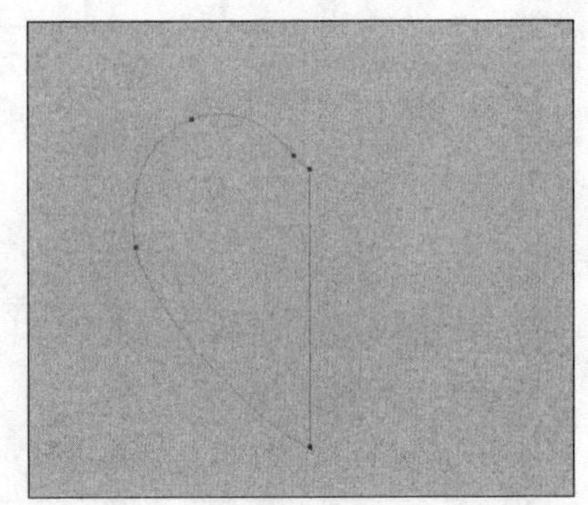

图 7.3.3

(3) 将路径转换为选区，在选区内填充任意颜色以区分背景，如图 7.3.4 所示。将图层复制一层，使用 Ctrl＋T 快捷键，单击鼠标右键选择“水平翻转”，移至右侧组成一个完整的心形，如图 7.3.5 所示。

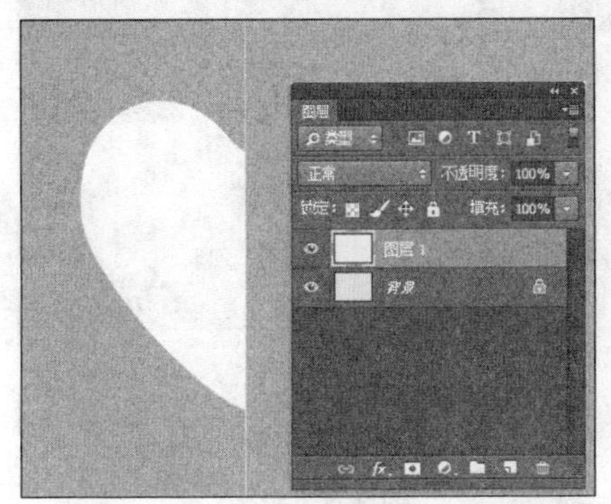

图 7.3.4

图 7.3.5

(4) 合并“图层 1”和“图层 1 拷贝”两个图层，将新图层命名为“心”图层。按住 Ctrl 键单击“图层”面板中“心”图层的小图标，得到图层的选区，如图 7.3.6 所示。新建图层，使用“渐变工具”，颜色设置为红色至深红渐变，然后由右上角向左下角拉出径向渐变，效果如图 7.3.7。

图 7.3.6

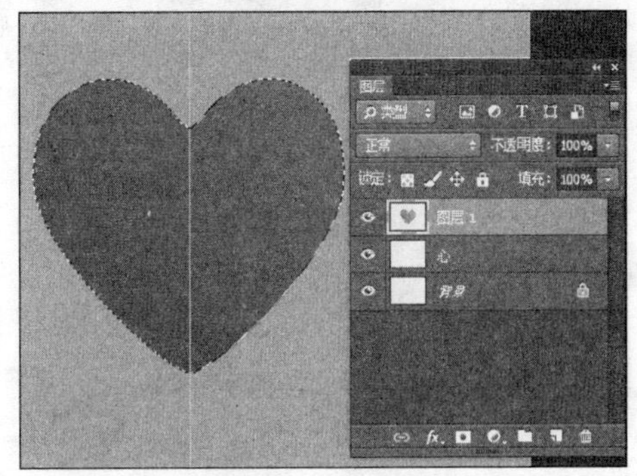

图 7.3.7

(5) 新建一个图层，创建剪切蒙版(使用 Ctrl＋Alt＋G 快捷键)，使用“钢笔工具”，建立反光部分，如图 7.3.8 所示。将路径转换为选区并填充浅色，如图 7.3.9 所示。

图 7.3.8

图 7.3.9

(6) 使用 Ctrl+D 快捷键取消选区，如图 7.3.10 所示。然后添加“图层蒙版”，在图层蒙版上用黑色画笔把顶部过渡涂抹自然，如图 7.3.11 所示。

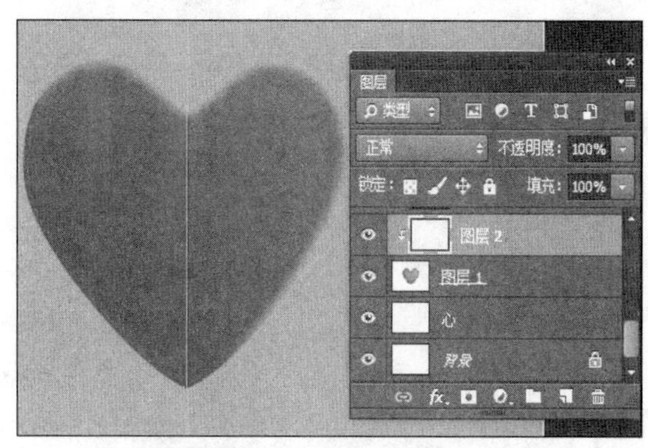

图 7.3.10

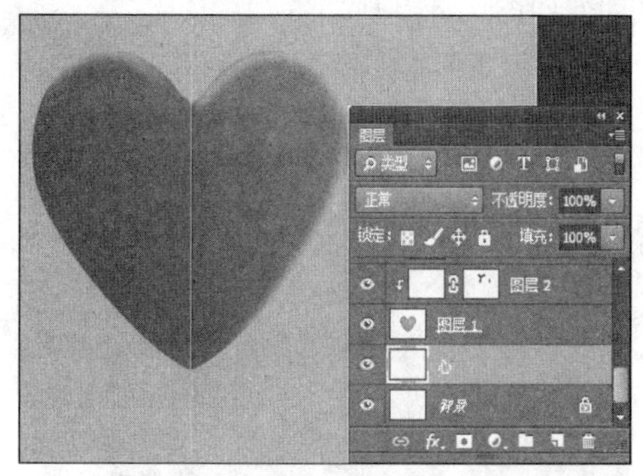

图 7.3.11

(7) 建立心形的暗部，用“钢笔工具”绘制路径，如图 7.3.12 所示。新建剪切蒙版图层，将路径转换为选区，并填充为深红，取消选区，如图 7.3.13 所示。

图 7.3.12

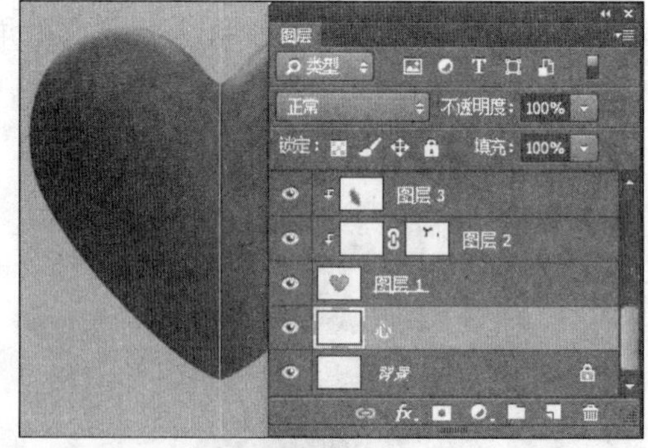

图 7.3.13

(8) 建立心形的亮部，用“钢笔工具”绘制路径，如图 7.3.14 所示。新建剪切蒙版图层，将路径转换为选区，并填充亮红色，取消选区，如图 7.3.15 所示。

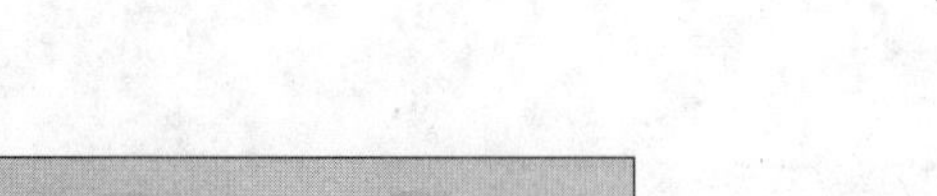

图 7.3.14

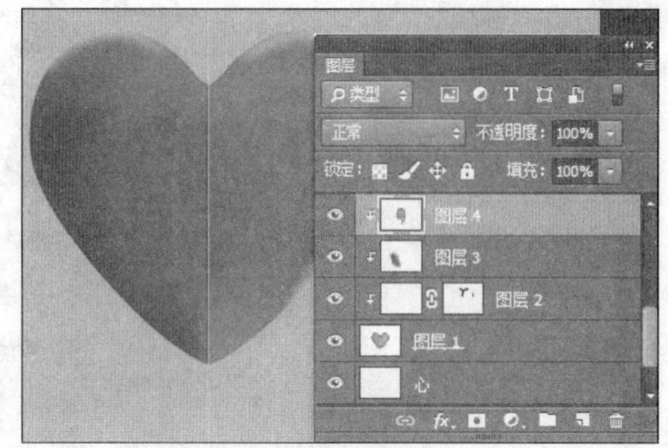

图 7.3.15

(9) 为剪切蒙版“图层 4”添加“图层蒙版”，在图层蒙版上用黑白渐变色和黑色进行涂抹，如图 7.3.16 所示。

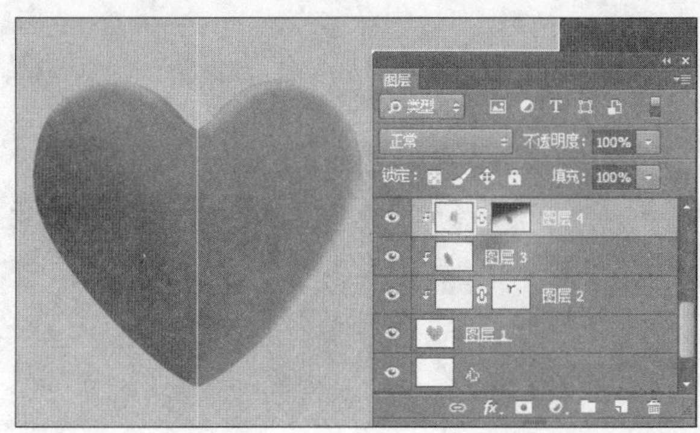

图 7.3.16

(10) 使用“钢笔工具”绘制左侧边缘的高光选区，如图 7.3.17 所示。新建剪切蒙版图层，将路径转化为选区，选区的羽化值为 5 像素，后填充浅色，取消选区，如图 7.3.18 所示。

图 7.3.17

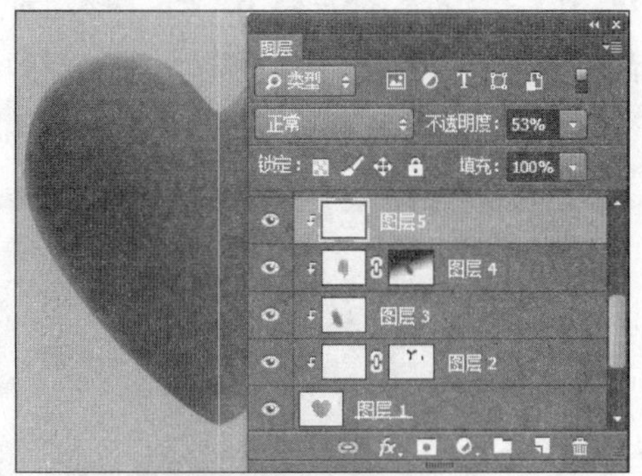

图 7.3.18

(11) 然后添加“图层蒙版”，在图层蒙版上用黑色画笔把左侧过渡涂抹自然，如图 7.3.19 所示。

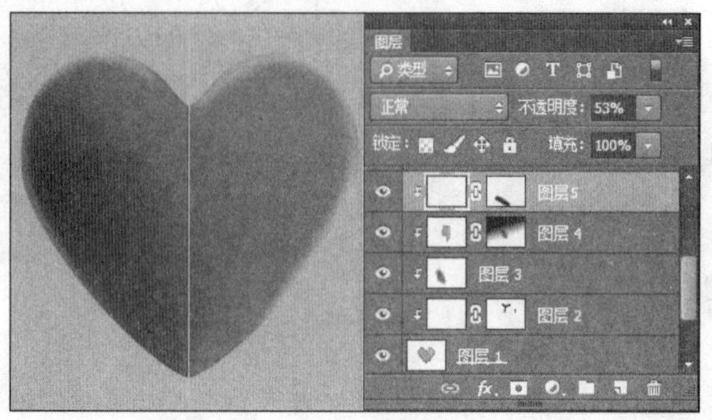

图 7.3.19

(12) 细致的调整心形的明暗关系,让心形看起来更立体。为心形增加高光,如图 7.3.20 所示。

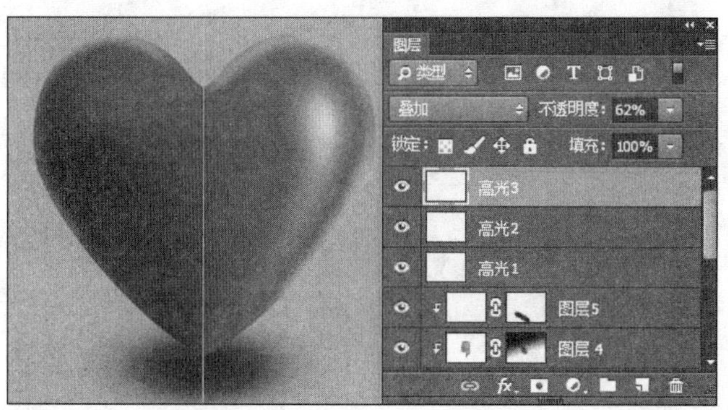

图 7.3.20

(13) 在背景层之上,新建一个图层,命名为"阴影"图层,在心形下方使用 "椭圆选区工具"绘制圆形,填充深色,执行"滤镜"→"模糊"→"高斯模糊",模糊半径数值稍大一些,制作阴影。执行"文件"→"存储为"菜单命令(或者使用 Ctrl+Shift+S 快捷键),弹出"另存为"对话框,将默认的"立体心形. psd"文件格式修改为"立体心形. jpg"格式,最终效果如图 7.3.21 所示。

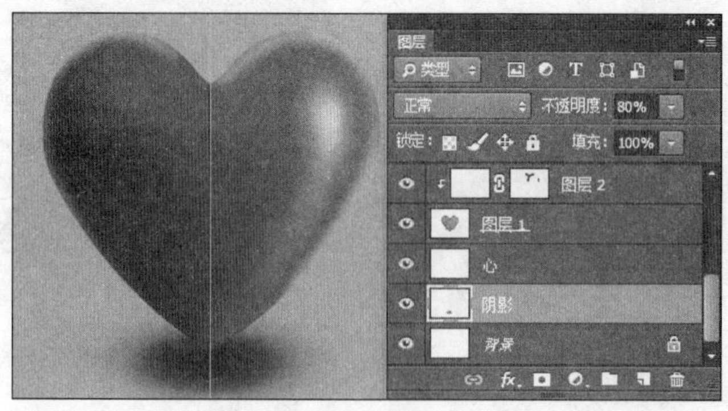

图 7.3.21

7.4　案例 3　路径抠图

1）案例分析

案例使用钢笔工具、路径等面板功能，将杯子从背景中完整的抠取出来。

2）案例实现

(1) 执行“文件”→“打开”菜单命令(或者使用 Ctrl＋O 快捷键)，打开素材图片“咖啡杯.jpg”，如图 7.4.1 所示。使用 Ctrl＋J 快捷键复制“背景”图层，生成“背景”图层的副本“背景 拷贝” 图层，如图 7.4.2 所示。

图 7.4.1

图 7.4.2

(2) 使用“钢笔工具”沿咖啡杯边缘绘制路径，如图 7.4.3 所示。仔细调整路径，使用“直接选择工具”使路径完全贴合杯子边缘，如图 7.4.4。

图 7.4.3

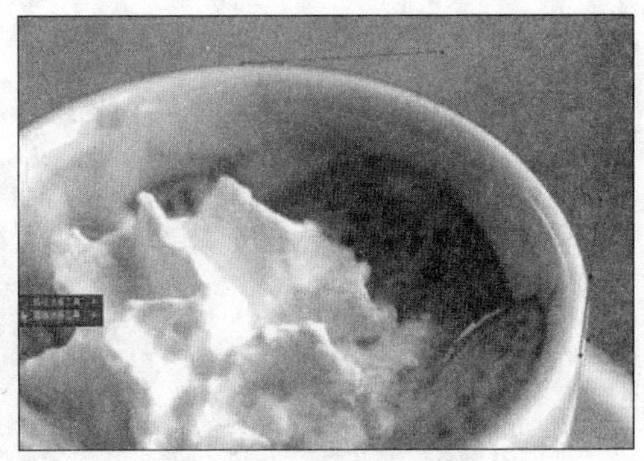

图 7.4.4

(3) 在调整路径的时候，根据路径实际情况，可以使用“添加锚点工具”“删除锚点工具”“转换点工具”，调整路径。

(4) 在路径上，单击右键执行“建立选区”命令，将路径转为选区，如图 7.4.5 所示。使用 Ctrl＋J 快捷键将选区内的杯子通过拷贝的图层，生成新的图层，如图 7.4.6 所示。

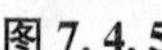
图 7.4.5

图 7.4.6

(5) 使用“钢笔工具”将未清除干净的细节勾勒出，如图 7.4.7 所示。将路径转化为选区，并删除多余的图像，如图 7.4.8 所示。

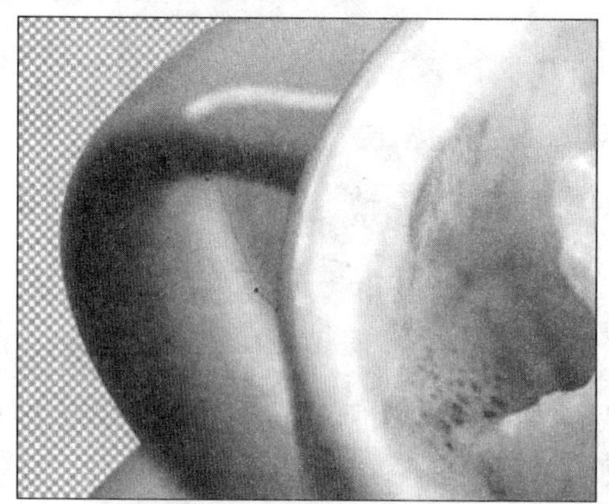

图 7.4.7

图 7.4.8

(6) 在背景层上新建图层，填充任意颜色，检查最终效果，如 7.4.9 所示。

图 7.4.9

7.5　案例 4　路径绘制清晰可爱小雪人

1）案例分析

案例使用钢笔工具、路径、滤镜、图层样式等面板功能，绘制冬日雪花中的可爱小雪人。

2）案例实现

(1) 执行“文件”→“新建”菜单命令(或者使用 Ctrl＋N 快捷键)，新建一个 750 像素×550 像素的文档，分辨率为 72 像素/英寸，颜色模式为 RGB 颜色，背景内容为白色，选择工具箱中的“渐变工具”，设置渐变颜色，如图 7.5.1 所示。设定渐变模式为线性渐变，从下至上填充背景图层，如图 7.5.2 所示。

图 7.5.1

图 7.5.2

(2) 新建图层，命名为“雪球”图层，制作雪球，使用“椭圆选框工具”绘制一个圆形，选择工具箱中的“渐变工具”，设置渐变颜色，如图 7.5.3 所示。设定渐变模式为径向渐变，在圆形选区内从左上角向右下角拖动鼠标，填充渐变色，效果如图 7.5.4 所示。

图 7.5.3

图 7.5.4

(3) 选区内执行“滤镜”→“杂色”→“添加杂色”菜单命令，设置数量为 2%，钩选“高斯分布”和“单色”，如图 7.5.5 所示。新建图层，命名为“小雪球”图层，用同样的方法制作头部的小雪球，如图 7.5.6 所示。

图 7.5.5

图 7.5.6

(4) 使用工具箱中的“钢笔工具”，绘制小雪人的围巾，如图 7.5.7 所示。建立新图层，命名为“围巾”图层，将路径转换为选区并填充红色，取消选区，如图 7.5.8 所示。

图 7.5.7

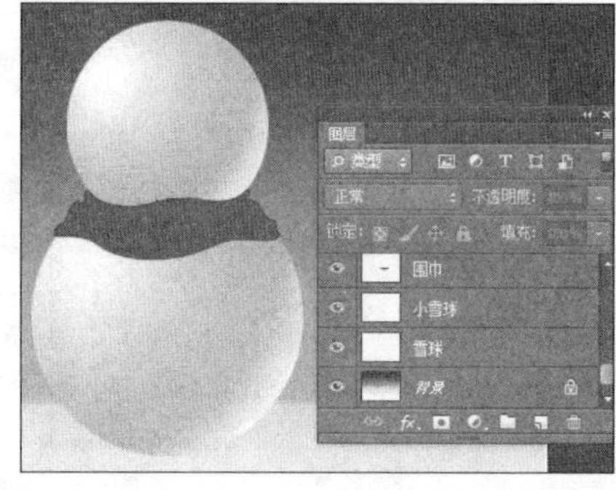

图 7.5.8

(5) 新建图层绘制围巾的褶皱。使用“索套工具”选出要做褶皱的地方，再使用“软边画笔”，用深红色在选区内绘制出围巾的褶皱部分，如图 7.5.9 所示。用同样的方法绘制其他部分，如图 7.5.10 所示。

图 7.5.9

图 7.5.10

(6) 绘制帽子部分。新建图层命名为“帽子”图层，按住 Ctrl 键，鼠标单击“图层”面板中“小雪球”图层的小图标，载入雪人头部的选区，如图 7.5.11 所示。然后选择“椭圆选框工具”，设置选区的模式为“从选区减去”，删除圆形的一半，如图 7.5.12 所示。

图 7.5.11

图 7.5.12

(7) 选择工具箱中的“渐变工具”，设置渐变颜色，如图 7.5.13 所示。设定渐变模式为径向渐变，在选区内填充渐变色，取消选区，并使用与第(3)条相同的方法为帽子添加杂色，效果如图 7.5.14 所示。

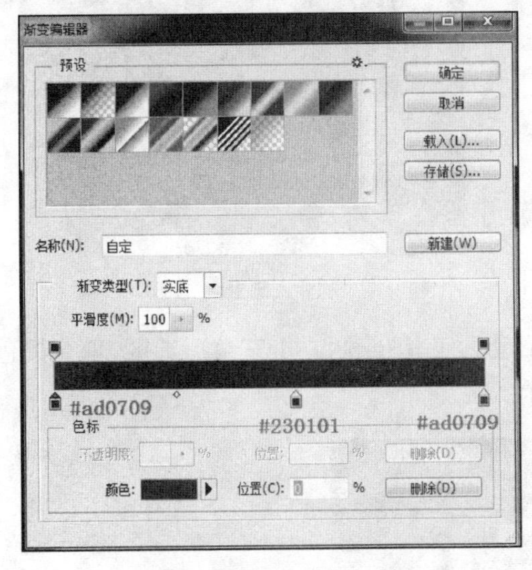

图 7.5.13

图 7.5.14

(8) 绘制眼睛。新建图层命名为“眼睛”图层，使用“椭圆选框工具”绘制一个圆形，填充黑色。然后双击图层，在弹出的“图层样式”对话框中，设置“投影”样式，不透明度为 30%，角度为 120 度，距离为 3 像素，大小为 0 像素，如图 7.5.15 所示。复制“眼睛”图层，得到第二个眼睛，调整位置效果，如图 7.5.16 所示。

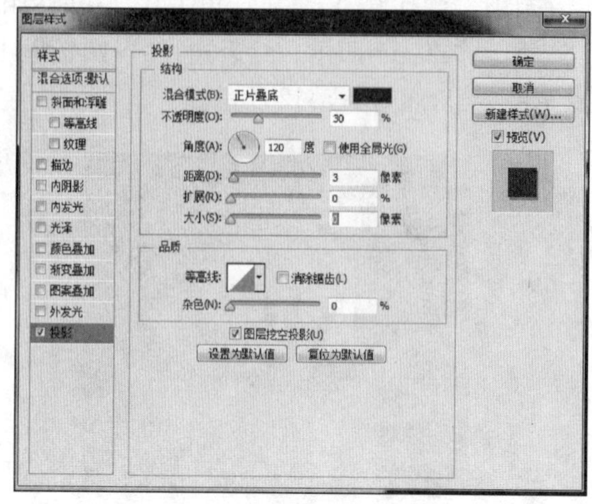

图 7.5.15

图 7.5.16

(9) 绘制鼻子。新建图层命名为“鼻子”图层，用钢笔工具绘制的锥形路径，如图 7.5.17 所示。将路径转换为选区，填充线性渐变，如图 7.5.18 所示。

图 7.5.17

图 7.5.18

(10) 添加鼻子的阴影，新建图层，用“多边形套索工具”绘制一个三角形选区，填充黑色(＃000000)，不透明度为 30％，如图 7.5.19 所示。

图 7.5.19

（11）绘制绒毛球部分。新建图层，使用工具箱中的“画笔工具”，选中“沙丘草笔刷”，设置画笔的“画笔笔尖形状”“形状动态”“散布”和“颜色动态”的参数，如图 7.5.20 至图 7.5.23 所示。

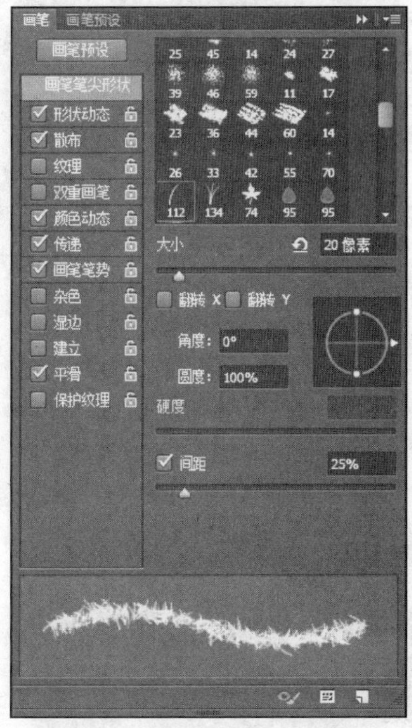

图 7.5.20

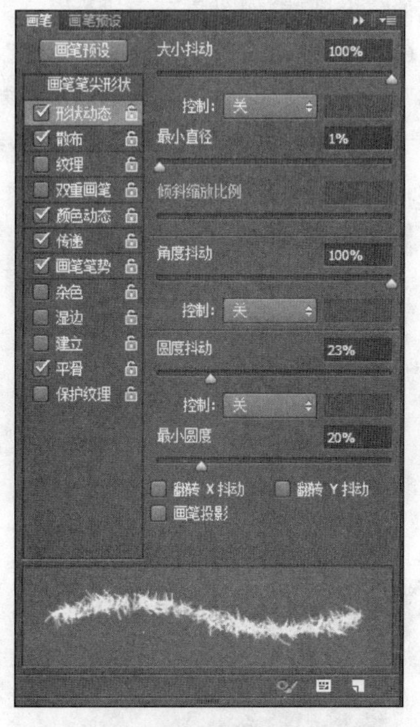

图 7.5.21

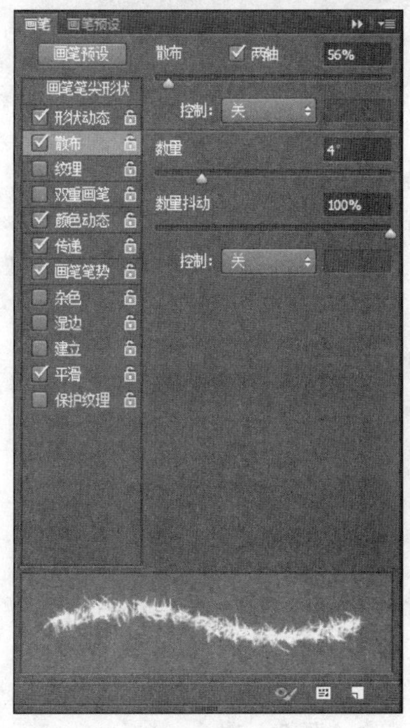

图 7.5.22

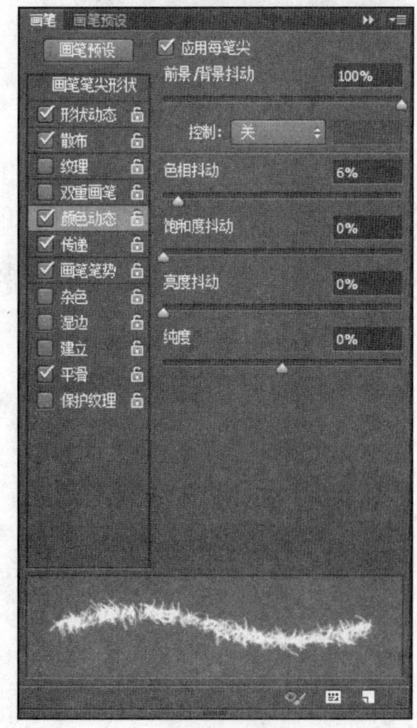

图 7.5.23

(12) 设置前景色为红色(#aa0303),背景色为暗红色(#aa0303),围绕着圆形旋转刷出绒毛球,并制作出其他三个圆球,如图 7.5.24 所示。

(13) 使用工具箱中的“画笔工具”,选中“spatter 笔刷”,设置画笔的“画笔笔尖形状”的参数,如图 7.5.25 所示,设置前景色为白色(#ffffff),绘制图像得到效果,如图 7.5.26 所示。

图 7.5.24

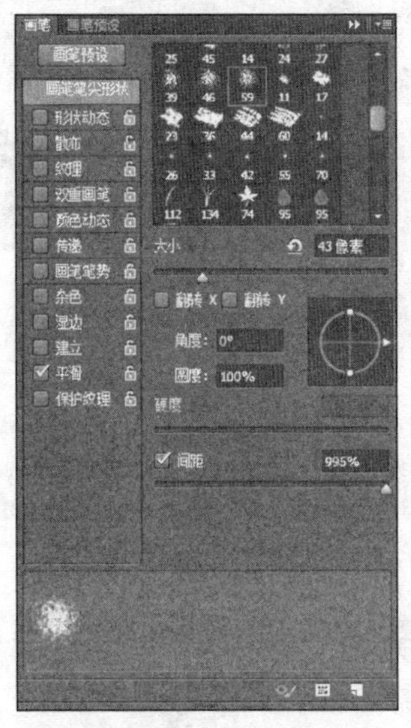

图 7.5.25

图 7.5.26

(14) 新建图层绘制地面上的雪:使用“画笔工具”,描绘出波浪的形状作为地面上的堆雪,然后用深色的画笔绘制一些阴影,如图 7.5.27 所示。

(15) 新建图层绘制空中落下的雪花,使用“画笔工具”,白色画笔喷出雪花,最终效果如图 7.5.28 所示。

图 7.5.27

图 7.5.28

7.6　案例 5　路径绘制抽象艺术海报

1）案例分析

案例使用钢笔工具、滤镜、路径等面板功能，绘制抽象个性的艺术花纹。

2）案例实现

(1) 执行“文件”→“新建”菜单命令（或者使用 Ctrl＋N 快捷键），新建一个 2000 像素×2500 像素的文档，分辨率为 300 像素/英寸，颜色模式为 RGB 颜色，背景内容为白色。

(2) 创建一个新图层命名为“圆环”图层，使用“钢笔工具”绘制路径。单击工具箱中的“画笔工具”，并确保前景颜色设置为黑色（＃000000），设置画笔大小为 2 像素，硬度为 100％，执行“描边路径”命令，设置这一层的不透明度为 50％，绘制如图 7.6.1 所示。

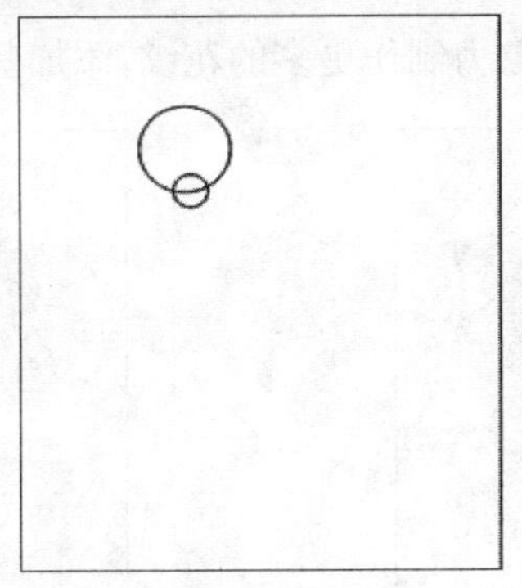

图 7.6.1

(3) 选中“圆环”图层，使用 Ctrl＋J 快捷键拷贝一个图层，使用 Ctrl＋T 快捷键，进行自由变换，在自由变换工具的选项栏中设置“设置旋转”的角度为 15 度，数值可参见图 7.6.2。

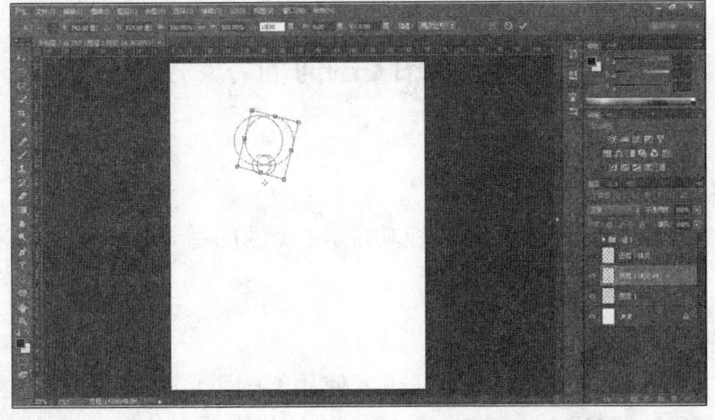

图 7.6.2

(4) 然后重复使用 Ctrl＋Shift＋Alt＋T 快捷键，复制一组曲线。合并刚才复制出来的所有图形在一个图层里，将图层命名为“底纹图形”图层，如图 7.6.3 所示。

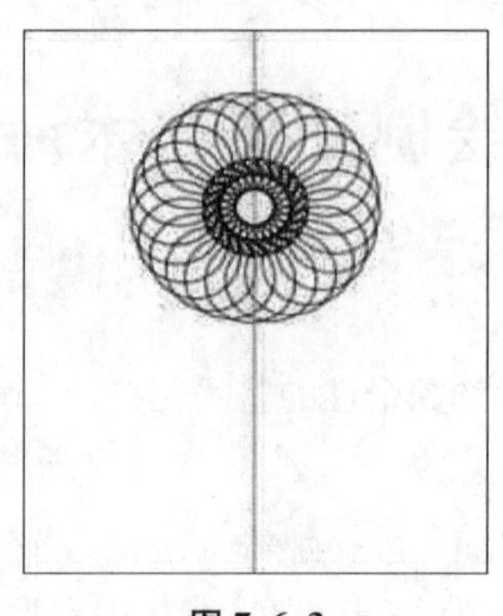
图 7.6.3

图 7.6.4

(5) 使用 Ctrl+J 快捷键拷贝制作出来的“底纹图形”图层，对这一图层执行“滤镜”→“液化”菜单命令，对花纹拉扯出自由的花纹，如图 7.6.4 所示，重复执行一次，如图 7.6.5 所示。

(6) 用同样的方法，发挥想象力制作更多的花纹，添加些文字，如图 7.6.6 所示。

图 7.6.5

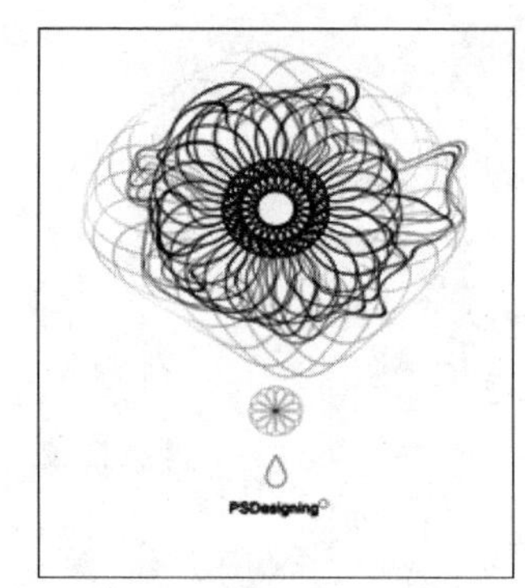

图 7.6.6

 7.7 案例 6 路径制作浪漫唯美云朵文字

1) 案例分析

案例使用钢笔工具、滤镜、路径等面板功能，在美丽的雪景、湛蓝的天空中，绘制浪漫唯美的云彩文字。

2) 案例实现

(1) 执行“文件”→“打开”菜单命令(或者使用 Ctrl+O 快捷键)打开素材图片“天空.jpg”，如图 7.7.1 所示。新建文字图层，输入文字，例如实例中的“love”，使用“Ctrl+T”快捷键，调整位置、透视，让效果看起来更自然，如图 7.7.2 所示。

图 7.7.1

图 7.7.2

（2）新建图层，使用“钢笔工具”，分别绘制路径，如图 7.7.3 和图 7.7.4 所示。

图 7.7.3

图 7.7.4

（3）单击工具箱中的“画笔工具”，使用快捷键 F5，打开“画笔”面板，对画笔进行设置。各项数值可参考如下：设置“画笔笔尖形状”的大小为 45 像素，硬度为 0%，如图 7.7.5 所示。设置“形状动态”，大小抖动为 100%，最小直径为 20%，如图 7.7.6 所示。

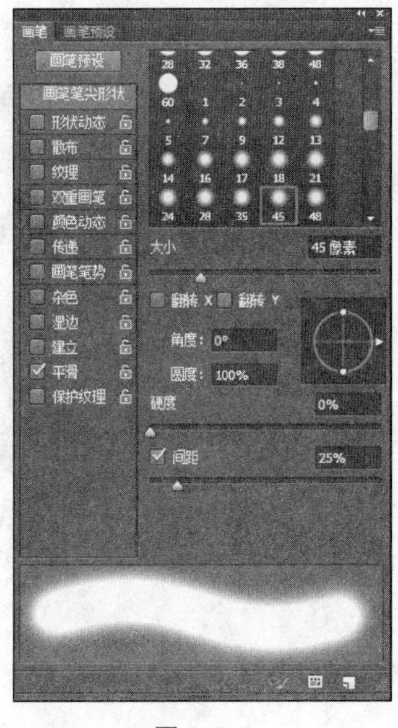

图 7.7.5

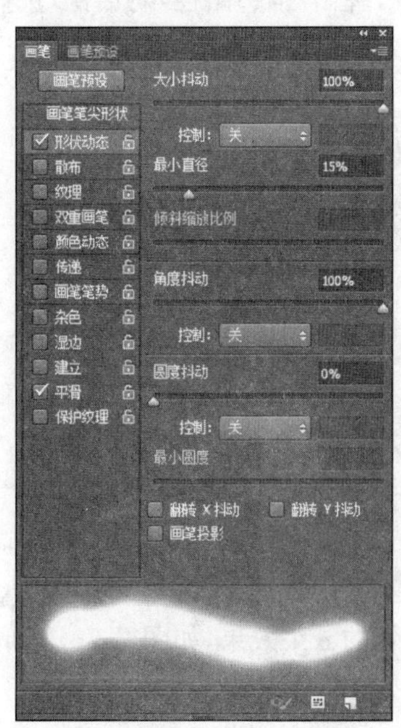

图 7.7.6

(4) 设置“散布”，散布为 120%，数量为 5，数量抖动为 14%，如图 7.7.7 所示。设置“纹理”，选择云彩纹理，缩放为 64%，亮度为 22，对比度为 14，模式为颜色加深，深度为 84%，深度抖动为 20%，如图 7.7.8 所示。设置“传递”，不透明度抖动为 50%，流量抖动为 20%，如图 7.7.9所示。

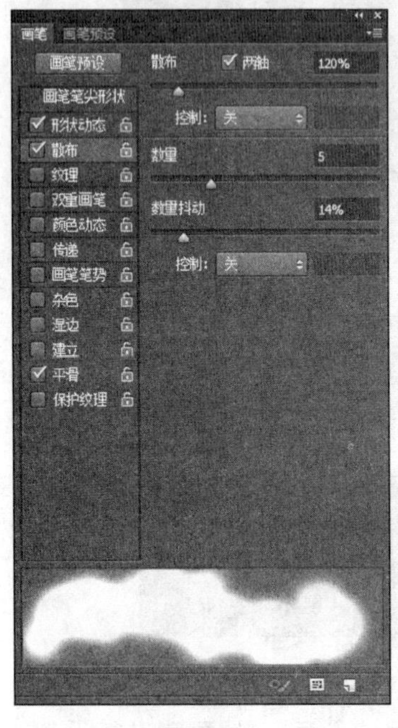

图 7.7.7

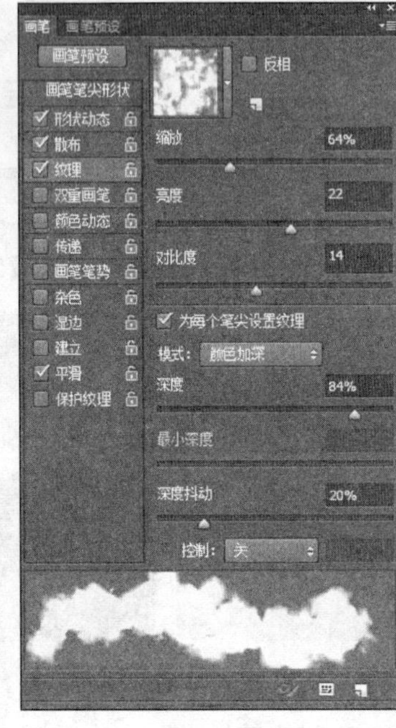

图 7.7.8

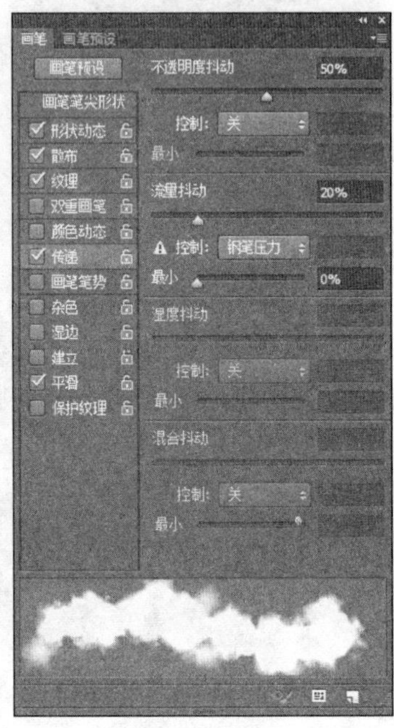

图 7.7.9

(5) 打开“路径”面板，在“路径 1”图标右侧单击鼠标右键，在弹出的菜单栏里选择“描边路径”命令，弹出“描边路径”对话框，选择工具“画笔”，钩选“模拟压力”，如图 7.7.10 所示。描边后的效果如图 7.7.11 所示。

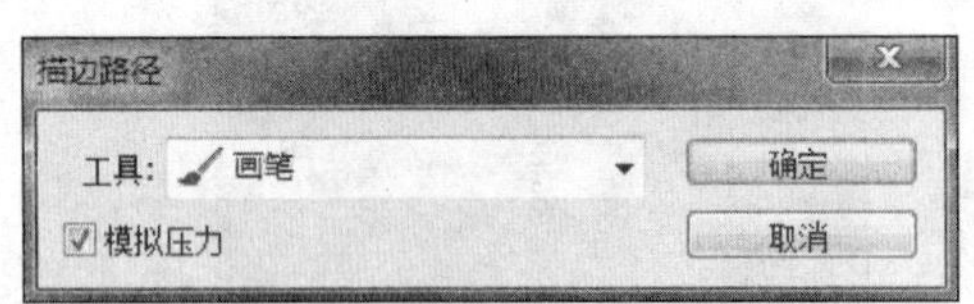

图 7.7.10

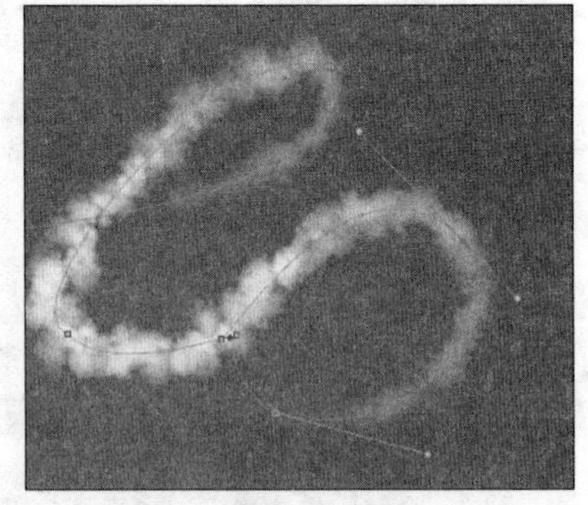

图 7.7.11

(6) 新建一个图层，对另外两个字母执行“路径描边”命令，如图 7.7.12 所示，发挥想象力添加另外的云朵效果，如图 7.7.13 所示。

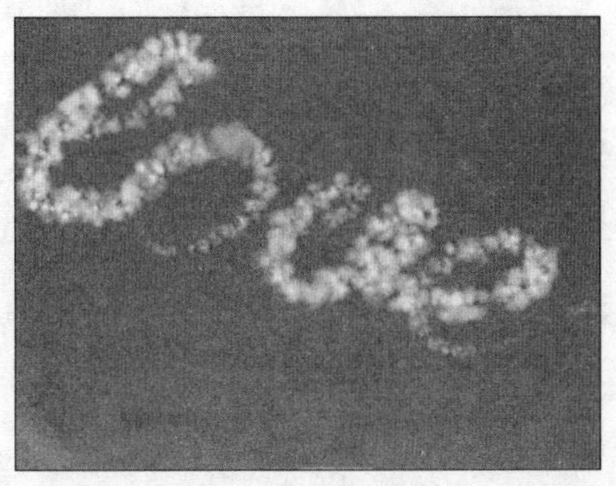

图 7.7.12

图 7.7.13

 7.8　知识梳理

Photoshop 中的路径和形状是绘画过程中必不可少的功能，使用路径或形状工具可以绘制出非常美观的矢量图。除此之外，路径还可以用于精确抠图。

重要工具："钢笔工具""形状工具""路径"面板。

核心技术：使用"钢笔工具"绘制路径的方法；使用"图像工具"绘制图像的方法；掌握"路径"面板的各项功能；使用路径对清晰轮廓的图像抠图的方法。

 7.9　能力训练

使用"钢笔工具"绘制花瓣形状，填充颜色，然后调整"图层样式"中的"投影""内发光""渐变叠加"等属性得到一个花瓣，复制几个花瓣调整大小和位置；用"钢笔工具"绘制花枝，填充颜色后，利用"图层样式"调整出立体效果。最终效果如图 7.9.1 所示。

图 7.9.1

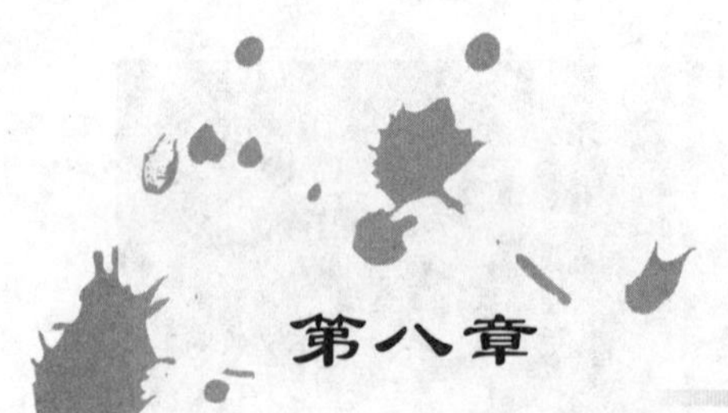

第八章 文字处理

文字不仅可以传递信息，更能起到美化版面、强化主题的画龙点睛作用。本章主要介绍文字的编辑和排版，变形文字和路径文字的制作，以及图文混排的平面设计作品制作。

8.1 知识储备

在工具箱中选择文字工具组，可以看到“横排文字工具”、“直排文字工具”、“横排文字蒙版工具”、“直排文字蒙版工具”。四种工具的选项栏基本相同，以“横排文字工具”的选项栏为例，如图 8.1.1 所示。

图 8.1.1 “横排文字工具”的选项栏

选择“横排文字工具”，在画面中单击，在出现输入光标后即可输入文字，按回车键可换行。输入结束可按 Ctrl+Enter 键或点击工具选项栏的提交按钮确认当前输入操作。如果要取消文字的输入，可以点击工具选项栏的取消按钮。

(1) 点文本

点文本是一类不会自动换行的文本。从单击的位置开始输入即可创建点文本。点文本适合输入少量文字或标题。打开如图 8.1.2 所示页面输入标题。

图 8.1.2　输入点文本标题

(2) 段落文本

段落文本是以段落文本输入框来确定位置和换行的文本。使用文字工具拉出一个输入框，如图 8.1.3 所示，在框中输入文字会自动换行，拖放输入框可调整文本的位置和大小，文本将在新的输入框中重新排列。段落文本适合处理文字量较大的文本段落。如图 8.1.4 输入段落文本所示。

图 8.1.3　创建矩形输入框

图 8.1.4　输入段落文本

对输入框周围的几个控制点进行拖拉可以改变输入框的大小。如果输入框过小而无法全部显示文字时，右下角的控制点将出现一个加号，如图 8.1.5(a)所示，表示有部分文字未能显示，将鼠标置于控制点上变为双向箭头时拖拉可以调整文字显示。在输入框四角控制点外部拖拉鼠标可旋转输入框，文字也相应发生旋转，如图 8.1.5(b)所示。输入框在完成文字输入后是不可见的，只有在编辑文字时才会再次出现。

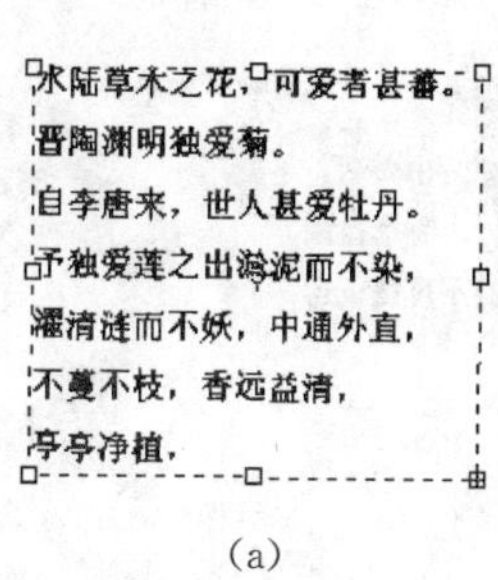

(a)

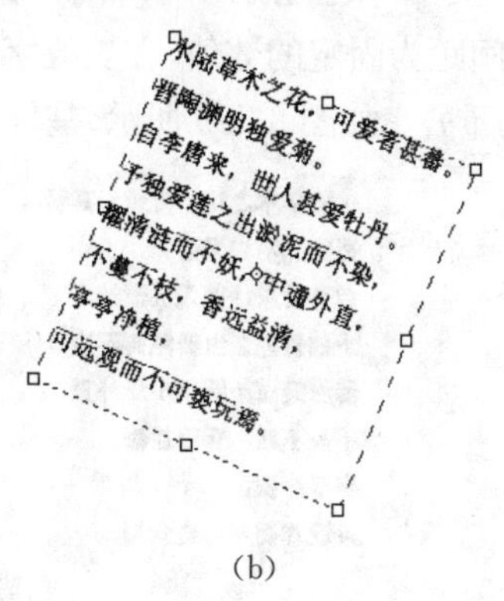

(b)

图 8.1.5

(3) 蒙版文字

使用"横排文字蒙版工具"或"直排文字蒙版工具"可以创建文字形状的选区。如图 8.1.6 所示。此选区与选择工具创建的选取相同，可以进行描边、填充等操作，效果如图 8.1.7 所示。

图 8.1.6　蒙版文字

photoshop

图 8.1.7　对蒙版文字填充、描边操作后的效果

(4) 使用"字符"面板设置文字的属性

创建文字后，Photoshop 将文字以独立图层的形式存放，输入文字后将会自动建立一个文字图层，图层名称就是文字的内容。如果要更改已输入文字的内容，在选择了文字工具的前提下，将鼠标停留在文字上方，光标将变为I，点击后即可进入文字编辑状态。选择需要设置字符格式的文本，选择"窗口"→"字符"菜单命令，打开"字符"面板，如图 8.1.8 所示，在其中设置相关参数，可以精确控制所选文字的字体、大小、颜色、行间距、字间距和基线偏移等属性。

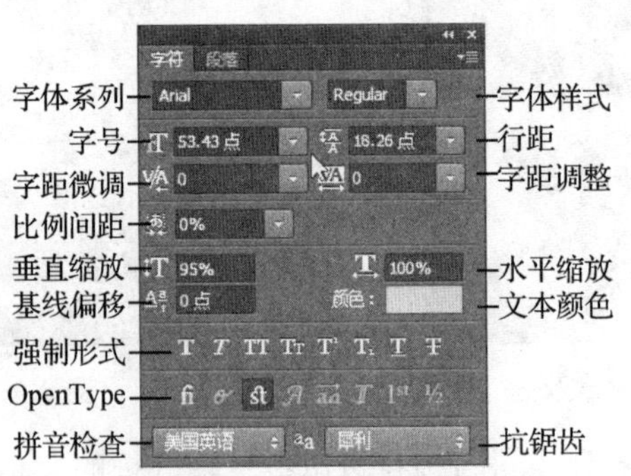

图 8.1.8　"字符"面板

设置字体系列，如果计算机中没有可用字体，可以将需要的字体文件拷贝到 Windows 系统目录下的 Fonts 子目录中，在 Photoshop 中即可使用更多的字体。

行距用来控制文字行之间的距离，若设为"自动"，文字行间距将会跟随字号的改变而改变；若手动设置行间距为固定的数值，在更改字号后行间距不会改变，因此如果间距设置过小就可能造成行与行的重叠。如图 8.1.9 所示，是自动行距(a)与手动指定为 12 像素行距(b)的比较。

水陆草木之花，可爱者甚蕃。
晋陶渊明独爱菊。
自李唐来，世人甚爱牡丹。
予独爱莲之出淤泥而不染，
濯清涟而不妖，中通外直，
不蔓不枝，香远益清，
亭亭净植，
可远观而不可亵玩焉。

(a)

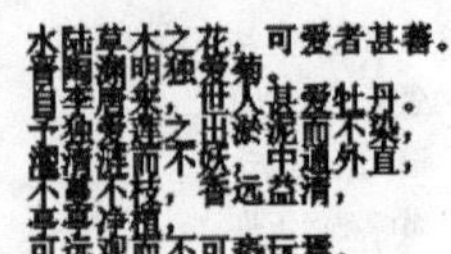

(b)

图 8.1.9

OpenType 的特殊特征为：标准连字、上下文替代字、自由连字、花饰字、替代样式、标题替代字、序数字、分数字。不同的 OpenType 字体提供的可用特征种类也不相同，某些特征可能不可用。

抗锯齿命令会在文字边缘自动填充一些像素，使之融入文字的背景色中。当创建网上使用的文字时，需要考虑到消除锯齿会大大增加原图像中的颜色数量，这样会增加文件的大小，并可能导致文字边缘出现杂色。

（5）使用“段落”面板排版文字

如图 8.1.10 所示，利用“段落”面板可以设置段落的文字格式，例如段落文本的对齐方式、缩进和段间距等。

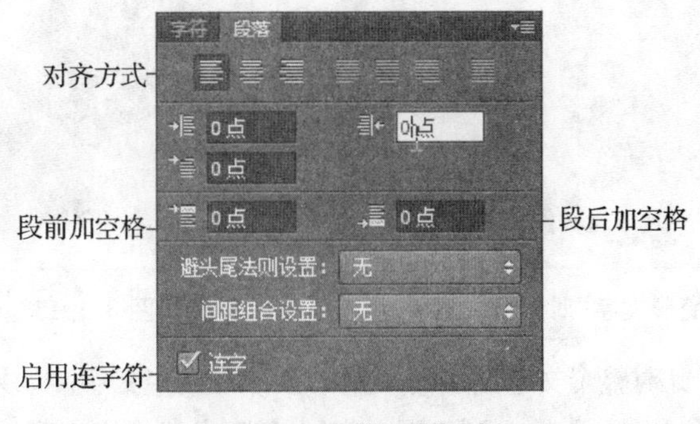

图 8.1.10　“段落”面板

对齐方式可以让文字左对齐、中对齐或右对齐，这对于多行的文字内容尤为有用。如图 8.1.11 所示，其中(a)(b)(c)三图分别是左对齐、中对齐和右对齐的效果。

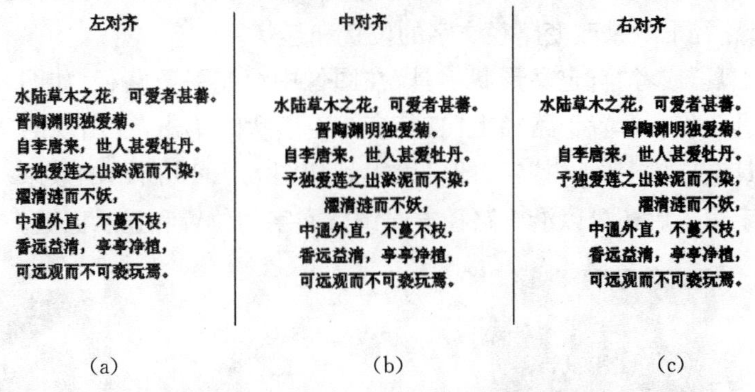

(a)　　(b)　　(c)

图 8.1.11　左对齐、中对齐和右对齐效果

文字图层具有和普通图层一样的性质，如图层混合模式、不透明度等，也可以使用图层样式。大部分绘图工具和图像编辑功能(如色彩和色调的调整、执行滤镜、渐变等)不能在文字图层上使用。在对文字图层进行以上处理前，必须先通过执行“图层/栅格化”命令，将文字图层转换成普通图层。

（6）制作变形文字

利用文字的变形命令，可以扭曲文字以产生扇形、弧形、拱形和波浪等各种不同形态的特殊文字效果。对文字应用变形后，还可随时更改文字的变形样式以改变文字的变形效果。

选择文字图层后，选择文字工具，单击工具选项栏中的“创建文字变形”按钮⌶，在弹出的“变形文字”对话框中，可以对文字进行各种变形处理，如图 8.1.12 所示。在“样式”下拉列表中，可以选择处理的效果，通过“弯曲”的参数可以设置文字的变形程度；设置“水平扭曲”和“垂直扭曲”的参数可以使文本产生透视效果。如图 8.1.13 所示的变形文字效果，可以选择变形的样式及设置相应的数值。对文字应用变形后，还可随时更改文字的变形样式以改变文字的变形效果。

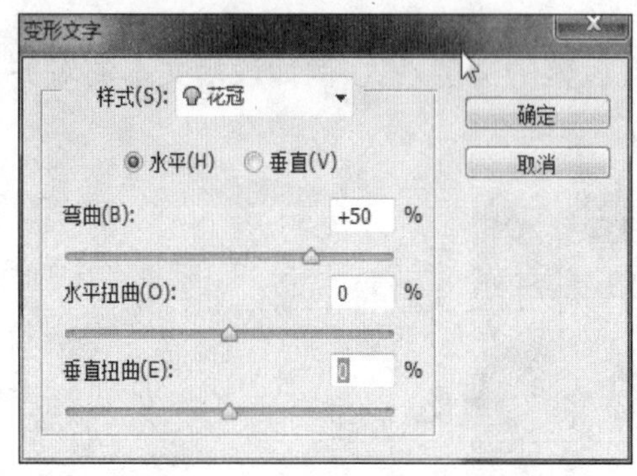

图 8.1.12 “变形文字”对话框

图 8.1.13 变形文字效果

制作变形文字只能针对整个文字图层而不能单独针对某些文字。如果要制作多种文字变形混合的效果，可以通过将文字分次输入到不同文字层，然后分别设定变形的方法来实现。

(7) 沿路径创建文字

可以沿着指定的路径创建文字。路径可以是由“钢笔工具”或“自定义形状工具”绘制的任意工作路径，输入的文字可以沿着路径边缘排列，也可以在路径内部排列，并且可以通过移动路径或编辑路径形状来改变路径文字的位置和形状。

使用“钢笔工具”或者“自定义形状工具”在图像中绘制一条路径，如图 8.1.14 所示，选择“横排文字工具”，将光标置于路径上，当其变为⌶形状时单击，在出现的文本插入点后输入文字，单击工具选项栏上的☑按钮，即可以得到如图 8.1.15 所示的效果。文字是沿路径方向排列的，文字输入后还可以沿着路径方向调整文字的位置和显示区域。

图 8.1.14 绘制路径及“路径”面板

图 8.1.15 输入文字后的效果及“路径”面板

在闭合路径内输入文字，鼠标的光标会有不同的变化。当停留在路径之内将显示为⌶。创建的文字相当于段落文本，当文字输入至路径边界时，系统将自动换行。如果输入的文字超出了路径所能容纳的范围，路径及定界框的右下角将出现溢出图标，如图 8.1.16 所示。

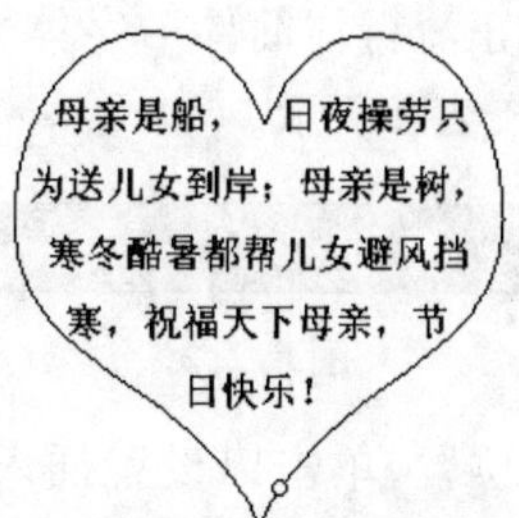

图 8.1.16　在闭合路径内输入文字

(8) 文字的转换

根据绘图需要，经常需要将文字进行转换。

转换点文本与段落文本：选择文字图层后，在菜单栏中选择“图层”→“文字”→“转换为点文本”或“转换为段落文本”。

将文字图层转换为普通图层：由于文字图层无法使用滤镜、色彩调整等命令，有时为了达到效果，需要将文字图层转换为普通图层。选择要转换的文字图层，执行“图层”→“栅格化”→“文字”菜单命令，或者单击鼠标右键，在弹出的快捷菜单中选择“栅格化文字”命令。栅格化后的图层为图像图层，不可再进行文字的编辑，并且不可逆化为文字图层。

将文字转换为路径：选择文字图层，执行“图层”→“文字”→“创建工作路径”菜单命令。

将文字转换为形状：选择文字图层，执行“图层”→“文字”→“转换为形状”菜单命令。

8.2　案例 1　制作茶水消费单

1）案例分析

本案例，将为茶楼制作一份茶水消费单，您需要在给定的背景下添加文字，并设置其样式，包括对文字进行变形、沿路径创建文字。效果图如图 8.2.13 所示。

2）案例实现

(1) 执行“文件”→“打开”菜单命令（或者使用 Ctrl＋O 快捷键），打开素材图片“背景.psd”，如图 8.2.1 所示。

图 8.2.1

(2) 添加点文字:在"图层"面板中,选择"茶壶"图层。选择"直排文字工具"[T],并在选项栏中做如下设置,字体系列为"方正流行体简体";字体大小为"18 点""平滑""顶端对齐";字体颜色为绿色(#479939),如图 8.2.2 所示。

图 8.2.2

(3) 输入点文本。选择合适的位置,单击以设置插入点,并输入:"一饮涤昏寐,情思朗爽满天地;再饮清我神,忽如飞雨洒轻尘;三饮便得道,何须苦心破烦恼。"在文字中的分号后点击"Enter"键,将文字分为三段。

(4) 调整段落缩进,将鼠标定位在第二段,选择"段落"面板,第二段的"左缩进"设置为"28 点"。同样,将鼠标定位在第三段,第三段的"左缩进"设置为"56 点",效果如图 8.2.3 所示。

图 8.2.3

(5) 对输入的文字进行变形。在"文字选项栏"中,选择创建"变形文字",在"变形文字"对话框中,从"样式"下拉列表中选择"旗帜",并选中单选按钮"垂直"。将"弯曲"设置为+77%,"垂直扭曲"设置为-64%,单击"确定"按钮。点击[✓],提交当前编辑,如图 8.2.4 所示。

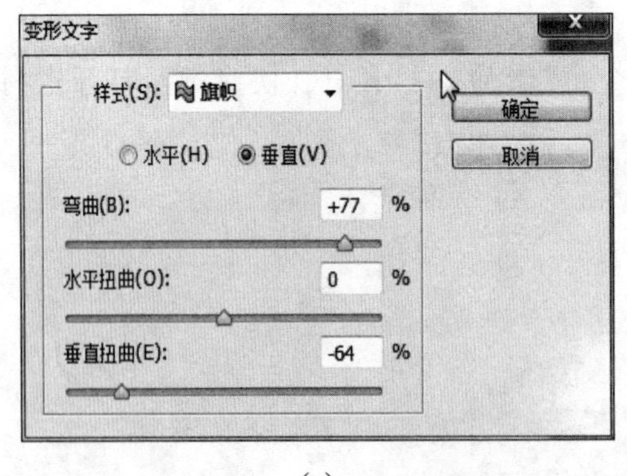

(a)

(b)

图 8.2.4

(6) 调整文字位置，使其位于图中茶壶嘴处，同时在“图层”面板中调整文字图层的“不透明度”为 30%。

(7) 添加来自注释中的段落文字。双击图像窗口右下角的黄色注释，打开“注释”面板，如图 8.2.5 所示。

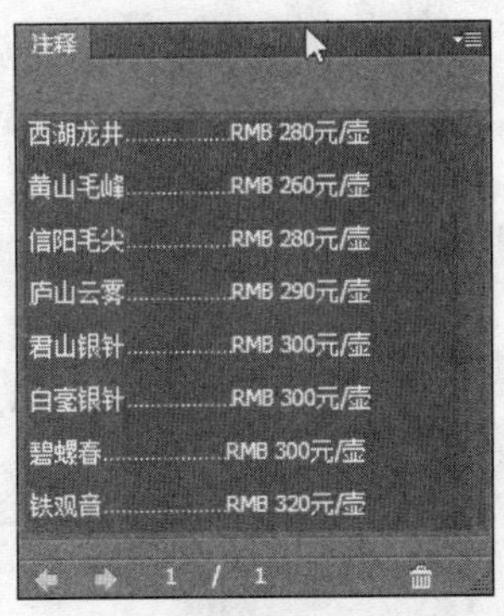

图 8.2.5

(8) 选择“注释”面板中所有文字，按下 Ctrl＋C 键将其复制到剪贴板，然后关闭“注释”面板。选择“横排文字工具”，在选项栏中设置，如图 8.2.6 所示。

图 8.2.6

(9) 在图中合适的位置拉出段落文本输入框，按下 Ctrl＋V 键，将剪贴板中的文字粘贴到文本框中，效果如图 8.2.7 所示。

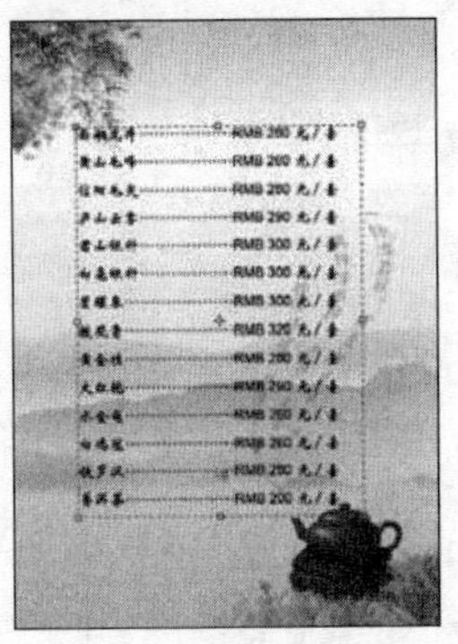

图 8.2.7

(10) 添加“茶水单”标题。打开素材中的“茶字.jpg”文件，利用魔棒工具选取图像复制到图 8.2.7 中，调整文本框的大小和位置。并为其添加图层样式为“投影”，设置“距离”为 7 像素，“扩展”为 11%，“大小”为 9 像素，其他参数不变，图层样式参数可参考图 8.2.8，点击确认。

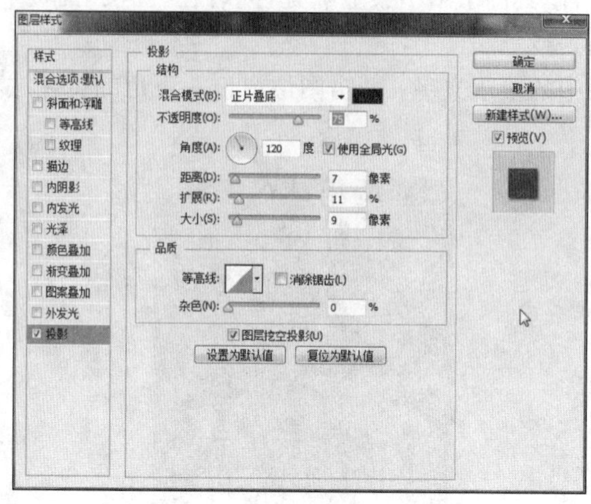

图 8.2.8

(11) 选择 “直排文字工具”,在“茶”字图片后输入文字“水单”。选中文字“水单”,在选项栏中做如下设置,字体系列为“方正流行体繁体”;字体大小为“45 点”“顶端对齐”;字体颜色为黑色,如图 8.2.9 所示。

图 8.2.9

(12) 选择“水单”文字图层,为其添加图层样式:“描边”“外发光”“投影”,图层样式参数设置可参考图 8.2.10、图 8.2.11 和图 8.2.12。添加标题后的效果如图 8.2.13 所示。保存文档为“茶水单. psd”。

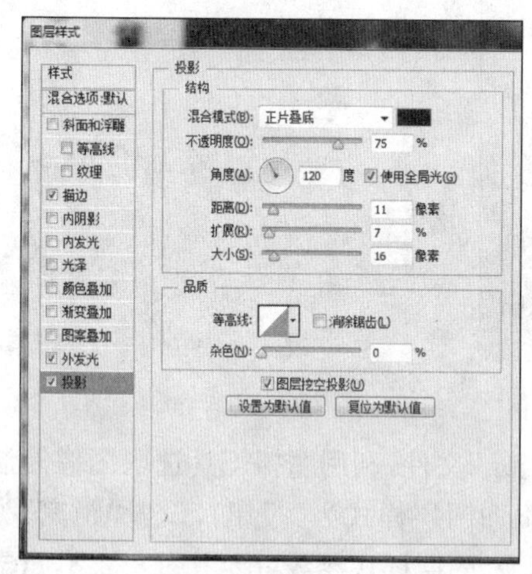

图 8.2.10

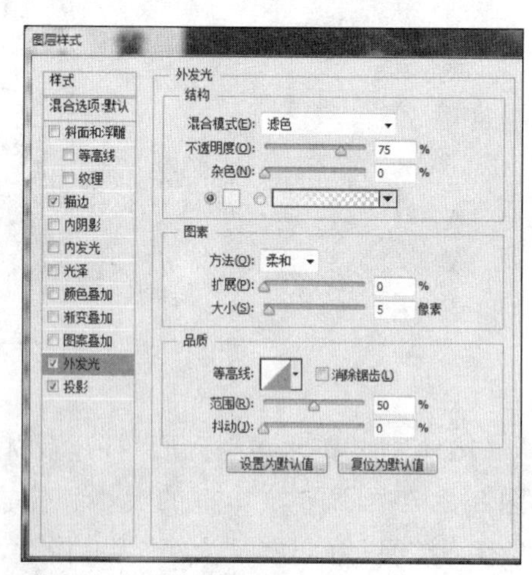

图 8.2.11

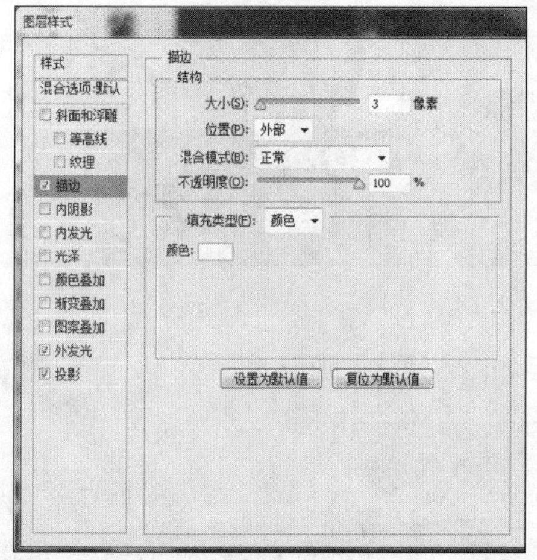

图 8.2.12

图 8.2.13

(13) 添加茶楼信息。打开素材中的"LOGO. psd"文件,在"logo"上面绘制一条半圆形路径,选择"横排文字工具",沿路径输入文字"听雨轩"。字体系列为"文鼎古印体繁体";字体大小为"90点""顶端对齐";字体颜色为深红色(#8e0811)。文字设置参考如图 8.2.14 所示。

图 8.2.14

(14) 将制作好的 logo 复制到"茶水单. psd"的左下角,调整大小,效果如图 8.2.16 所示。选择"横排文字工具",在 logo 后设置输入点,输入文本"人生如茶 品出百味"。文字样式如图 8.2.15 所示。效果如图 8.2.16 所示。

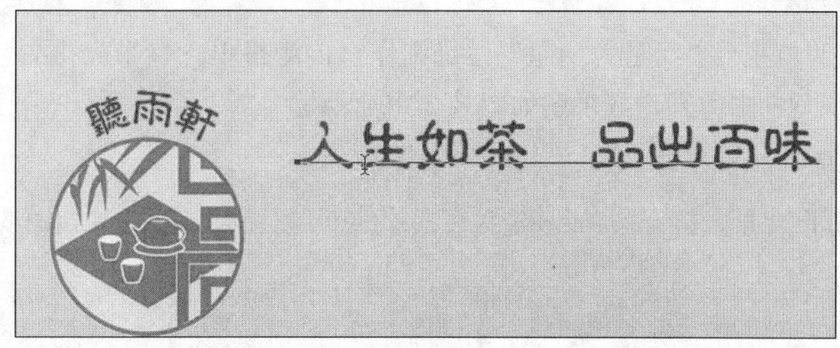

图 8.2.15

图 8.2.16

(15) 选择"横排文字工具",设置输入段落文本,输入茶楼地址及联系方式,文字样式如图 8.2.17 所示。文字内容及效果如图 8.2.18 所示。

图 8.2.17

图 8.2.18

(16) 至此,茶水消费单完成了,最终效果如图 8.2.19 所示。

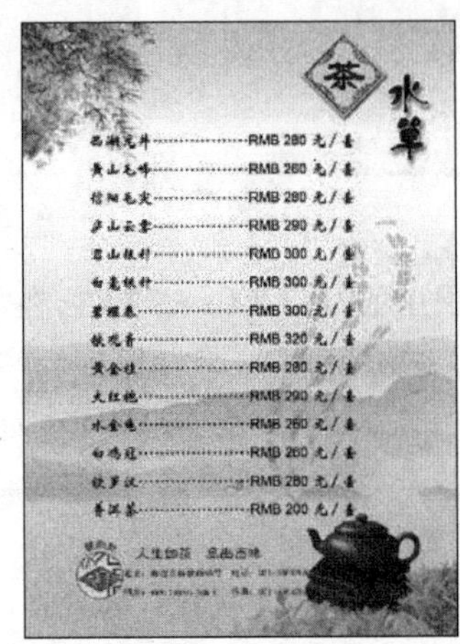

图 8.2.19

 8.3　案例 2　制作"我是大明星"比赛宣传海报

1) 案例分析

本案例,将为电视台"我是大明星"栏目制作宣传海报单。整个海报要求色彩搭配鲜明、主题明确、视觉冲击力强。效果图如图 8.3.19 所示。

2) 案例实现

(1) 制作海报背景。打开"背景.jpg",在图片的下部绘制工作路径,如图 8.3.1 所示。

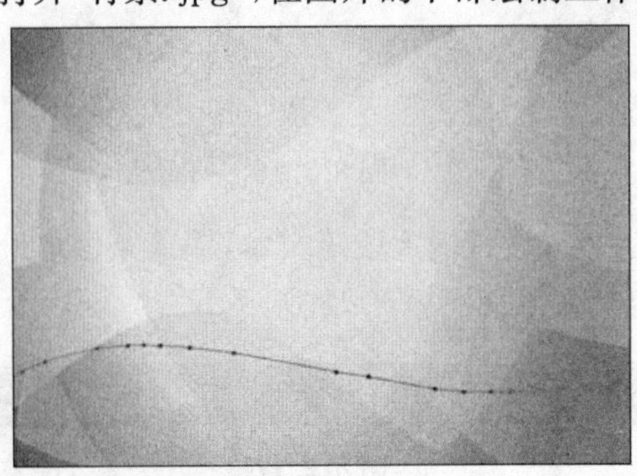

图 8.3.1

(2) 新建“图层 1”,将“工作路径”作为选区载入,设置前景色为绿色(＃a1c858),背景色为黄色(＃dfd905),选择渐变工具,径向渐变填充选区。

(3) 选择“工作路径”,垂直向下移动 2 厘米左右,新建“图层 2”,将“工作路径”作为选区载入,设置前景色为深绿色(＃031108),背景色为墨绿色(＃006b4b),选择渐变工具,径向渐变填充选区。效果如图 8.3.2 所示。将文件命名为“海报. psd”。

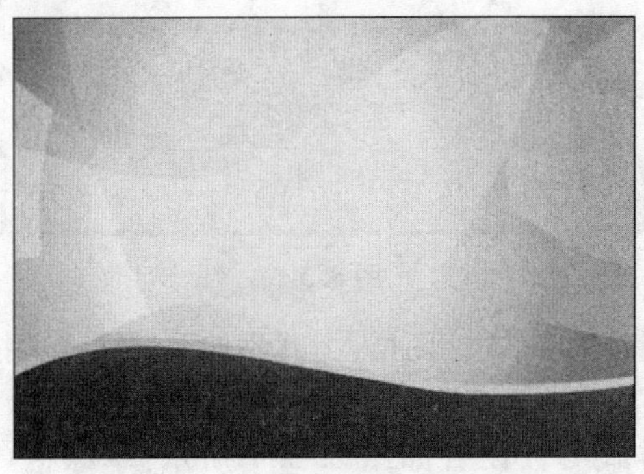

图 8.3.2

(4) 添加背景装饰。打开素材“花纹. psd”,将其移动到“海报. psd”中。图层命名为“花纹”。

(5) 打开素材“麦克风. jpg”,选取主体图像,移动到“海报. psd”中。图层命名为“麦克风”。

(6) 打开素材“喇叭. jpg”,选取主体图像,移动到“海报. psd”中。图层命名为“喇叭”。

(7) 复制“喇叭”图层,水平翻转,得到“喇叭 副本”图层。调整以上图层的位置,效果如图 8.3.3 所示。

图 8.3.3

(8) 添加广告文案。选择“横排文字工具”,在麦克风下部的位置,输入文字“我是大明星比赛”。在选项栏中的设置如图 8.3.4 所示。

方正大黑简体 61.2点 锐利

图 8.3.4

(9) 对输入的文字进行变形,参数设置如图 8.3.5 所示。

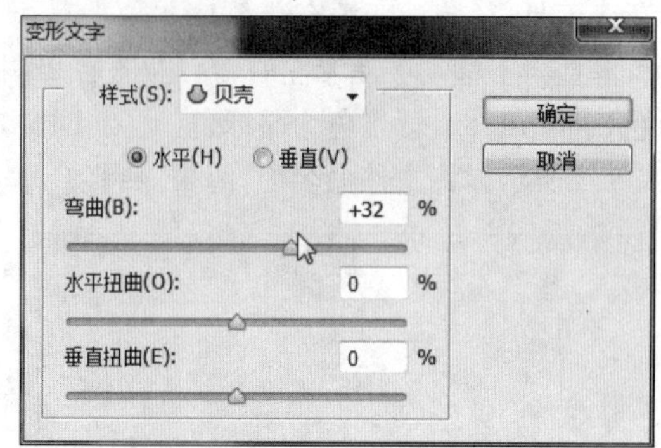

图 8.3.5

(10) 选择"我是大明星比赛"文字图层,为其添加图层样式:"描边"样式。参数设置如图 8.3.6所示:大小为 30 像素,"填充类型"选择"颜色",颜色为浅绿色(#d6e9c4)。

(11)"渐变叠加"样式参数设置如图 8.3.7 所示:草绿色(#00872e)、翠绿色(#6fba2c)。

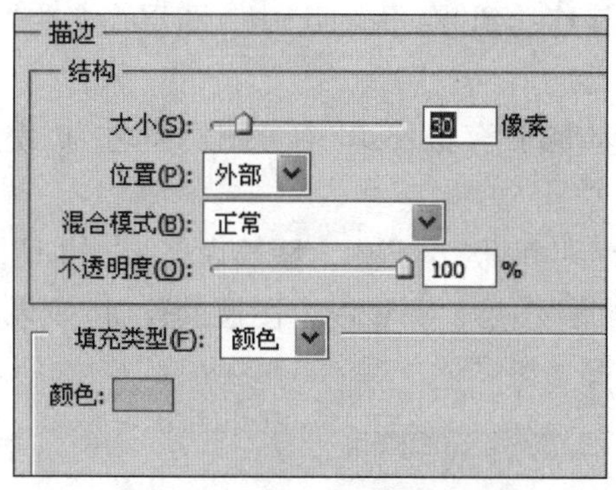

图 8.3.6

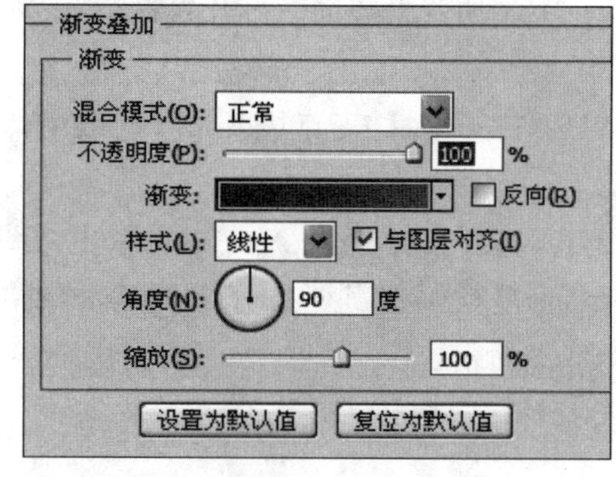

图 8.3.7

(12) 复制"我是大明星比赛"图层,得到"我是大明星比赛 副本"图层,修改、添加图层样式。"描边"样式参数设置如图 8.3.8 所示:大小为 17 像素,"填充类型"选择"颜色",颜色为白色(#ffffff)。"斜面和浮雕"样式参数设置如图 8.3.9 所示。

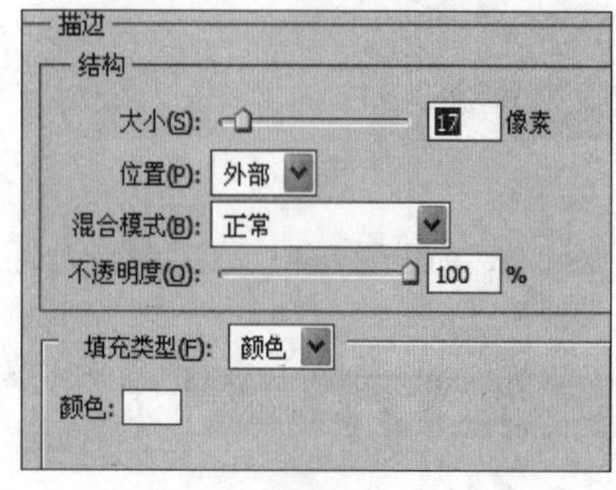

图 8.3.8

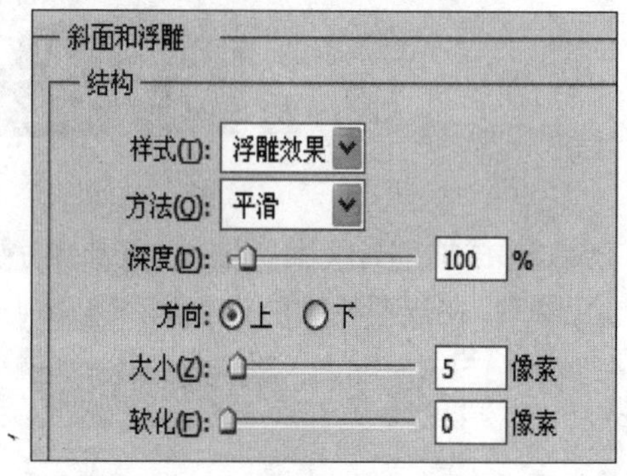

图 8.3.9

(13) 选择“横排文字工具”，在“我是大明星比赛”文字左上方，输入“雨轩杯”，在选项栏中的设置如图 8.3.10 所示。

图 8.3.10

(14) 选择“雨轩杯”文字图层，为其添加图层样式：“描边”样式。参数设置如图 8.3.11 所示：大小为 13 像素，在“字符”面板中设置“仿斜体”。“填充类型”选择“颜色”，颜色为绿色（＃008842）。在“字符”面板中设置“仿斜体”。

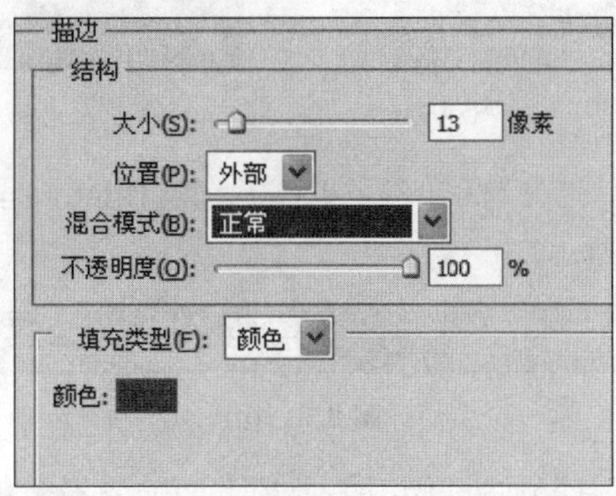

图 8.3.11

(15) 选择“横排文字工具”，在“我是大明星比赛”文字正下方，输入“挑战自我 你就是明星”，在选项栏中的设置如图 8.3.12 所示。

图 8.3.12

(16) 选择“挑战自我 你就是明星”文字图层，为其添加图层样式：“描边”样式。参数设置见图 8.3.13：大小为 12 像素，“填充类型”选择“颜色”，颜色为白色（＃ffffff）。

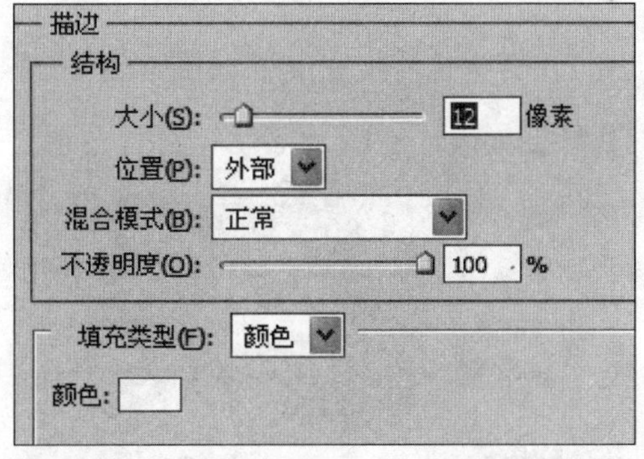

图 8.3.13

(17) 复制“挑战自我 你就是明星”文字图层，修改图层样式：“描边”。样式参数设置如图 8.3.14 所示：大小为 7 像素，“填充类型”选择“颜色”，颜色为暗绿色（＃007440）。添加广告文案后的效果见图 8.3.15。

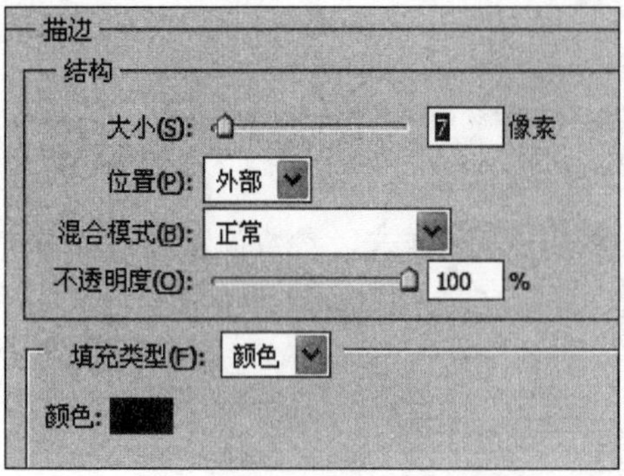

图 8.3.14

图 8.3.15

(18) 添加说明性文字。选择“横排文字工具”,在文档的下部输入:“开始报名啦!”在选项栏中的设置如图 8.3.16 所示。

图 8.3.16

(19) 选择“横排文字工具”,在“开始报名啦!”下面输入报名信息段落文本,在文字选项栏中的设置如图 8.3.17 所示。

图 8.3.17

(20) 选择“横排文字工具”,在右下角输入时间等信息段落文本活动,在文字选项栏中的设置如图 8.3.18 所示。

图 8.3.18

(21) 至此,“我是大明星”比赛宣传海报完成了,最终效果如图 8.3.19 所示。

图 8.3.19

 8.4　知识梳理

Photoshop 中可使用各种文字工具创建文字，文字的创建和设计是图像设计的基础范畴。

重要工具："文字工具""钢笔工具""字符"面板。

核心技术：美术字和段落文字的创建方法；字符的格式和段落格式的设置方法；变形文字的创建和栅格化文字图层的方法；路径文字的创建方法。

 8.5　能力训练

1）训练 1

制作印章，如图 8.5.1 所示。制作时需先新建一个图像文件，绘制参考线，使用椭圆工具绘制一个正圆，描边红色。绘制同心圆选区，转换为路径，沿路径录入文字。绘制红五星，然后使用横排文字工具在画面中输入文字，并在属性栏中设置字体属性。

2）训练 2

制作一个"校园歌手大赛"海报，如图 8.5.2 所示。制作时需先新建一个图像文件，分别添加各种所需的素材图像，然后使用横排文字工具在画面中输入文字，并设置不同的字体属性，制作的效果如图 8.5.2 所示。

图 8.5.1

图 8.5.2

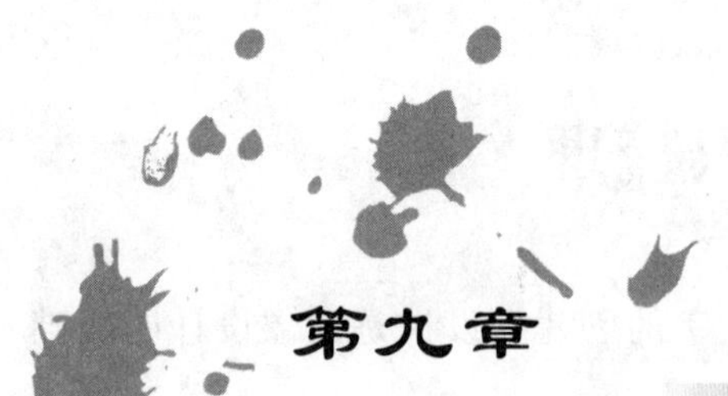

第九章　滤镜特效制作

Photoshop 中滤镜的使用非常神奇，利用滤镜可以修正美化图像，为图像添加纹理，让图片瞬间出现色彩丰富、形状陆离的特殊效果。熟练掌握 Photoshop CC 滤镜的操作，可以在短时间内创作出绚丽多姿的艺术作品。

9.1　知识储备

滤镜是 Photoshop CC 中功能最丰富，效果最奇特的工具之一，可以通过不同的方式改变位图的像素构成，达到对图像进行抽象、艺术化的特殊处理效果。

1）滤镜的使用方法

在 Photoshop CC 中提供了上百种的滤镜，这些滤镜经过分组归类后放在“滤镜”菜单中，如图 9.1.1 所示。通过执行“滤镜”菜单，可以选择不同的滤镜效果对图像进行特殊效果的处理，还能够模拟各种绘画效果，例如素描、油画、水彩等效果，而不必执行复杂的操作。

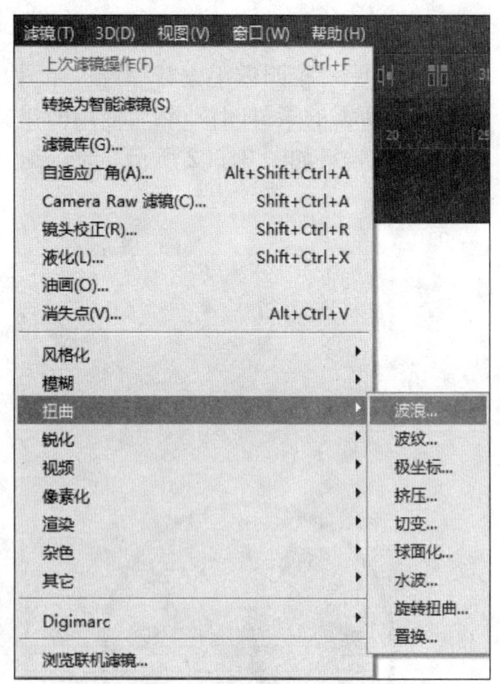

图 9.1.1

执行“文件”→“打开”菜单命令（或者使用 Ctrl+O 快捷键），打开素材图片“风景. jpg”，执行“滤镜”→“镜头校正”菜单命令，打开“镜头校正”对话框，单击对话框右侧的“自定义”选项卡，在其中进行一系列的参数修改，并在左侧窗口中预览设置后的效果，设置完成后单击“确定”按钮即可，如图 9.1.2 所示。

图 9.1.2

虽然 Photoshop 中自带的滤镜高达一百多种，但是对于大多数设计师而言，常用的滤镜种类并不多。因此，我们只需了解滤镜的种类和各个滤镜的功能即可，在实际应用时可参考 Photoshop 的帮助文件。

2）滤镜的分类

Photoshop CC 的滤镜大致可分为两类：内置滤镜和外挂滤镜。

(1) 内置滤镜：是指安装 Photoshop 时，安装程序自动安装在 Plug-in 目录下的那些滤镜。内置滤镜又分为两类，破坏性滤镜和校正性滤镜。Photoshop 中大多数的内置滤镜都属于破坏性滤镜，这些滤镜的效果非常明显，有时会把图像处理得面目全非，产生无法恢复的修改，这样的滤镜有：风格化、画笔描边、扭曲、素描、纹理、像素化、渲染等滤镜；而校正性滤镜主要是针对一些图像进行校正和修饰，包括改变图像的焦距、颜色深度、柔化、锐化图像等，校正性滤镜包括：模糊、锐化、杂色滤镜等。

(2) 外挂滤镜：是指除内置滤镜以外，由第三方厂商为 Photoshop 生产的滤镜，此类滤镜需用户单独下载购买，安装后才能使用，下载完成后将其安装至"\Adobe\Adobe Photoshop CC\Plug-ins"目录中，在 Photoshop 软件的"滤镜"菜单下方即可找到。

外挂滤镜不仅种类繁多，而且功能强大，并不断升级与更新。著名的外挂滤镜有 Meta Creations 公司生产的 KPT 系列滤镜，以及 Alien Skin 公司的 Eye Candy 4000 和 Xenofex 滤镜，它们可以创造出内置滤镜无法实现的神奇效果，备受广大 Photoshop 爱好者的欢迎。

3）滤镜的使用技巧

(1) 在"滤镜库"或任意滤镜的对话框中，按住 Alt 键，"取消"按钮将变成"复位"按钮，单击它可以将参数恢复到初始状态。在使用滤镜处理图像的过程中，如果想要终止滤镜，可以按 Esc 键。在应用滤镜处理图像以后，如果想要撤销操作，则可按 Ctrl＋Z 快捷键。

(2) Photoshop CC 中文版执行一个滤镜命令后，"滤镜"菜单的第一行便会出现该滤镜的名称，如图 9.1.3 所示，单击或使用 Ctrl＋F 快捷键可以快速应用这一滤镜。如果要对该滤镜的参数做出调整，可以使用 Ctrl＋Alt＋F 快捷组合键，打开滤镜的对话框重新进行参数设置。

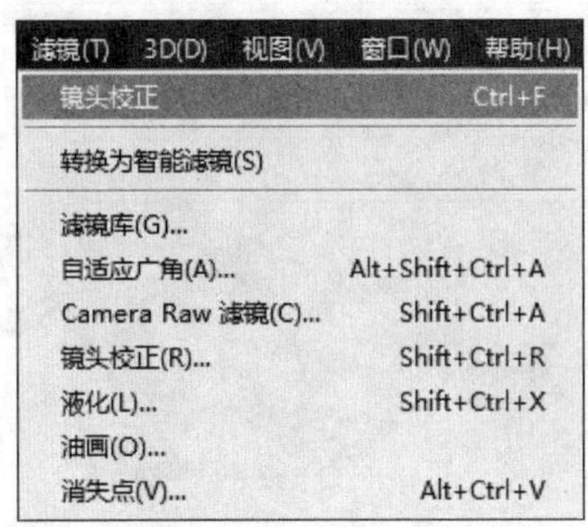

图 9.1.3

(3) Photoshop CC 渐隐滤镜，使用 Photoshop 滤镜处理图像以后，可执行"编辑"→"渐隐"菜单命令(或者使用 Shift+Ctrl+F 快捷键)，来修改滤镜效果的混合模式和不透明度。渐隐命令必须是在进行了 Photoshop 滤镜操作以后立即执行，如果这中间又进行了其他操作，则无法执行该命令。

4) 滤镜库——图片的多种奇特效果

Adobe Photoshop CC"滤镜库"是整合了多个常用滤镜组而设置的对话框。利用 Photoshop CC"滤镜库"可以累积应用多个滤镜或多次应用单个滤镜，还可以重新排列滤镜或更改已应用的滤镜设置。下面我们通过一个案例来看一下滤镜库如何使用及其效果：

(1) 执行"文件"→"打开"菜单命令(或者使用 Ctrl+O 快捷键)，打开素材图片"撑伞的小姑娘.jpg"，如图 9.1.4 所示。

(2) 使用 Photoshop CC 工具箱中"快速选择工具"创建选区，如图 9.1.5 所示。

图 9.1.4

图 9.1.5

(3) 在 Photoshop CC 菜单栏，执行"滤镜"→"滤镜库"菜单命令，打开"滤镜库"对话框。在滤镜库对话框中提供了风格化、扭曲、画笔描边、素描、纹理和艺术效果 6 组滤镜，如图 9.1.6所示。

风格化
画笔描边
扭曲
素描
纹理
艺术效果

图 9.1.6

(4) 单击“艺术效果”滤镜类别，打开该滤镜类列表。单击“彩色铅笔”滤镜图标，对话框右侧出现当前选择滤镜参数选项；设置参数对话框，对话框左侧将出现应用滤镜后的 Photoshop CC 图像预览效果，具体设置如图 9.1.7 和图 9.1.8 所示。

图 9.1.7

图 9.1.8

(5) 同样，我们可以得到滤镜库内的其他效果，部分效果如图 9.1.9 所示。

(a) 粉笔和炭笔

(b) 风格化照亮边缘

(c) 玻璃

(d) 绘画笔

(e) 网状

(f) 塑料包装

(g) 烟灰墨

(h) 彩色铅笔

(i) 油画

(j) 阴影线

(k) 影印

(l) 喷色描边

(m) 扩散光亮

(n) 绘画涂抹

图 9.1.9

9.2　案例 1　美丽改变脸型

1) 案例分析

案例使用滤镜/液化等工具调整脸型，让自己拥有一张完美的照片。

2) 案例实现

(1) 执行“文件”→“打开”菜单命令(或者使用 Ctrl+O 快捷键)，打开素材图片“人物.jpg”，如图 9.2.1 所示。使用 Ctrl+J 快捷键复制背景图层，生成“人物”图层的副本“背景 拷贝”图层，如图 9.2.2 所示。

图 9.2.1

图 9.2.2

(2) 选择“背景 拷贝”图层，执行“滤镜”→“液化”菜单命令，如图 9.2.3 所示。

(3) 选择左上角第一个“向前变形”工具，并在右侧工具选项调整画笔大小，选择合适的画笔，如图 9.2.4 所示。

滤镜(T) 3D(D) 视图(V) 窗口(W) 帮助(H)
液化 Ctrl+F
转换为智能滤镜(S)
滤镜库(G)...
自适应广角(A)... Alt+Shift+Ctrl+A
Camera Raw 滤镜(C)... Shift+Ctrl+A
镜头校正(R)... Shift+Ctrl+R
液化(L)... Shift+Ctrl+X
油画(O)...
消失点(V)... Alt+Ctrl+V

图 9.2.3

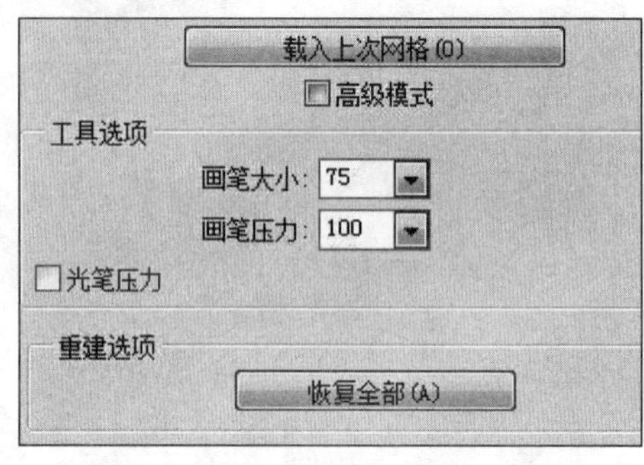

图 9.2.4

(4) 可以用 Ctrl＋＋键放大图片，以便进行细节调整，用画笔点选需要调整的位置，小幅度拖拽得到自己想要的脸型。进行操作的时候幅度不要过大，以免破坏脸型，另外及时进行总体把控，不要沉溺于局部，注意整体的自然形态，不宜与原图相差过大，最终效果如图 9.2.5所示。

(a)

(b)

图 9.2.5

9.3 案例 2 风雪特效

1) 案例分析

案例中使用“滤镜”的“点状化”“模糊”等命令制作风雪特效，你可以自如地将任意一张图片转化为美丽的雪景。

2) 案例实现

(1) 执行“文件”→“打开”菜单命令(或者使用 Ctrl＋O 快捷键)，打开素材图片“老虎.jpg”，如图 9.3.1 所示。使用 Ctrl＋J 快捷键复制背景图层，生成背景图层的副本“背景 拷贝”图层，如图 9.3.2 所示。

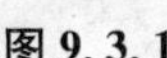
图 9.3.1

图 9.3.2

(2) 选中“背景 拷贝”图层,执行“滤镜”→“像素化”→“点状化”菜单命令,打开“点状化”对话框,设置数值,如图 9.3.3 所示,点击确定。

(3) 选中“背景 拷贝”图层,执行“滤镜”→“模糊”→“动感模糊”菜单命令,打开“动感模糊”对话框,调整相关的属性值,如图 9.3.4 所示。

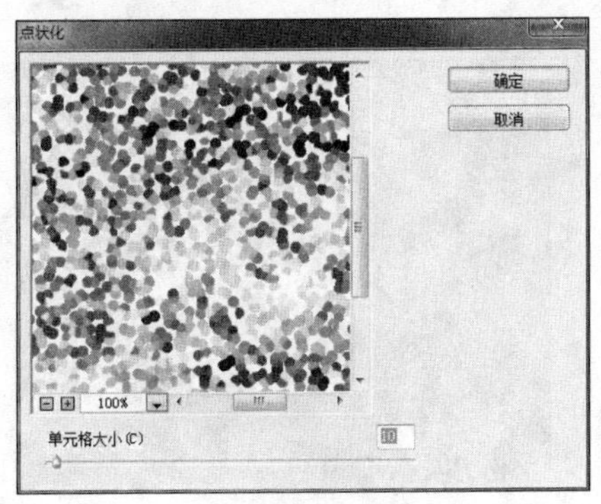

图 9.3.3

图 9.3.4

(4) 执行“图像”→“调整”→“去色”菜单命令,给“背景 拷贝”图层去色,如图 9.3.5 所示。

(5) 继续在“背景 拷贝”图层上执行“图像”→“调整”→“亮度/对比度”菜单命令,打开“亮度/对比度”对话框,调整相关的属性值,如图 9.3.6 所示。

图 9.3.5

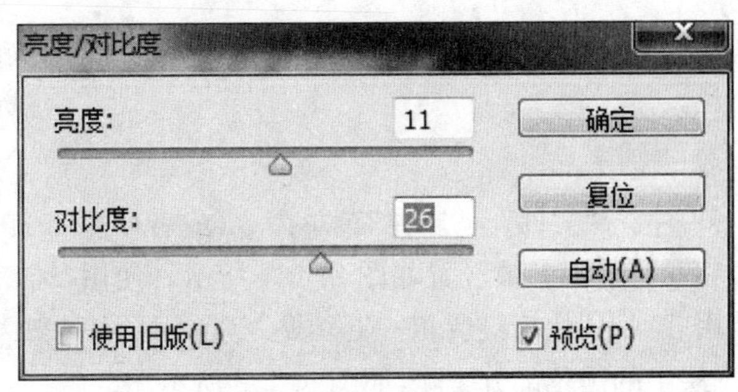

图 9.3.6

(6) 选择图层的混合模式，选为“滤色”模式，如图 9.3.7 所示。

(7) 选中“背景”图层，执行“图像”→“调整”→“色阶”菜单命令，调整相关的属性值，如图 9.3.8所示，增加图像色彩的对比度。

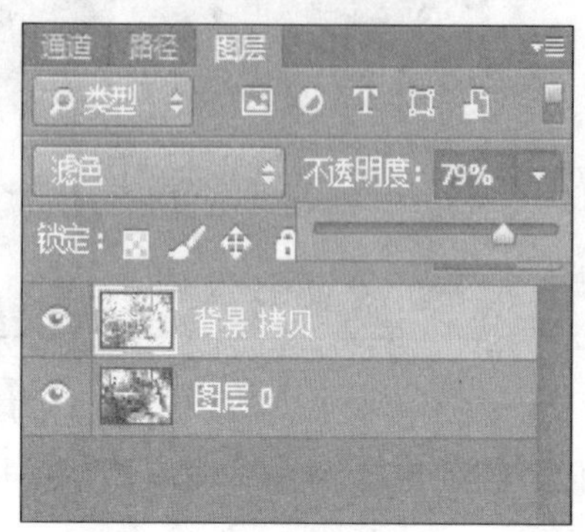

图 9.3.7

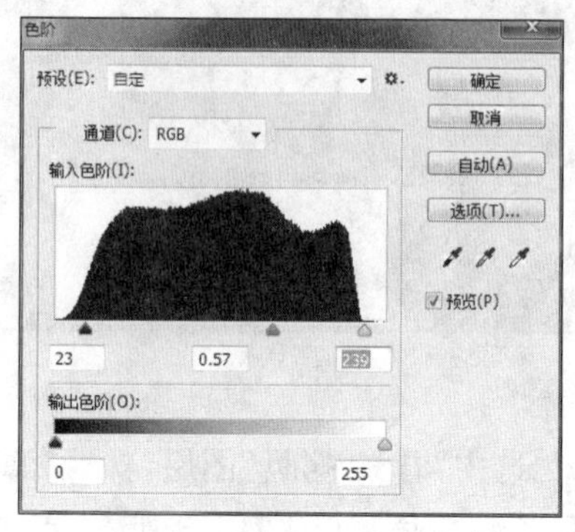

图 9.3.8

(8) 最后选择“背景 拷贝”图层，调整“不透明度”值，如图 9.3.9 所示。最终效果如图 9.3.10 所示。

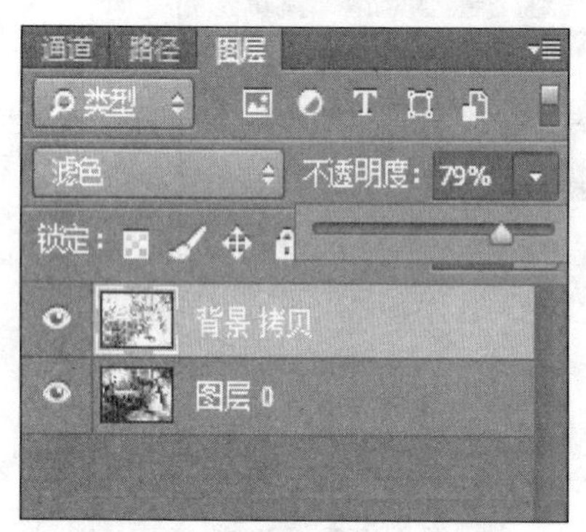

图 9.3.9

图 9.3.10

 9.4 案例 3 火焰背景

1) 案例分析

案例中使用滤镜/风格化、扭曲等命令绘制出飘逸的羽毛形象，让大家对滤镜的认识更加广泛。

2) 案例实现

(1) 执行“文件”→“新建”菜单命令(或者使用 Ctrl+N 快捷键)，创建一个名称为“燃烧的迈克”的文件，参数设置如图 9.4.1 所示。使用“油漆桶工具”将背景颜色填充为黑色(或者使用 Ctrl+I 快捷键反相一下)，导入素材图片“跳舞.jpg”，调整图片的位置和大小，将“跳舞”图层中的黑色部分去除，如图 9.4.2 所示。

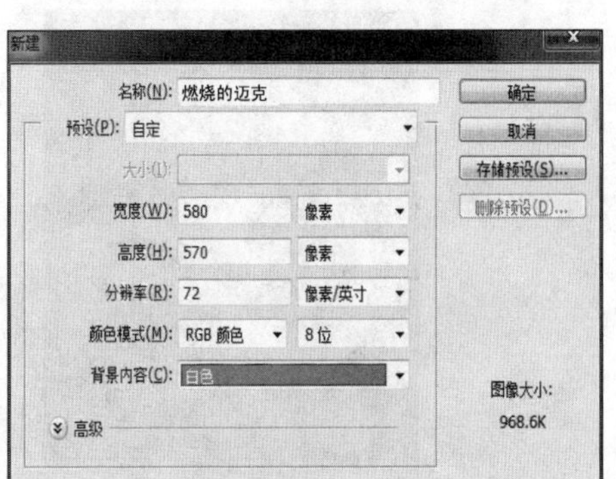

图 9.4.1

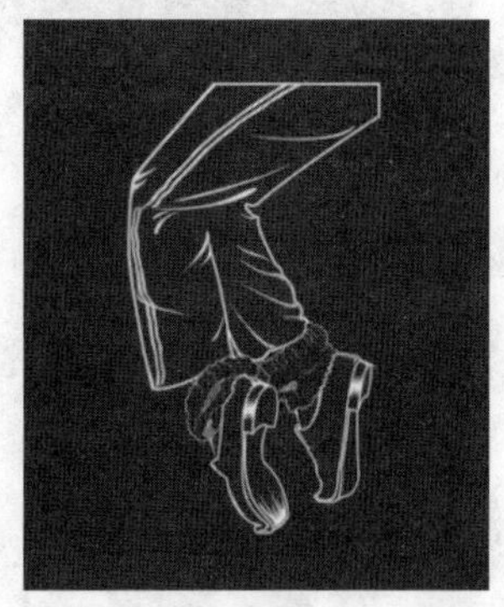

图 9.4.2

(2) 选中新产生的图层,并为图层添加“外发光”图层样式,发光效果的色彩为红色(＃f70300),具体参数及效果如图 9.4.3 和图 9.4.4 所示。

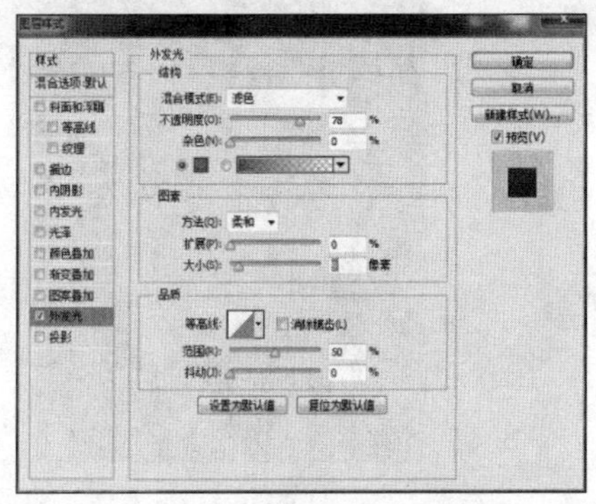

图 9.4.3

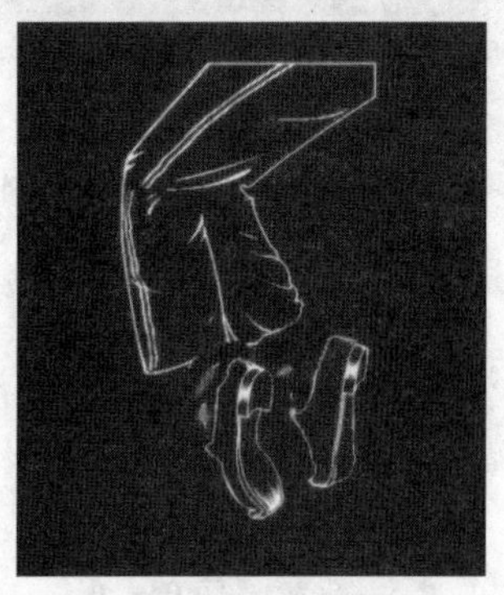

图 9.4.4

(3) 为图层添加“颜色叠加”图层样式,颜色叠加效果的色彩为黄褐色(＃cd7e2e),为后期能更好地调节颜色做准备,具体参数及效果如图 9.4.5 和图 9.4.6 所示。

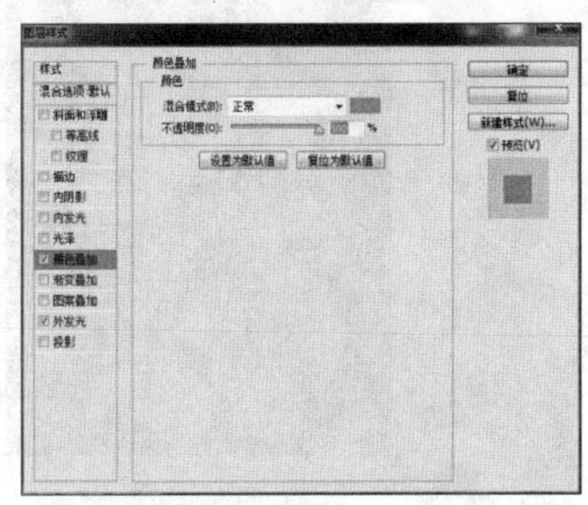

图 9.4.5

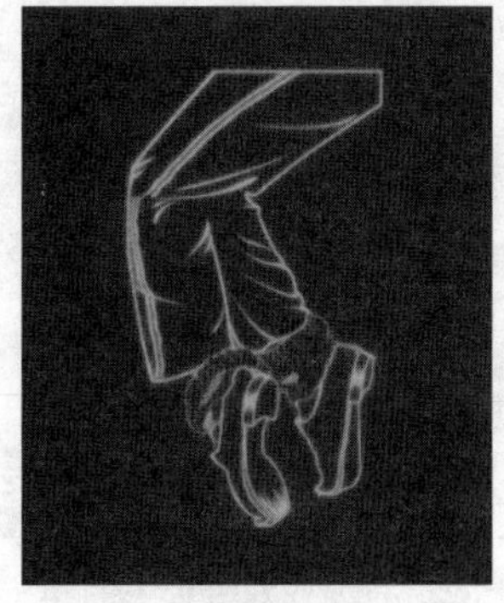

图 9.4.6

(4) 为图层添加“内发光”图层样式,对素材添加内发光效果的颜色为土黄色(＃e5c23b),增加整体的通透效果,具体参数及效果如图 9.4.7 和图 9.4.8 所示。

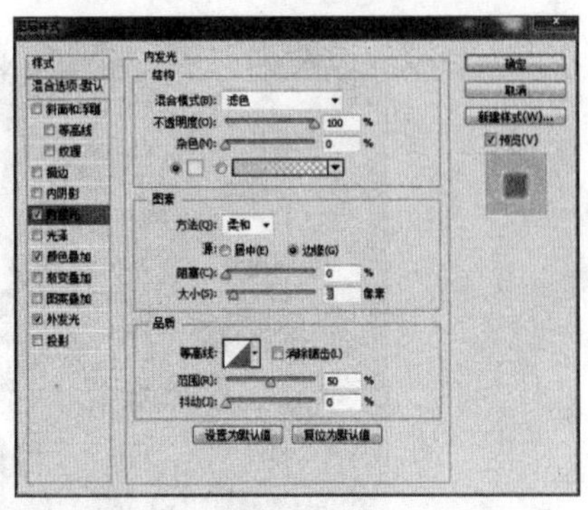

图 9.4.7

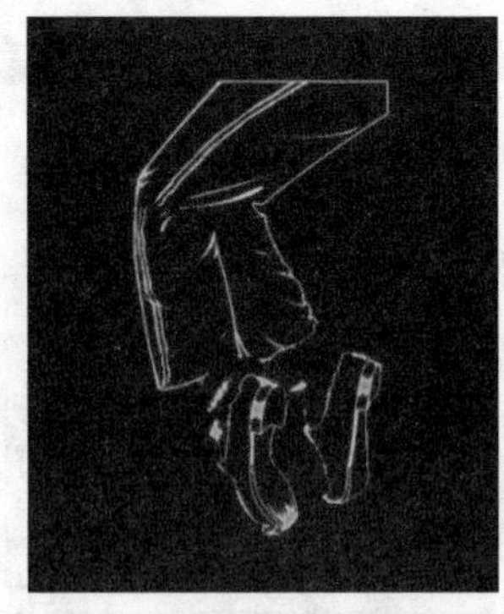

图 9.4.8

(5) 为图层添加"光泽"图层样式，对素材添加光泽效果的色彩为暗红色(#872d0f)，具体参数及效果如图 9.4.9 和图 9.4.10 所示。

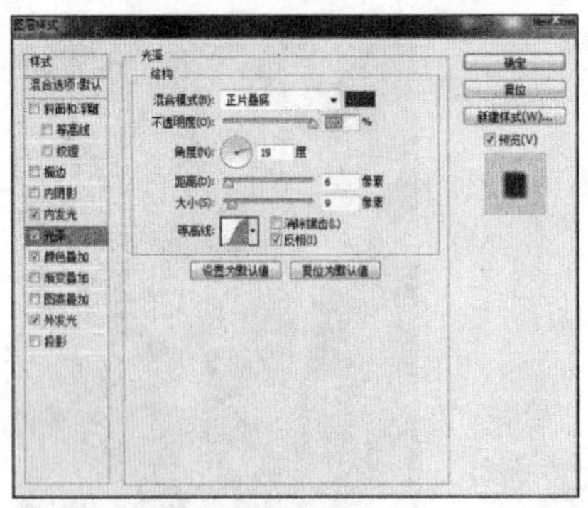

图 9.4.9

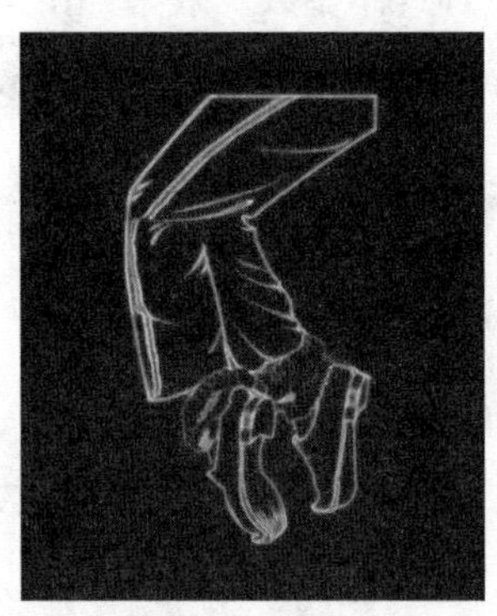

图 9.4.10

(6) 执行"滤镜"→"液化"菜单命令，利用液化的向前变形工具，把画笔调整到合适的大小开始对一些主要的地方进行扭曲，具体参数及效果如图 9.4.11 图和 9.4.12 所示。

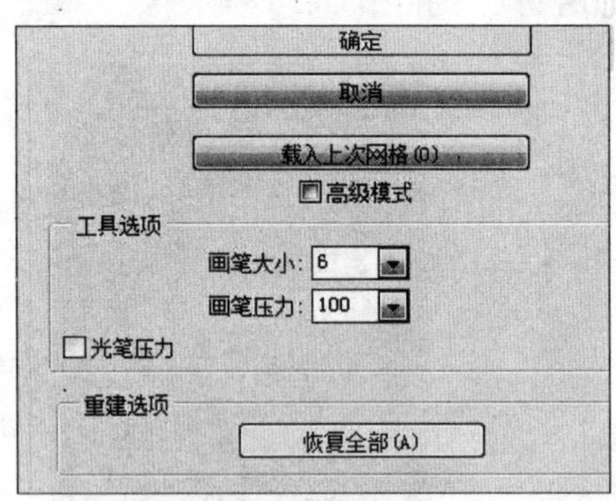

图 9.4.11

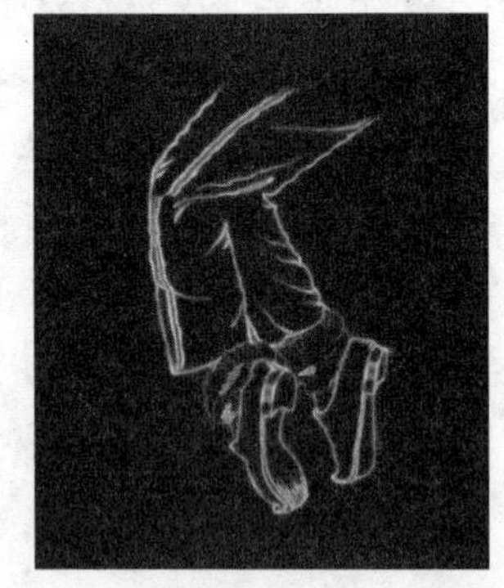

图 9.4.12

(7) 打开火焰素材，进入通道面板，选择红色层。Ctrl+左键点击红色层载入高光区。回到图层面板，适用移动工具，将选中的区域移动到刚才的文字文件中，将火焰置于文字层上方，如图 9.4.13 所示。

(8) 导入火焰素材，选择图层混合模式中的"滤色"模式，把合适的火焰放在合适的位

置,多余的可以用蒙版遮掉。在添加的过程中,要一点点地把合适的火焰叠加上去,效果就出来了,具体效果如图 9.4.14 所示。

(9) 调节细节部分,让整体的效果更加自然融合。执行“文件”→“存储为”菜单命令(或者使用 Ctrl+Shift+S 快捷键),弹出“另存为”对话框,将默认的“燃烧的迈克. psd”文件格式修改为“燃烧的迈克. jpg”格式,最终效果如图 9.4.15 所示。

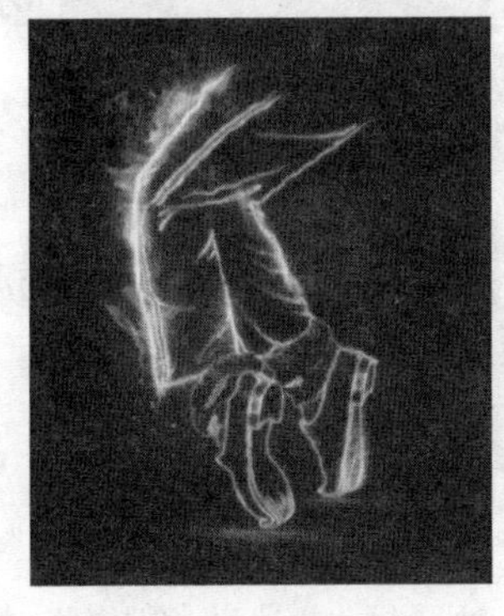

图 9.4.13

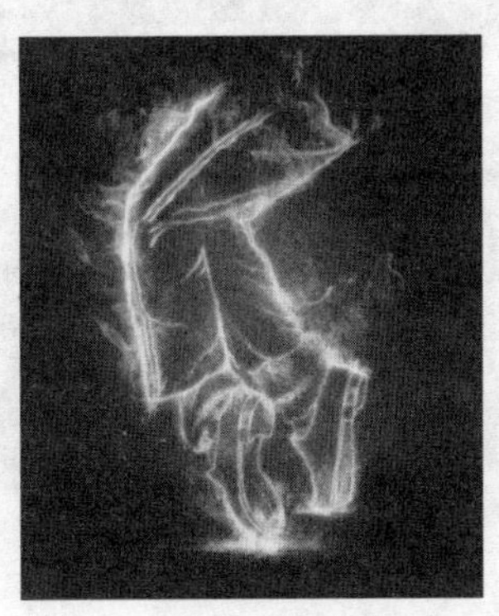

图 9.4.14

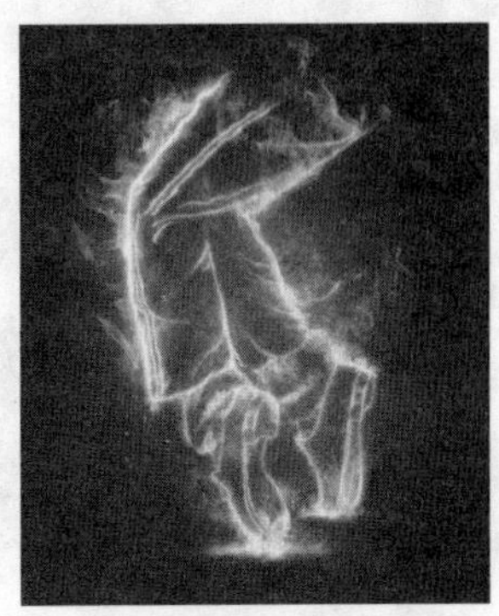

图 9.4.15

9.5　案例 4　飘逸的羽毛

1) 案例分析

案例中使用滤镜/风格化、扭曲等命令绘制出飘逸的羽毛形象,让大家对滤镜的认识更加广泛。

2) 案例实现

(1) 执行“文件”→“新建”菜单命令(或者使用 Ctrl+N 快捷键),创建一个名称为“飘逸的羽毛”的文件,具体设置如图 9.5.1 所示。新建后,把背景颜色设为黑色(或者按快捷键 Ctrl+I 反相一下),效果如图 9.5.2 所示

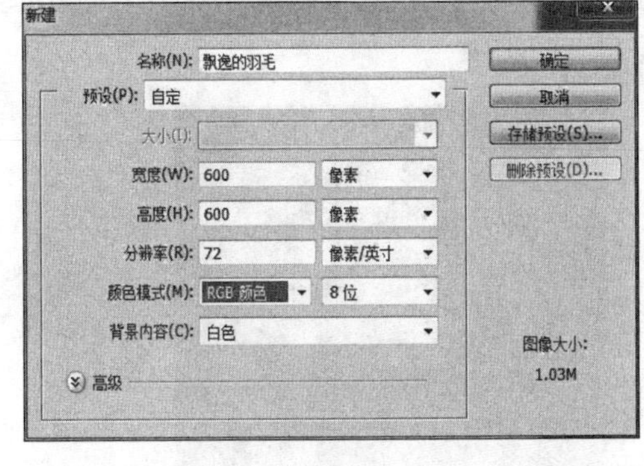

图 9.5.1

图 9.5.2

(2) 执行“文件”→“新建”菜单命令(或者使用 Ctrl+Shift+N 快捷键),新建一个图层,

名为“图层 1”，如图 9.5.3 所示。然后点击“矩形选框工具”，绘制出一个矩形，绘制完成后点击右键，在弹出的菜单中选择“羽化”命令，羽化半径为 4 像素，如图 9.5.4 所示。羽化完成后再次点击右键，执行“填充”命令，填充色为白色。填充后我们执行右键菜单命令“取消选择”（或者按 Ctrl+D 快捷键）退出选区。效果如图 9.5.5 所示。

图 9.5.3

图 9.5.4

图 9.5.5

（3）执行“滤镜”→“风格化”→“风”菜单命令，打开“风”面板对话框，方法选择“风”，方向为“从左”。参数设置如图 9.5.6 所示，效果如图 9.5.7 所示。

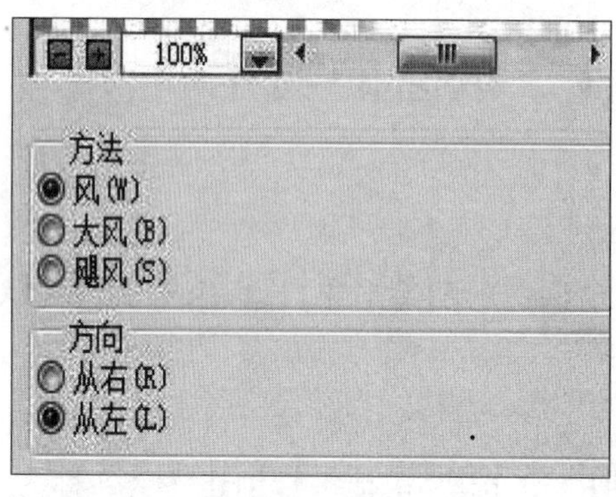

图 9.5.6

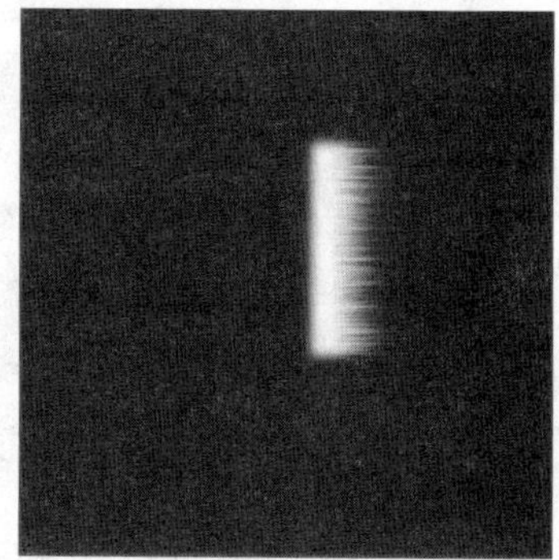

图 9.5.7

（4）执行多次“风”命令（或者使用 Ctrl+F 快捷键），效果如图 9.5.8 所示。

（5）执行“编辑”→“自由变换”菜单命令（或者使用 Ctrl+T 快捷键），把风吹出来的效果调节一下，并旋转 90 度，效果如图 9.5.9 所示。

图 9.5.8

图 9.5.9

(6) 执行“滤镜”→“扭曲”→“极坐标”菜单命令，在弹出的“极坐标”对话框面板中选择“极坐标到平面坐标”，如图 9.5.10 和图 9.5.11 所示。将得到的图形适当调整一下位置，并执行“编辑”→“自由变换”菜单命令(或者按 Ctrl＋T 快捷键)，最终效果如图 9.5.12 所示。

图 9.5.10

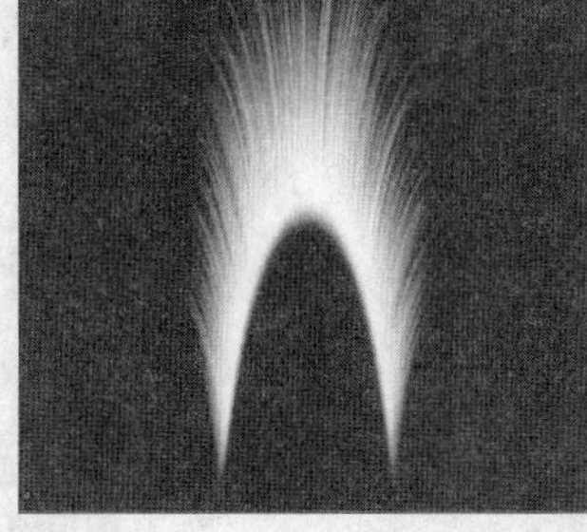

图 9.5.11

图 9.5.12

(7) 点击使用“矩形选框工具”，画出一个矩形，如图 9.5.13 所示，点击右键，在弹出的菜单中选择“反向选择”命令，然后按 Delete 键删除选中的区域，效果如图 9.5.14 所示。

图 9.5.13

图 9.5.14

(8) 选中“图层 1”，按 Ctrl＋J 键复制得到“图层 1 拷贝”图层，选中“图层 1 拷贝”图层，执行“编辑”→“变换”→“水平翻转”菜单命令，将翻转后的图形适当调整一下位置，如图 9.5.15 所示。最后，按住 Ctrl 键选中“图层 1”“图层 1 拷贝”，右击选择“合并图层”，如图 9.5.16 所示。

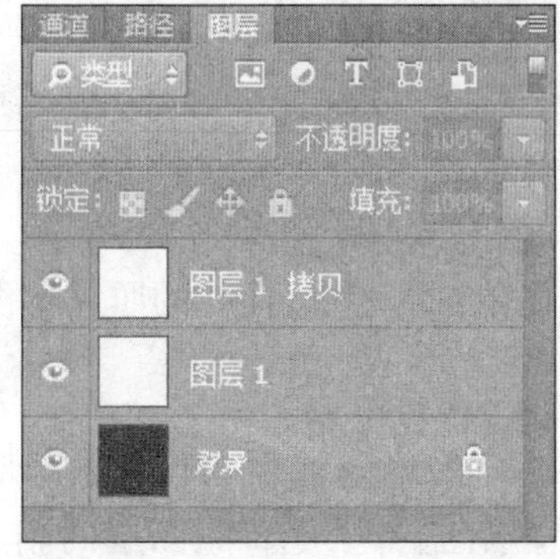

图 9.5.15

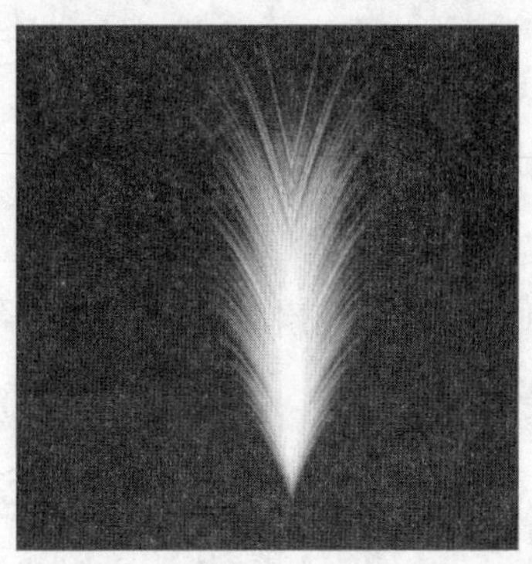

图 9.5.16

(9) 执行"文件"→"新建"命令(Ctrl+Shift+N 快捷键),新建一个图层,名为"色彩",把图层混合模式设为"颜色",然后使用"渐变工具",将设置好的渐变颜色添加到图层上,得到的效果如图 9.5.17 和图 9.5.18 所示。

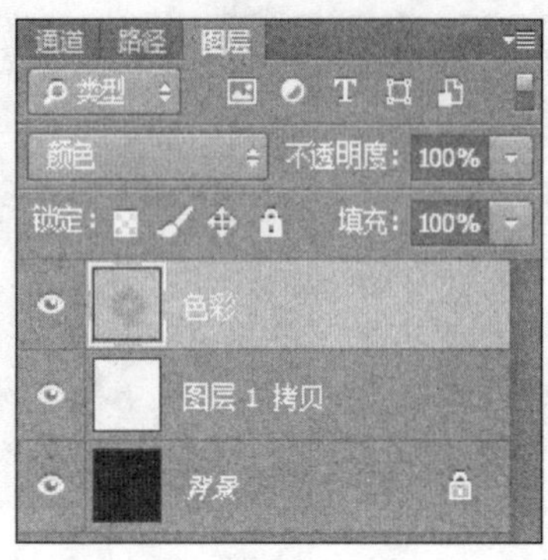

图 9.5.17

图 9.5.18

(10) 为增加羽毛的飘逸感,我们可以执行"滤镜"→"扭曲"→"切变"菜单命令,在"切变"弹出窗口中拉动曲线,让羽毛有一定的弯曲度。曲线拉动及最终效果如图 9.5.19、图 9.5.20和图 9.5.21 所示。

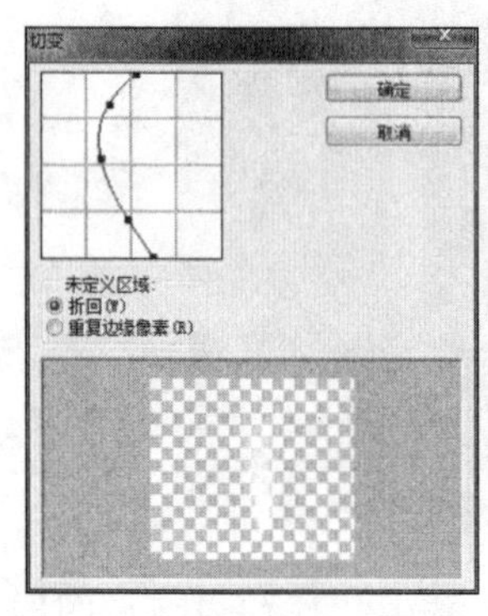

图 9.5.19

图 9.5.20

图 9.5.21

9.6 案例 5 创建艺术相框

1) 案例分析

案例使用滤镜/像素画、碎片、锐化等工具制作出精美的相框,让你的照片不再单调。

2) 案例制作

(1) 执行"文件"→"打开"菜单命令(或者使用 Ctrl+O 快捷键),打开素材图片"美女.jpg",如图 9.6.1 所示。使用 Ctrl+J 快捷键复制背景图层,生成背景图层的副本"背景 拷贝"图层,用矩形选框工具,画一个比图片小点的选区,如图 9.6.2 所示。

图 9.6.1

图 9.6.2

(2) 执行"选择"→"在快速蒙版模式下进行编辑"菜单命令(或者使用快捷键 Q),进入快速蒙版,然后执行"滤镜"→"像素化"→"色彩半调"菜单命令,在弹出的"色彩半调"对话框中,具体参数设置如图 9.6.3 所示,执行色彩半调滤镜后效果如图 9.6.4 所示。

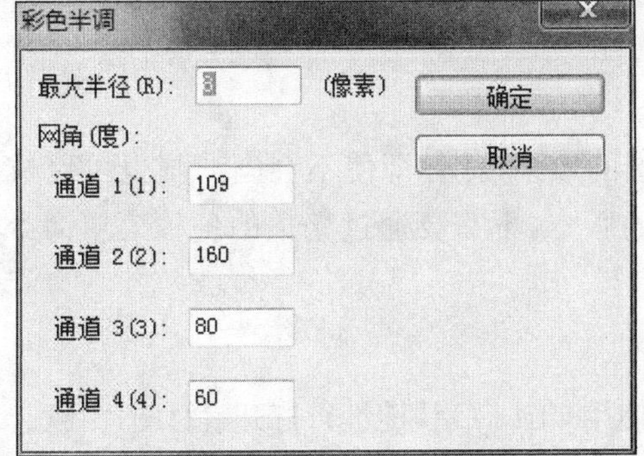

图 9.6.3

图 9.6.4

(3) 执行"滤镜"→"像素化"→"碎片"菜单命令,再执行"锐化"命令三次,效果如图 9.6.5 所示。

图 9.6.5

(4) 按 Q 键退出快速蒙版,回到选区,然后按 Ctrl+Shift+I 快捷键反选,删除图像,效果如图 9.6.6 所示。最后给图片描边,执行"编辑"→"描边"菜单命令,在弹出的"描边"设置窗口中进行参数设置，具体设置如图 9.6.7 所示，得到的最终效果如图 9.6.8 所示。

图 9.6.6

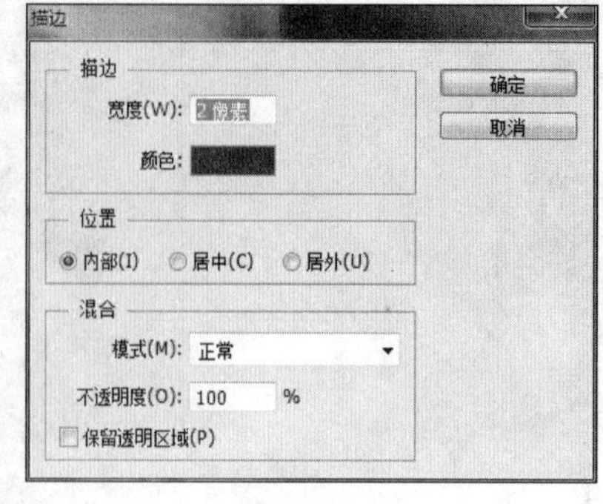

图 9.6.7

图 9.6.8

 9.7 案例 6 制作油画效果

1）案例介绍

案例使用滤镜/油画工具绘制出类似油画的效果，让你即使不会画油画也可以成为“大师”。在 Photoshop CC 版本中，相较于以前的版本，不需要通过繁琐的各种菜单命令，可直接通过“滤镜”菜单中的“油画”命令完成效果。

2）案例实现

(1) 执行“文件”→“打开”菜单命令(或者使用 Ctrl+O 快捷键)，打开素材图片“秋天.jpg”，如图 9.7.1 所示。使用 Ctrl+J 快捷键复制背景图层，生成背景图层的副本“背景 拷贝”图层，如图 9.7.2 所示。

图 9.7.1

图 9.7.2

(2) 执行“滤镜”→“油画”菜单命令，打开“油画”对话框进行参数设置，如图 9.7.3 所示。

(3) 通过不断修改参数，最终效果如图 9.7.4 所示。

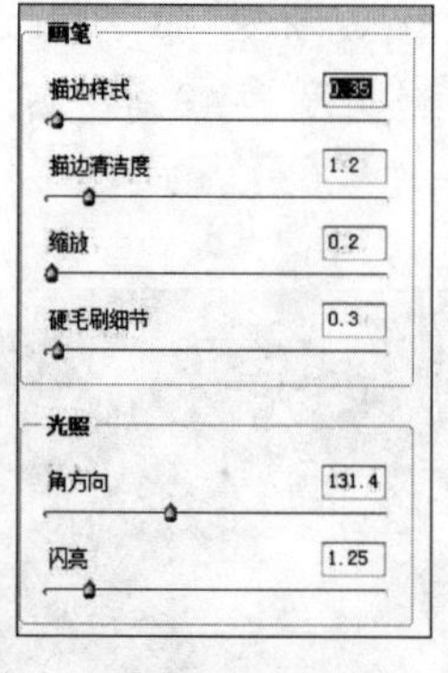

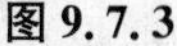
图 9.7.3

图 9.7.4

(4) 执行“文件”→“打开”菜单命令(或者使用 Ctrl＋O 快捷键),打开素材图片“油画框.jpg”,将其放置“背景”图层的下面,最终效果如图 9.7.5 所示。

图 9.7.5

9.8　知识梳理

Photoshop 的滤镜功能非常强大,使用它可以制作出各种各样的特殊图像效果,结合滤镜菜单的滤镜命令来处理图像,可以制作出更加精美的图像效果。

重要工具:“滤镜”菜单、“滤镜库”。

核心技术:滤镜库与滤镜的基本使用方法;各种滤镜结合可以实现的图像效果;利用滤镜处理特殊图像的方法。

9.9　能力训练

1) 训练 1

使用提供的“头像.jpg”图像文件制作铜像人的效果,将图片去色后在背景图上载入人物头像的选区;在头像图层使用“滤镜”中的“高斯模糊”效果,混合模式设为“亮光”;复制头像的副本，混合模式设为“正常”，使用“滤镜库”→“素描”→“铬黄渐变”命令，并通过色阶命令将其亮度调高；将图层混合模式改为“叠加”，创建蒙版，用透明度为40%左右的画笔涂抹黑色，减少铜像纹理，如图9.9.1所示。

(a) 原图

(b) 效果图

图9.9.1

2）训练2

制作球面全景效果，打开提供的素材图片“全景.jpg”，使用“滤镜”中的“极坐标”命令，选择“平面坐标到极坐标”选项，对图像进行扭曲，然后调整图片的形状，将天空调为球状；然后使用“仿制图章”修改细节，如图9.9.2所示。

(a) 原图

(b) 效果图

图9.9.2

第十章 Photoshop 综合案例

通过前面几个章节的学习，我们已经了解了图形图像处理的专业术语和基本知识，并掌握了 Photoshop CC 的基本操作。为了培养学生综合应用的能力，提高学生的专业素养和创意思维能力，并加强教学的实践性，精心设计了下面 4 个综合案例。

10.1 综合案例 1 创意平面广告

1）案例分析

在这个案例中，我们用蒙版、通道、滤镜、调整图层等工具，将单个素材进行重组和调整，完成一幅极具视觉冲击力的创意平面广告。

2）案例实现

（1）执行“文件”→“新建”菜单命令（或者使用 Ctrl＋N 快捷键），建立一个新文档“平面广告”，设置文件大小为 10 厘米×7 厘米，分辨率为 300 像素/英寸，颜色模式为 RGB 颜色，背景内容为白色，如图 10.1.1 所示。

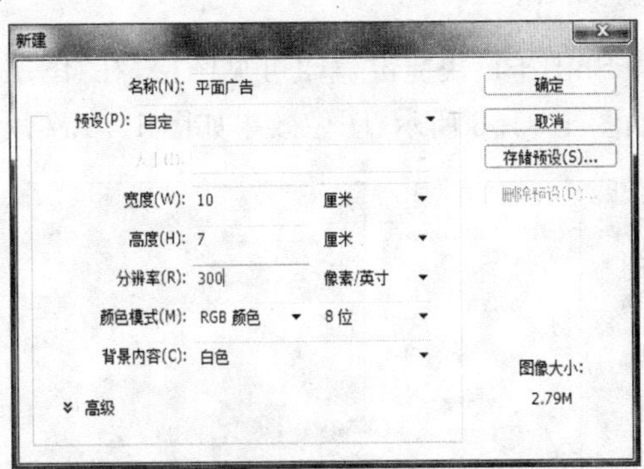

图 10.1.1

（2）执行“文件”→“打开”菜单命令（或者使用 Ctrl＋O 快捷键），打开素材图片“大地.jpg”和“天空.jpg”。使用“移动工具”将素材图片“大地.jpg”和“天空.jpg”拖动到文档中，生成的新图层分别命名为“大地”图层和“天空”图层，“天空”图层调整到“大地”图层的上方，如图 10.1.2所示。

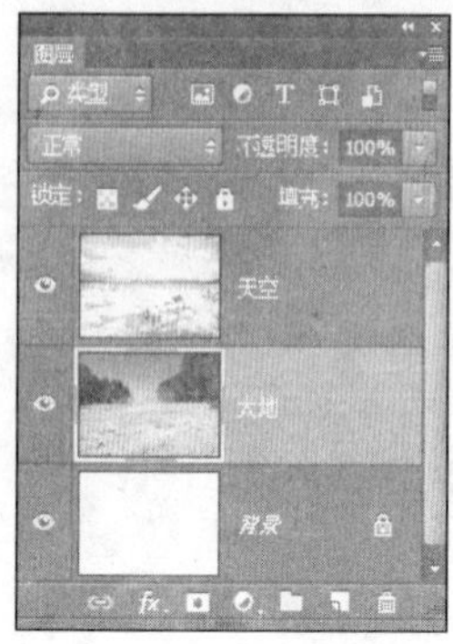

图 10.1.2

图 10.1.3

(3) 选中“天空”图层，保留天空部分的图像，将多余的图像删除，如图 10.1.3 所示。为“天空”图层建立图层蒙版，使用画笔工具，颜色设置为黑色，适当调整画笔的大小和不透明度，在图层蒙版上涂抹，将素材中的天空和地面合成一体，图像如图 10.1.4 所示。“图层”面板如图 10.1.5 所示。

图 10.1.4

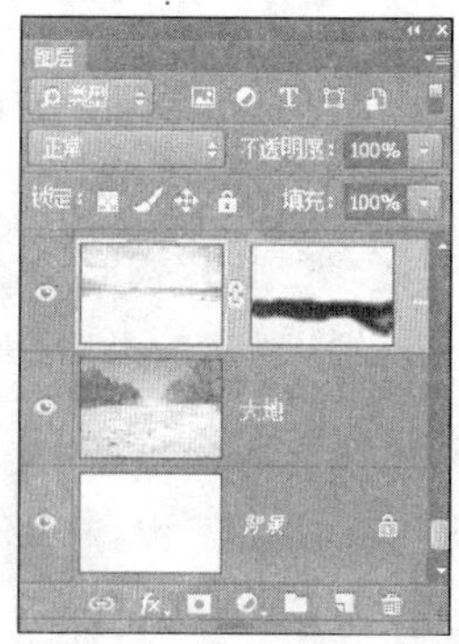

图 10.1.5

(4) 使用 Ctrl＋Alt＋Shift＋E 快捷键盖印可见图层，在“图层”面板中添加“色相/饱和度”调整图层，参数设置如图 10.1.6 所示，图像效果如图 10.1.7 所示。

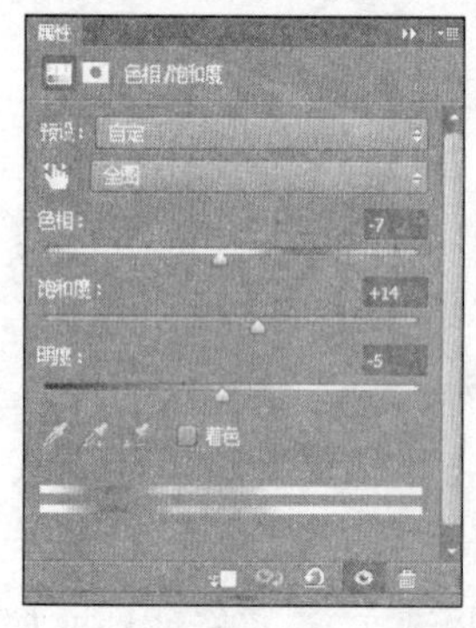

图 10.1.6

图 10.1.7

(5) 在“图层”面板中添加“曲线”调整图层，参数设置如图 10. 1. 8 所示，图像效果如图 10. 1. 9所示。

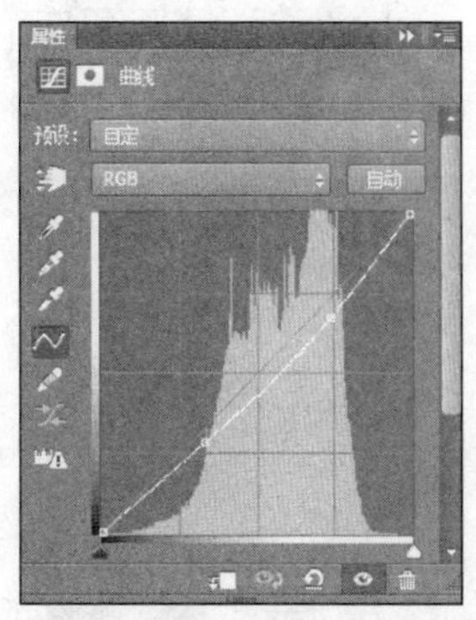

图 10. 1. 8

图 10. 1. 9

(6) 使用 Ctrl＋O 快捷键打开素材文件“沙尘 1. jpg”，将素材图片“沙尘 1”拖入文档“平面广告. psd”，生成新图层，命名为“沙尘”图层，保留沙尘部分图像，将多余的图像删除，如图 10. 1. 10所示。

图 10. 1. 10

(7) 为“沙尘”图层添加“图层蒙版”，使用 “画笔工具”，颜色设置为黑色，擦除沙尘外的部分，图像效果如图 10. 1. 11 所示。“图层”面板如图 10. 1. 12 所示。

图 10. 1. 11

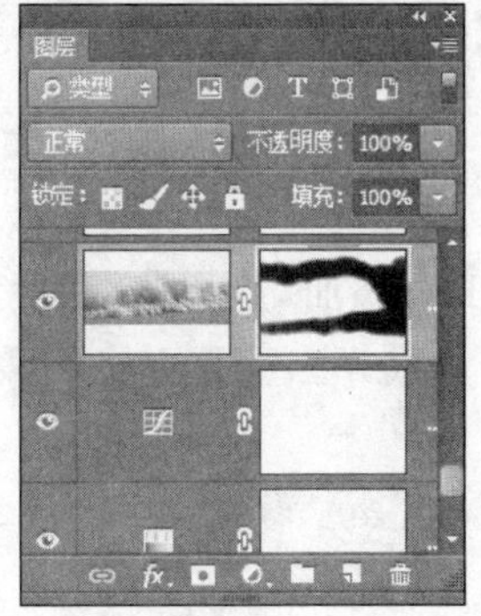

图 10. 1. 12

(8) 使用 Ctrl＋O 快捷键打开素材文件“沙尘 2. jpg”，将素材图片“沙尘 2”拖入文档“平面广告. psd”，生成新图层，命名为“沙尘 2”图层，为“沙尘”图层添加“图层蒙版”，使用“画笔工具”，颜色设置为黑色，擦除沙尘外的部分，图像效果如图 10. 1. 13 所示。“图层”面板如图 10. 1. 14所示。

图 10. 1. 13

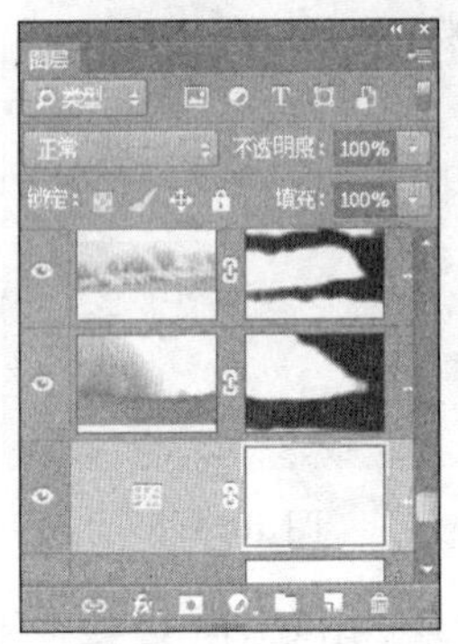

图 10. 1. 14

(9) 使用 Ctrl＋O 快捷键打开素材文件“沙尘 3. jpg”，将其拖入文档“平面广告. psd”中，使用前面的方法继续制作沙尘。可以多复制几个图层制作出自己需要的沙尘效果，并添加“色相/饱和度”“曲线”等调整图层，对色相、明度等进行调整，效果如图 10. 1. 15所示。

(10) 使用 Ctrl＋O 快捷键打开素材文件“汽车. jpg”，使用“钢笔工具”将汽车部分抠取出，拷贝到新的图层上，并拖入到文档“平面广告. psd”中，新生成的图层命名为“汽车”图层，如图 10. 1. 16 所示。

图 10. 1. 15

图 10. 1. 16

(11) 添加“色相/饱和度”调整图层，使用 Ctrl＋Alt＋G 快捷键，将新建的“调整图层”转变为“汽车”图层的剪切蒙版，参数设置如图 10. 1. 17 所示，图像效果如图 10. 1. 18 所示。

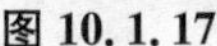

图 10.1.17

图 10.1.18

(12) 为了增加视觉冲击,在“汽车”图层之上添加沙尘,沙尘的素材可以从“沙尘 3”的图片中选取,如图 10.1.19 所示。

图 10.1.19

(13) 执行“滤镜”→“模糊”→“径向模糊”菜单命令,参数设置如图 10.1.20 所示,调整这个图层至“汽车”图层下方,并为其添加图层蒙版,选择“画笔工具”设置画笔颜色为黑色,在图层蒙版上涂抹,遮挡多余的沙尘图像,图像效果如图 10.1.21 所示。

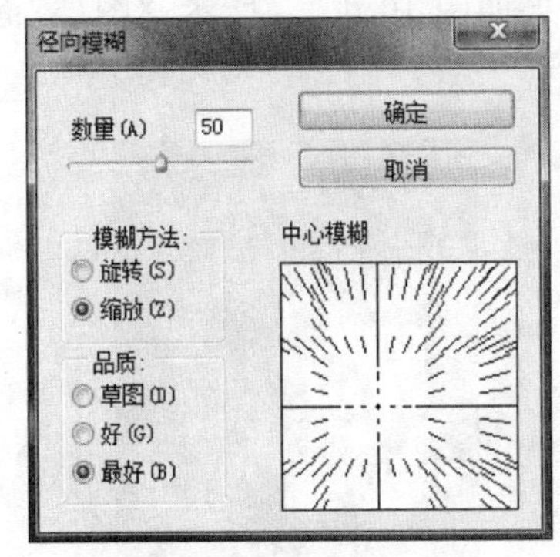

图 10.1.20

图 10.1.21

(14) 拷贝“汽车”图层,对新生成的图层执行“滤镜”→“模糊”→“动感模糊”菜单命令,参数设置如图 10.1.22 所示。为“汽车 拷贝”图层添加图层蒙版,并使用“画笔工具”,设置画笔颜色为黑色,涂抹“汽车 拷贝”图层的图层蒙版,得到的图层效果如图 10.1.23 所示。

图 10.1.22

图 10.1.23

(15) 制作汽车周围扬起的尘土效果。从“沙尘 1”“沙尘 2”“沙尘 3”三张图片中选择合适的尘土图像，拖入文档“平面广告.psd”中，调整图像的大小和位置，并为图层添加图层蒙版，遮挡多余的图像，最后将图层的模式设置为“浅色”。制作过程会产生多个尘土的图层。最终得到的图像效果如图 10.1.24 所示。

图 10.1.24

(16) 使用 Ctrl+O 快捷键打开素材文件“狮子 1.jpg”“狮子 2.jpg”和“狮子 3.jpg”，将狮子的图像抠出，并使用“移动工具”将其拖动到文档“平面广告.psd”中，将生成的图层分别命名为“狮子 1”图层、“狮子 2”图层和“狮子 3”图层，图像效果如图 10.1.25 所示，“图层”面板如图 10.1.26 所示。

图 10.1.25

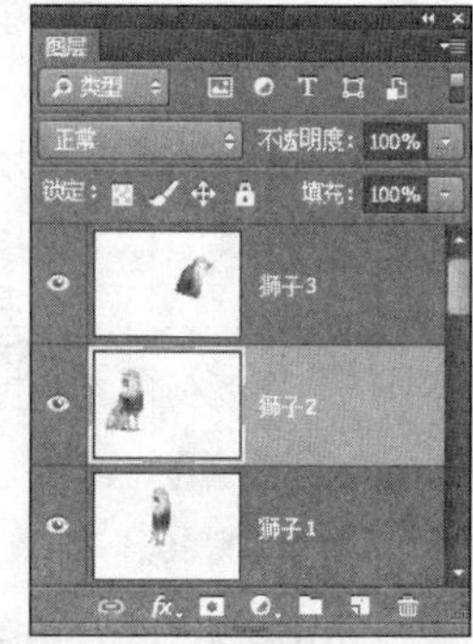

图 10.1.26

(17) 调整图层顺序，将狮子图层调整到“汽车”图层下方，分别为三头狮子图层添加图层蒙版遮挡多余的图像，并将图层的混合模式改为“深色”，图像效果如图 10.1.27 所示，“图层”面板如图 10.1.28 所示。

图 10.1.27

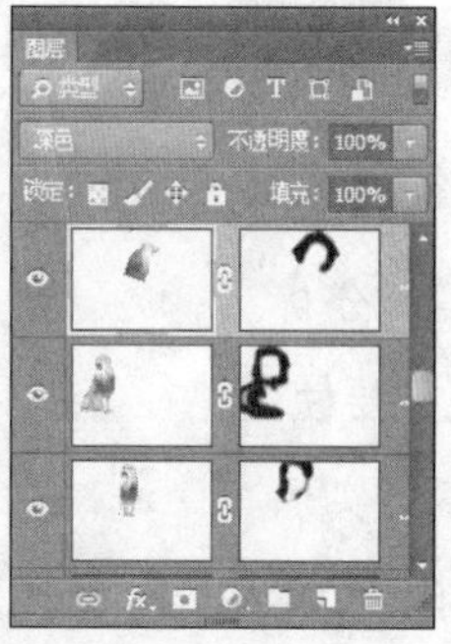

图 10.1.28

(18) 分别调整三头狮子图层的色相、明度等参数。首先在“狮子 1”图层上方添加一个“色相/饱和度”调整图层，使用 Ctrl+Alt+G 快捷键将其转化为剪切蒙版，设置其参数如图 10.1.29 所示。再添加一个“曲线”调整图层，参数设置如图 10.1.30 所示。“图层”面板如图 10.1.31 所示。

图 10.1.29

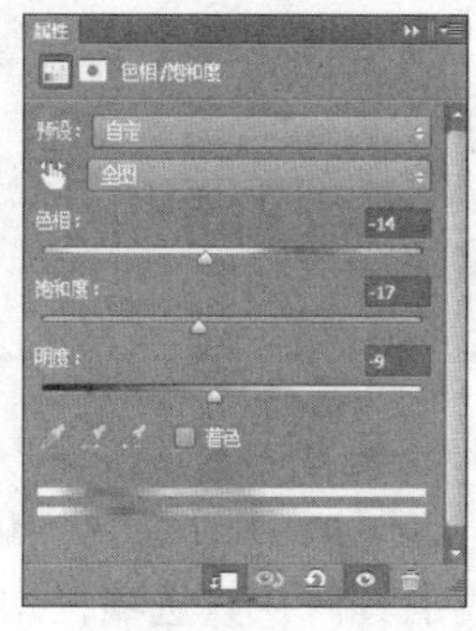

图 10.1.30

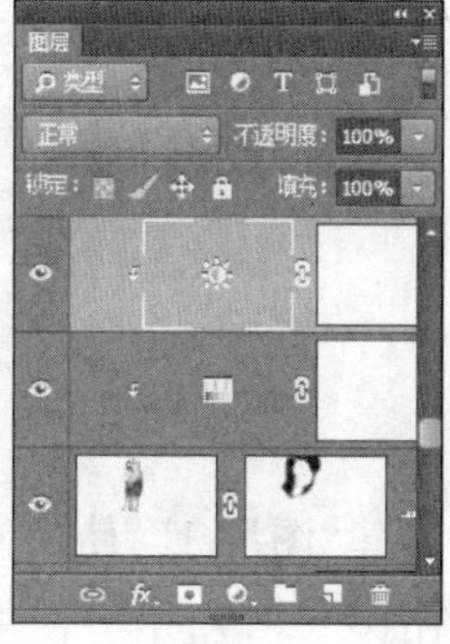

图 10.1.31

(19) 使用相同的方法，调整另外两头狮子图层的效果，得到的图像效果如图 10.1.32 所示。

(20) 根据个人设计需要调整图像，并添加文字效果等。执行“文件”→“存储为”菜单命令(或者使用 Ctrl+Shift+S 快捷键)，弹出“另存为”对话框，将默认的“平面广告. psd”，文件格式修改为“平面广告. jpg”格式，最终设计效果如图 10.1.33 所示。

图 10.1.32

图 10.1.33

10.2 综合案例2 立体包装设计

1）案例分析

案例主要使用路径等工具，制作清新可爱的蓝莓果汁包装。

2）案例实现

(1) 执行“文件”→“新建”菜单命令（或者使用 Ctrl+N 快捷键）新建文档。新文件的大小为 15 厘米×18 厘米，分辨率为 150 像素/英寸，颜色模式为 RGB 颜色，背景内容为白色，文件命名为“立体包装”，如图 10.2.1 所示。

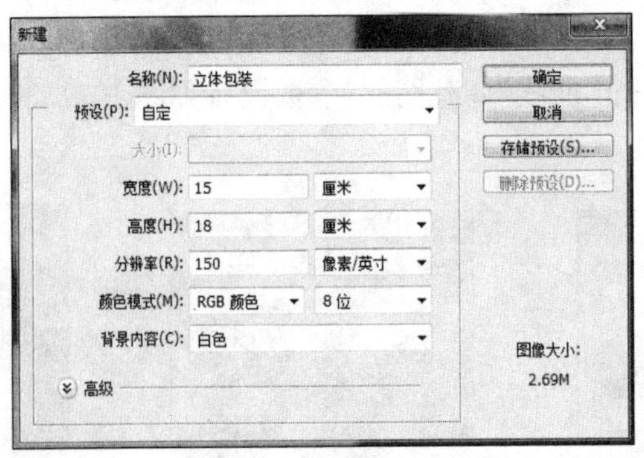

图 10.2.1

(2) 新建“图层 1”，使用 Ctrl+R 快捷键打开标尺辅助功能，设置制作包装盒的关键辅助线，如图 10.2.2 所示。使用“直线工具”，在其选项栏中设置选择工具模式为“像素”，绘制包装盒的轮廓，注意透视关系，如图 10.2.3 所示。

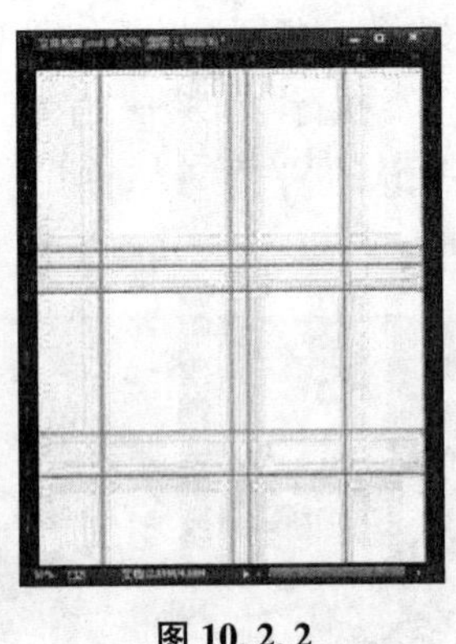

图 10.2.2

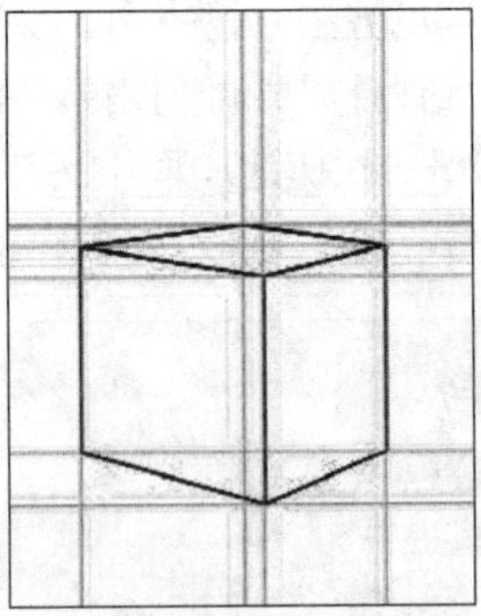

图 10.2.3

(3) 新建“图层 2”，使用“多边形套索工具”沿绘制的轮廓画出选区，并填充浅灰色（#e2e0e0），如图 10.2.4 所示。新建“图层 3”，使用相同的方法制作另一侧，填充深灰到浅灰的线性渐变，如图 10.2.5 所示。

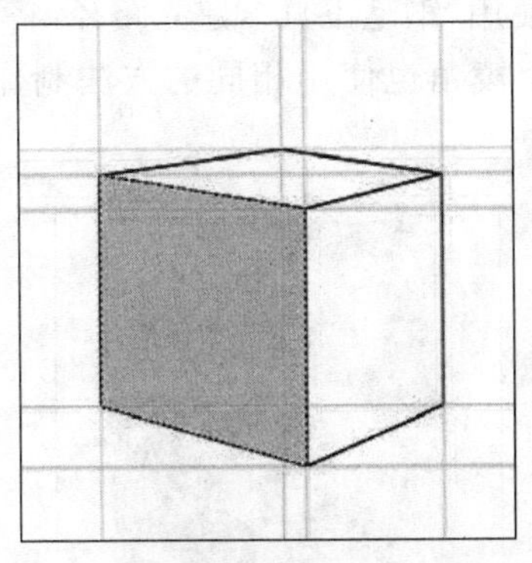

图 10.2.4

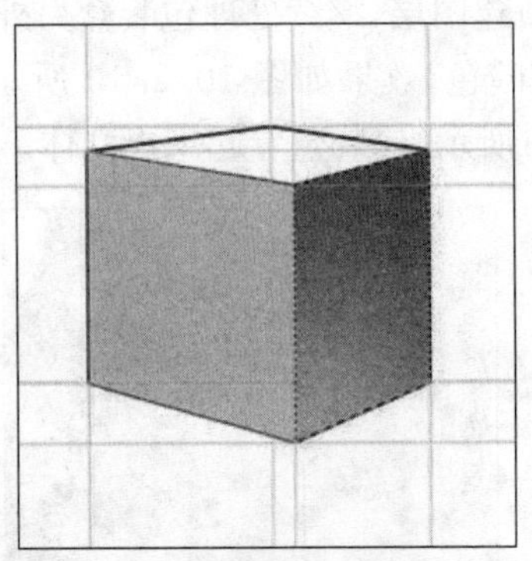

图 10.2.5

(4) 选中“图层 1”,使用“直线工具”继续绘制包装盒上方的轮廓,绘制过程要注意透视关系,如图 10.2.6 所示。分别新建图层,使用“多边形套索工具”沿“图层 1”上的轮廓制作选区,在新建的图层上填充颜色,注意立体包装各个部分的颜色的变化,制作完成包装盒的其他各部分,删除“图层 1”,如图 10.2.7 所示。

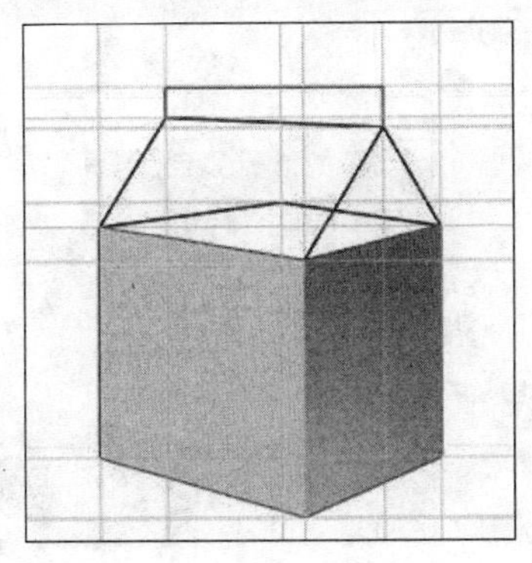

图 10.2.6

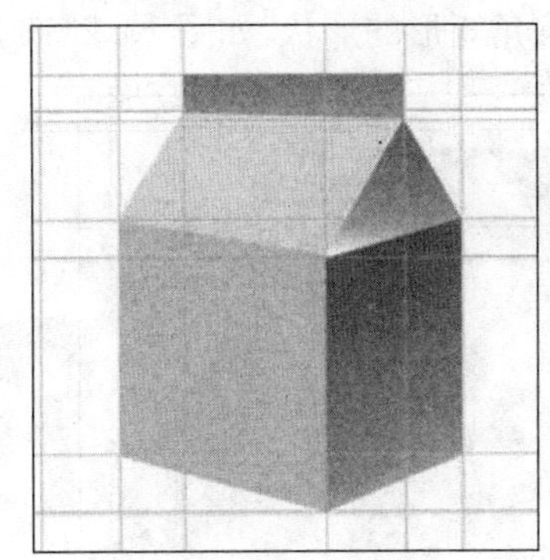

图 10.2.7

(5) 新建图层,在包装盒的棱角处制作高光部分,使用“钢笔工具”建立路径,将路径转为选区,填充亮色,效果如图 10.2.8 所示。其他两个棱角也使用相同的方法制作高光,效果如图 10.2.9 所示。

图 10.2.8

图 10.2.9

(6) 新建图层,继续处理包装盒另外几个棱角,使用“钢笔工具”,建立路径,将路径转为选区,填充暗色,效果如图 10.2.10 所示。其他两个棱角也使用相同的方法制作,效果如图 10.2.11所示,包装盒看起来更立体。

图 10.2.10

图 10.2.11

(7) 完善立体包装封口效果。建立新图层,在封口的右侧建立一个矩形选区,填充深灰到浅灰的线性渐变,效果如图 10.2.12 所示。使用“圆角矩形工具”在封口处绘制一条路径,适当调整圆角矩形的形状,如图 10.2.13 所示。

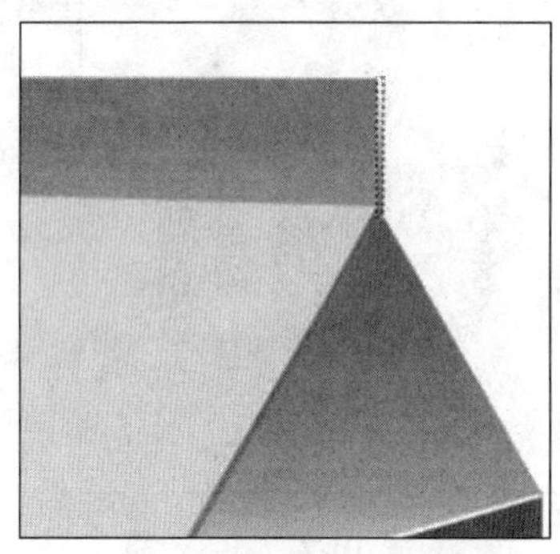

图 10.2.12

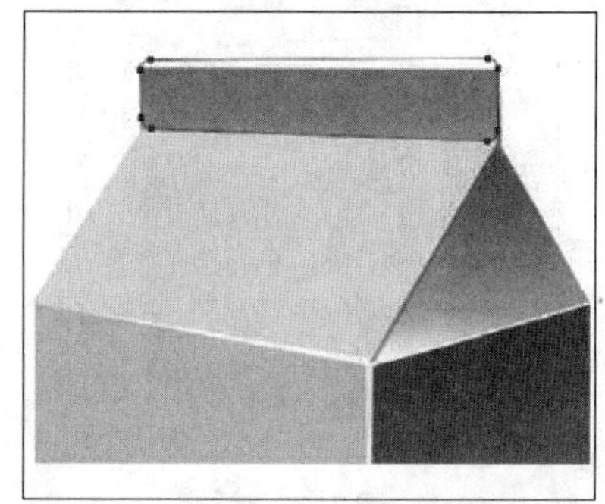

图 10.2.13

(8) 新建图层,将路径转化为选区,填充深灰到浅灰的线性渐变,效果如图 10.2.14 所示。新建图层,使用“多边形套索工具”,建立一个三角形选区,填充深灰到浅灰的线性渐变,效果如图 10.2.15 所示。

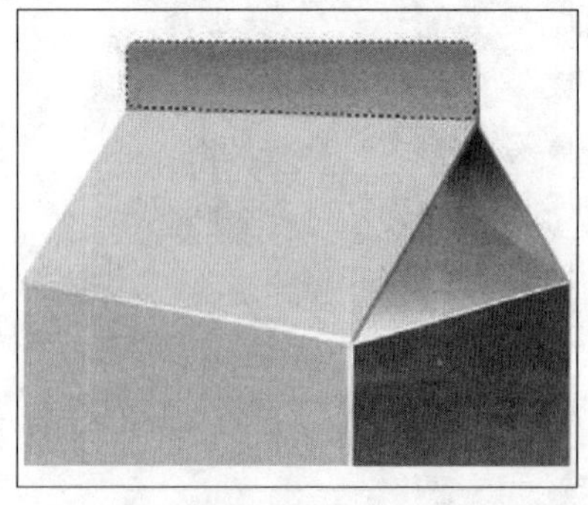

图 10.2.14

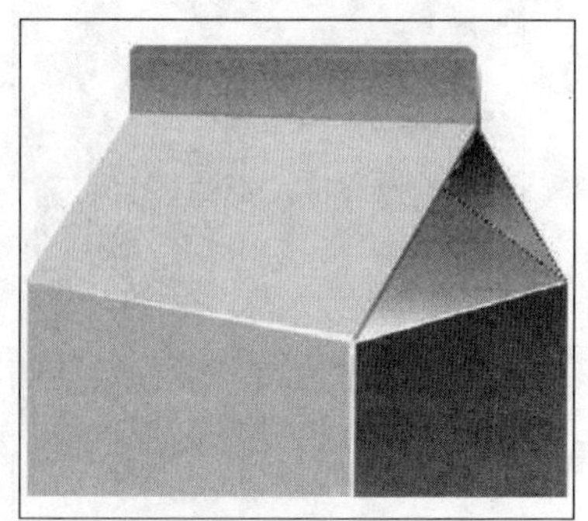

图 10.2.15

(9) 新建图层，继续使用“多边形套索工具”，建立一个三角形选区，填充深灰到浅灰的线性渐变，效果如图 10.2.16 所示。包装盒的立体效果如图 10.2.17 所示。

图 10.2.16

图 10.2.17

(10) 在包装盒下方新建图层，绘制投影。使用“多边形套索工具”绘制投影形状，如图 10.2.18所示。将选区填充黑色，如图 10.2.19 所示。将选区取消，执行“滤镜”→“模糊”→“高斯模糊”菜单命令，设置参数，半径为 35 像素，效果如图 10.2.20 所示。

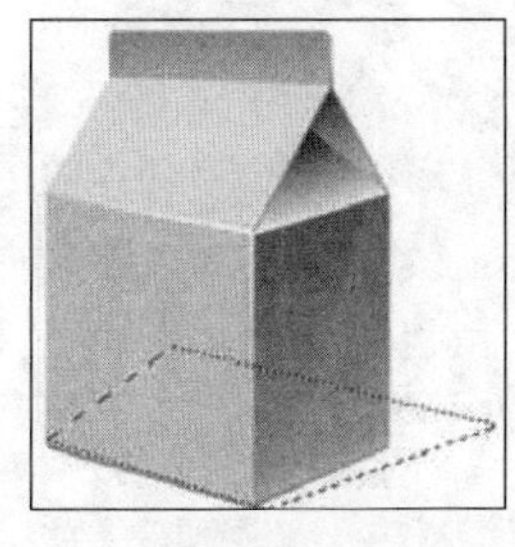

图 10.2.18

图 10.2.19

图 10.2.20

(11) 使用 Ctrl＋N 快捷键新建文档，文件的大小为 15 厘米×18 厘米，分辨率为 150 像素/英寸，颜色模式为 RGB，背景颜色为白色。绘制蓝莓图案部分。新建图层，使用“椭圆选框工具”按住 Shift＋Alt 键，绘制正圆，将选区填充为紫色(＃484566)，如图 10.2.21 所示。新建图层，使用“椭圆选框工具”按住 Shift＋Alt 键，绘制稍小的正圆，设置填充颜色为浅紫色(＃716d98)，如图 10.2.22 所示。

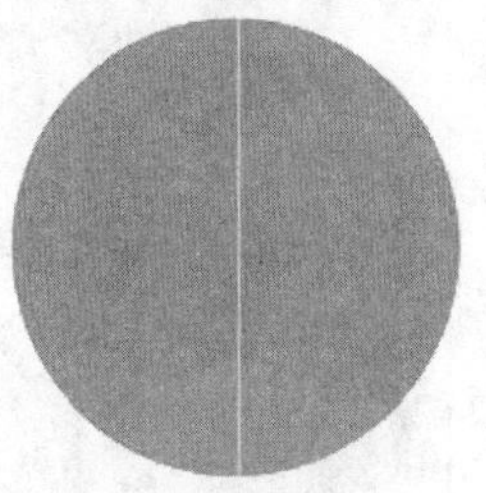

图 10.2.21

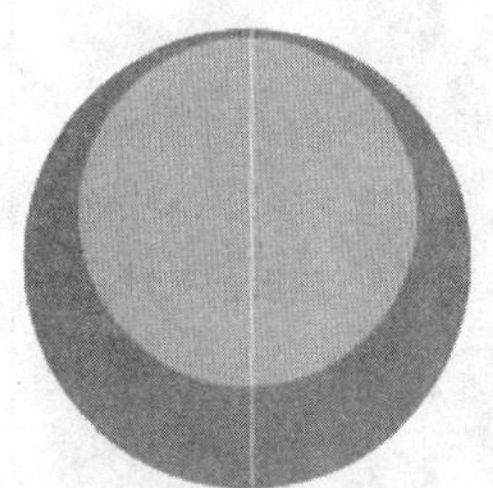

图 10.2.22

(12) 使用“钢笔工具”绘制蓝莓的五官。绘制蓝莓的眼睛，用“钢笔工具”绘制路径如图 10.2.23 所示。将画笔大小设置为 4 像素，硬度为 100%，颜色为褐色(＃924c28)，描边路径得到的效果如图 10.2.24 所示。

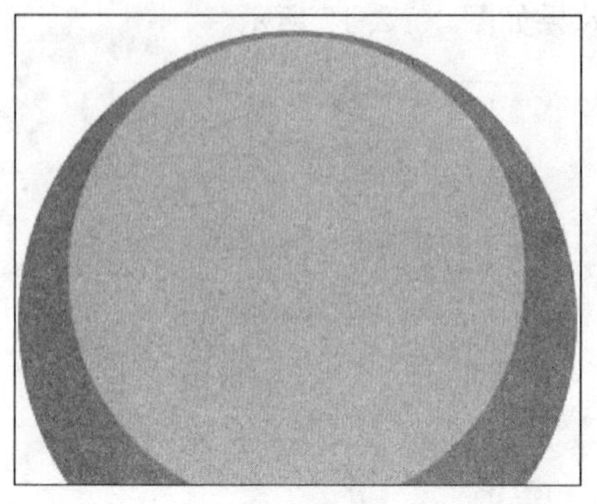

图 10.2.23

图 10.2.24

(13) 制作蓝莓的腮红，使用“椭圆选框工具”绘制一个椭圆选区，使用“油漆桶工具”将其填充为粉红(＃ec859a)，如图 10.2.25 所示。取消选区，复制一个腮红图层，调整到合适的位置，如图 10.2.26 所示。

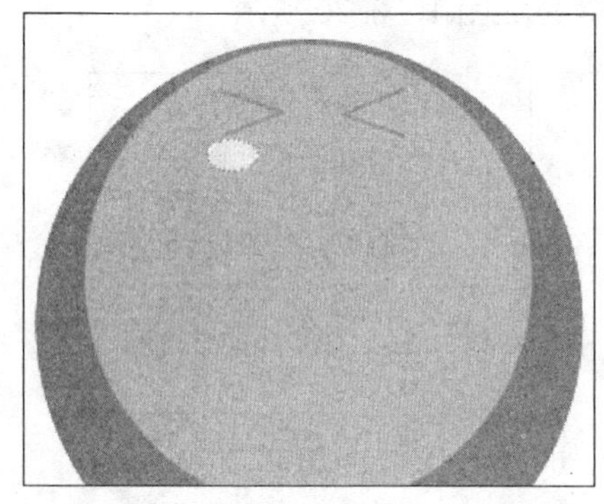

图 10.2.25

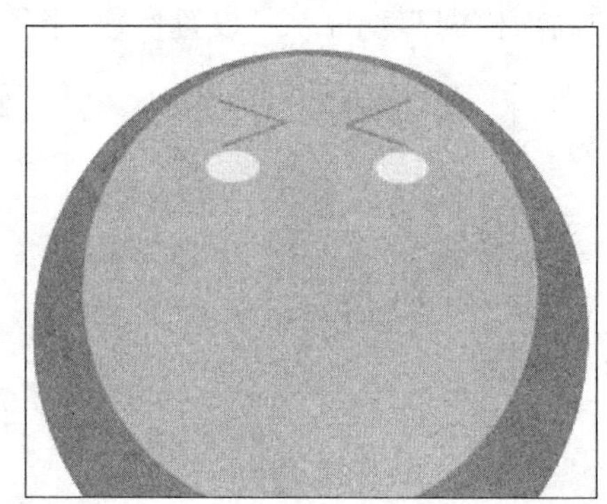

图 10.2.26

(14) 制作蓝莓嘴巴。用“钢笔工具”绘制路径，如图 10.2.27 所示。将画笔大小设置为 4 像素，硬度为 100%，颜色为褐色(＃924c28)，描边路径得到的效果如图 10.2.28 所示。

图 10.2.27

图 10.2.28

(15) 使用“魔棒工具”，选中嘴巴空白处，并填充为白色，如图 10.2.29 所示。继续使用

“钢笔工具”绘制路径，并将路径转换为选区，使用“油漆桶工具”填充粉红色(＃ec859a)，如图 10.2.30 所示。

图 10.2.29

图 10.2.30

(16) 在“图层”面板中创建新组命名为“蓝莓”，将组成蓝莓卡通形象的所有图层都放入“蓝莓”组中，如图 10.2.31 所示。调整卡通蓝莓的位置，并为其增添叶子和蓝莓图片作为装饰，如图 10.2.32 所示。

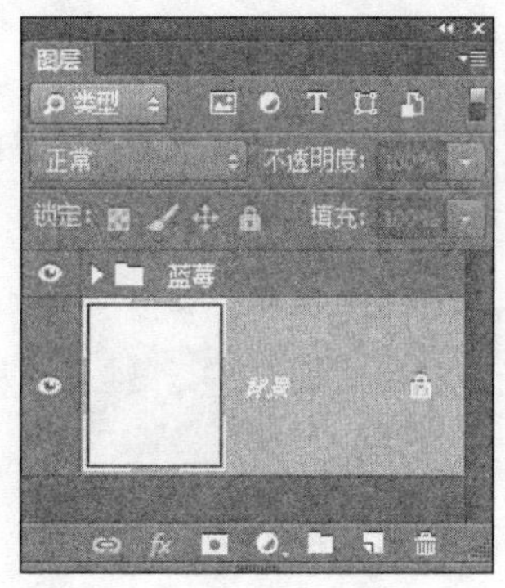

图 10.2.31

图 10.2.32

(17) 使用“钢笔工具”绘制路径，将路径转化为选区，用“油漆桶工具”填充选区，颜色设为紫色(＃807cae)，取消选区，如图 10.2.33 所示。分别新建图层，使用“钢笔工具”绘制一些形状，并填充不同的紫色，让画面看起来更轻松活泼，如图 10.2.34 所示

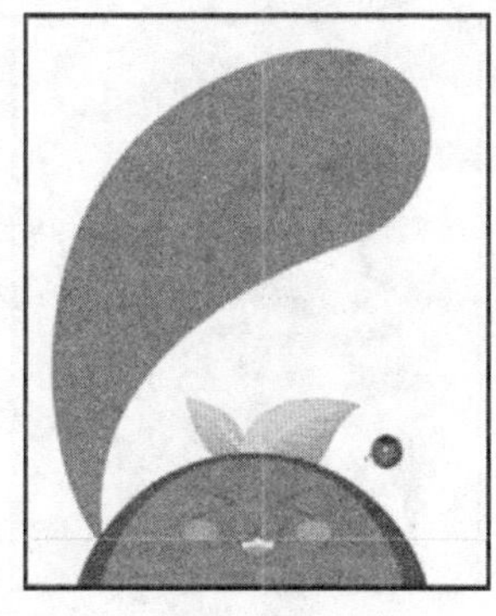

图 10.2.33

图 10.2.34

(18) 新建图层,使用"钢笔工具"绘制如图 10.2.35 所示的路径,使用 "文字工具"沿路径输入文字,如图 10.2.36 所示。

图 10.2.35

图 10.2.36

(19) 用同样的方法制作其他文字,得到侧面包装的最终效果如图 10.2.37 所示。使用 Ctrl+Shift+Alt+E 快捷键,盖章可见图层,生成新图层命名为"正面图案"图层,图层面板如图 10.2.38 所示。

图 10.2.37

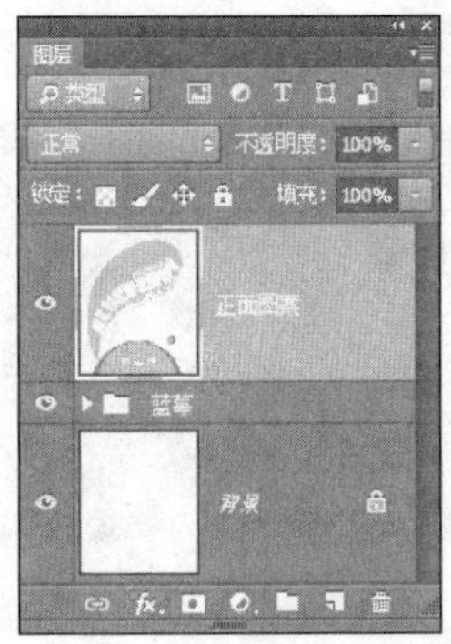

图 10.2.38

(20) 使用"移动工具"将"正面图案"图层拖入"立体包装"文档中,生成新图层命名为"正面图案"图层,如图 10.2.39 所示。使用"矩形选框工具"选取"正面图案"图层下半部分的图像,如图 10.2.40 所示。

图 10.2.39

图 10.2.40

(21) 使用 Ctrl+J 快捷键复制选中的图像，生成新图层命名为“正面上”图层，“图层”面板如图 10.2.41 所示。使用 Ctrl+Shift+I 快捷键，反向选择，再次使用 Ctrl+J 快捷键复制选中的图像，生成新图层命名为“正面下”图层，“图层”面板如图 10.2.42 所示。

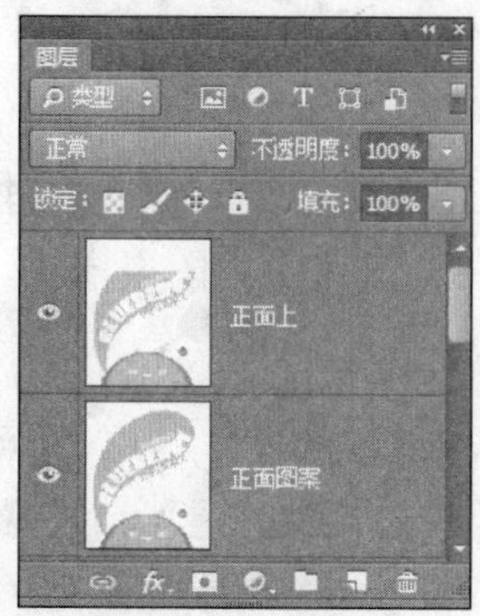

图 10.2.41

图 10.2.42

(22) 选中“正面上”图层，使用 Ctrl+T 快捷键，调整图像的大小、位置和形状，将图层的模式修改为“正片叠底”，如图 10.2.43 所示。选中“正面下”图层，使用 Ctrl+T 快捷键，调整图像的大小、位置和形状，将图层的模式修改为“正片叠底”，如图 10.2.44 所示。

图 10.2.43

图 10.2.44

(23) 继续完善立体包装设计，为其添加文字、条形码和装饰图案。执行“文件”→“存储为”菜单命令(或者使用 Ctrl+Shift+S 快捷键)，弹出“另存为”对话框，将默认的“立体包装.psd”，文件格式修改为“立体包装.jpg”格式，最终立体包装效果如图 10.2.45 所示。

图 10.2.45

10.3 综合案例 3 网页设计

1）案例分析

网页可以通过多种方式进行制作，但网页美工通常使用 Photoshop 进行制作，Photoshop 制作的网页页面与其他形式相比更加精致美观。案例使用图层样式、羽化、蒙版等工具进行制作，让网页的效果看起来更加漂亮。

2）案例实现

(1) 执行“文件”→“打开”菜单命令(或者使用 Ctrl＋O 快捷键)，打开素材图片“城市旅游背景.jpg”，如图 10.3.1 所示，并导入素材图片 “logo. png”，效果如图 10.3.2 所示。

图 10.3.1

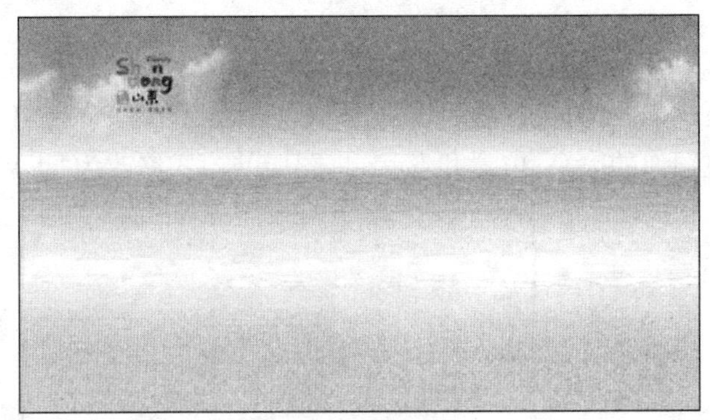

图 10.3.2

(2) 执行工具箱中的“文字”T命令，在网站标志的后方输入网站的中英文名称，中文设置如图 10.3.3 所示，英文设置如图 10.3.4 所示，效果如图 10.3.5 所示。

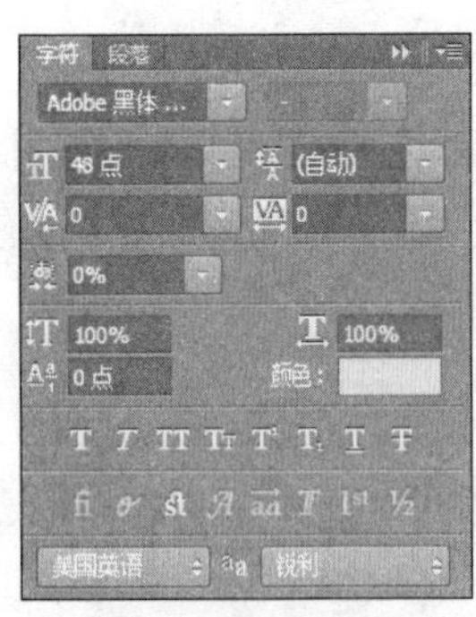

图 10.3.3

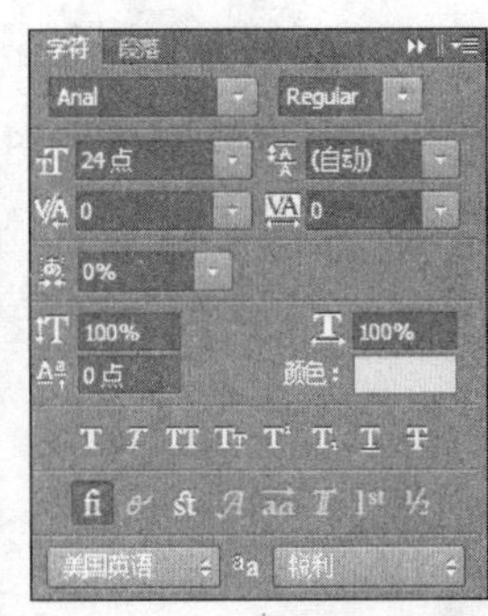

图 10.3.4

图 10.3.5

(3) 选中网站的中英文名称，对其添加“图层样式”中的“描边”命令，具体设置及最终效果如图 10.3.6 和 10.3.7 所示。

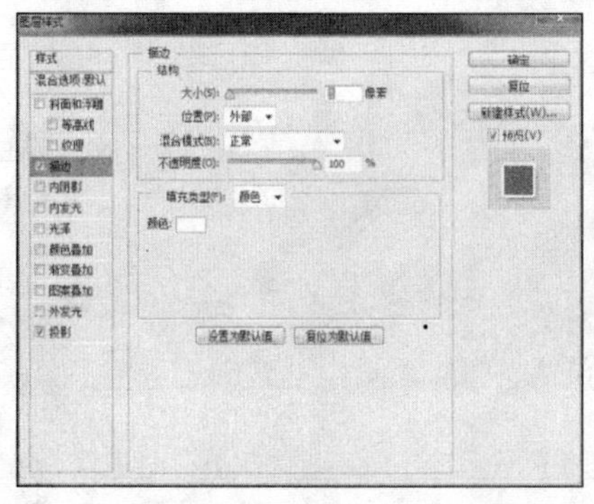

图 10.3.6

图 10.3.7

(4) 继续对网站的中英文名称添加“图层样式”中的“投影”命令,具体设置及最终效果如图 10.3.8 和图 10.3.9 所示。

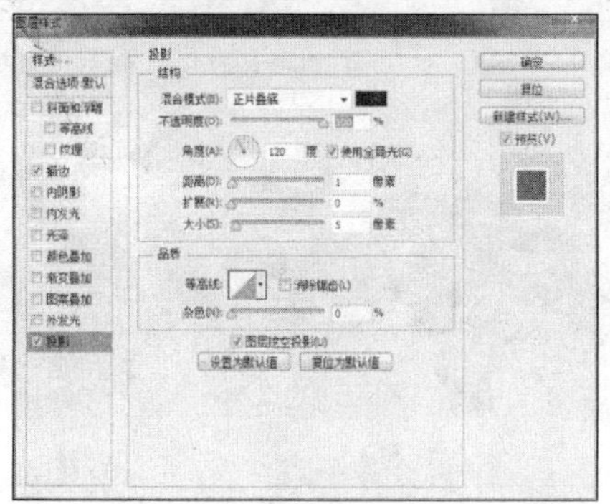

图 10.3.8

图 10.3.9

(5) 下面开始制作网页菜单栏。执行工具箱中的“矩形工具”命令,绘制一个 140 像素×50 像素的矩形,并为其填充颜色(#0099ff)。然后为矩形添加图层样式中的“内阴影”效果,具体设置及效果如图 10.3.10 和图 10.3.11 所示。

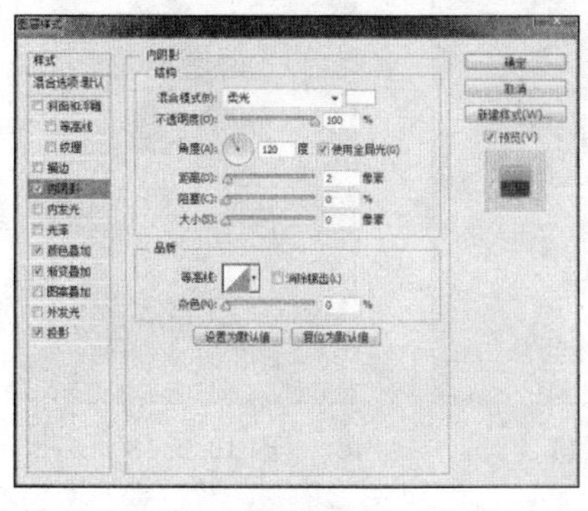

图 10.3.10

图 10.3.11

(6) 为矩形框添加图层样式中的“颜色叠加”效果,具体设置及效果如图 10.3.12 和图 10.3.13所示。

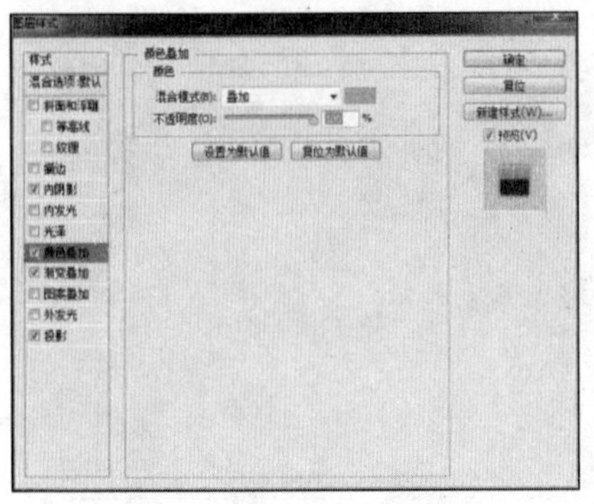

图 10.3.12

图 10.3.13

(7) 为矩形框添加图层样式中的“渐变叠加”效果，具体设置及效果如图 10.3.14 和图 10.3.15所示。

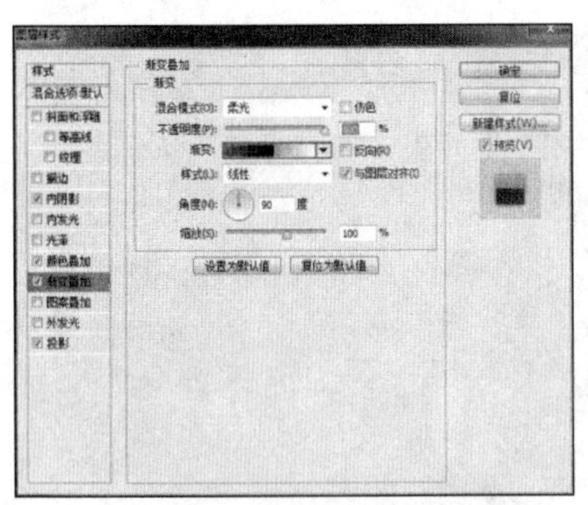

图 10.3.14

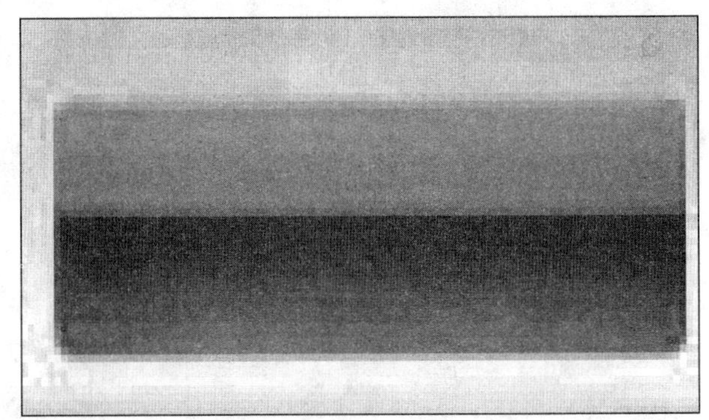

图 10.3.15

(8) 为矩形框添加图层样式中的“投影”效果，然后在矩形按钮上输入文字“首页”。具体设置及效果如图 10.3.16、图 10.3.17 和图 10.3.18 所示。

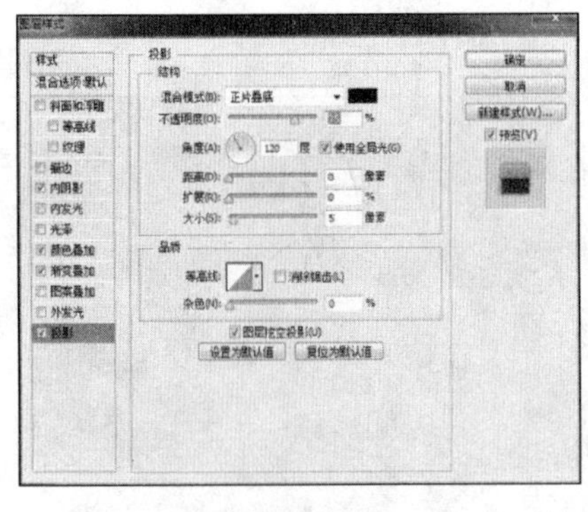

图 10.3.16

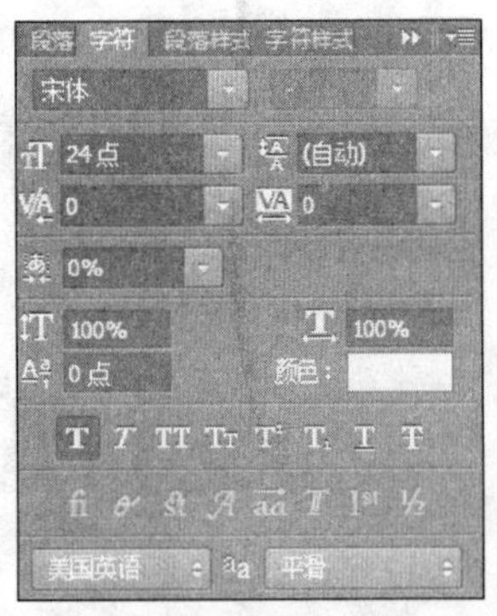

图 10.3.17

图 10.3.18

(9) 重复上述(5)、(6)、(7)、(8)，依次制作出其他菜单按钮。最终效果如图 10.3.19 所示。

图 10.3.19

(10) 执行"文件"→"打开"菜单命令(或者使用 Ctrl＋O 快捷键),打开素材图片"沙滩.jpg",并将素材图片拖入到"城市美景"中,缩放并拖至合适位置。然后,添加图层样式中的"描边"效果,具体设置及最终效果如图 10.3.20 和图 10.3.21 所示。

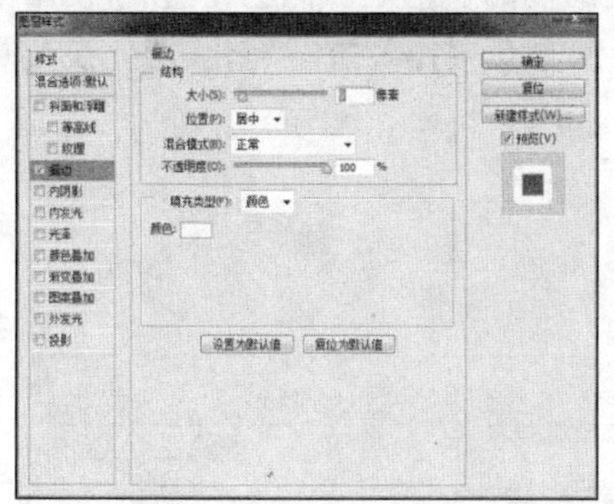

图 10.3.20

图 10.3.21

(11) 执行工具箱中的"文字" 命令,在图片的下方输入网站首页的正文文字,具体设置及最终效果如图 10.3.22 和图 10.3.23 所示。

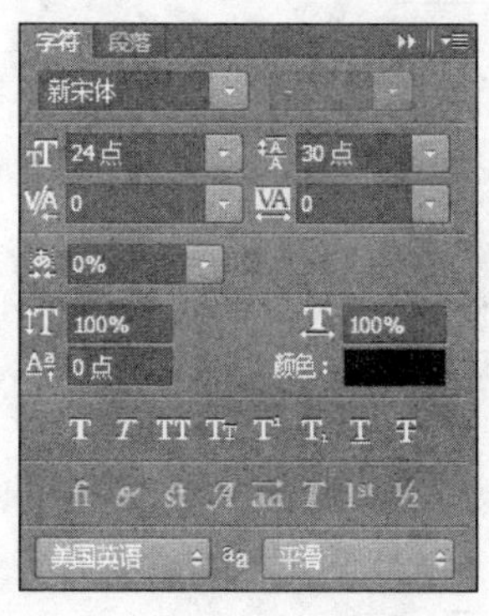

图 10.3.22

图 10.3.23

(12) 执行工具箱中的"矩形工具"命令,分别绘制两个 600 像素×160 像素和 270 像素×160 像素的矩形,分别填充白色(＃ffffff)和蓝色(＃0099ff)。然后对两个矩形添加图层样式中的“描边”和“投影”效果，具体设置及最终效果如图 10. 3. 24、图 10. 3. 25 和图 10. 3. 26 所示。

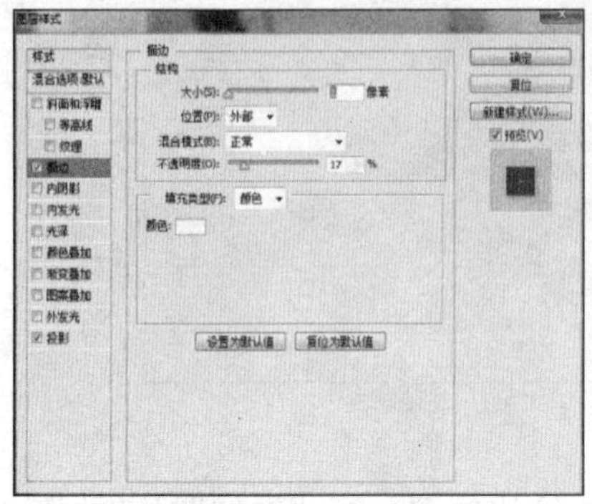

图 10. 3. 24

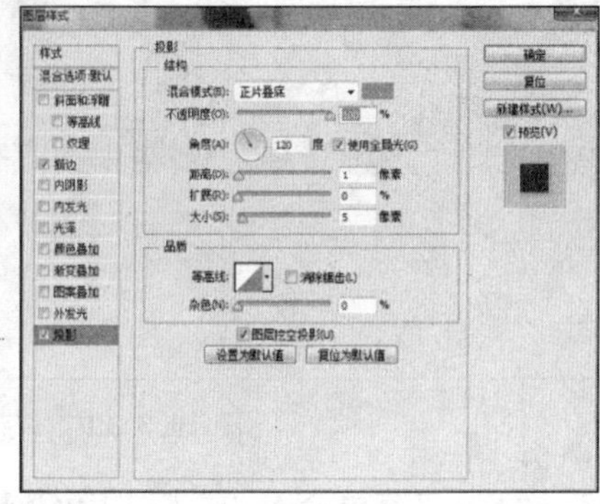

图 10. 3. 25

图 10. 3. 26

(13) 执行“文件”→“打开”菜单命令(或者使用 Ctrl+O 快捷键)，打开素材图片“Beach. jpg”，并将素材图片拖入到“城市美景”中，放置在上一步所绘制的蓝色矩形框上。然后，使用工具箱中的“矩形选框”工具，选中图片，如图 10. 3. 27 所示，然后对图片进行羽化，羽化设置及最终效果如图 10. 3. 28 和图 10. 3. 29 所示。

图 10. 3. 27

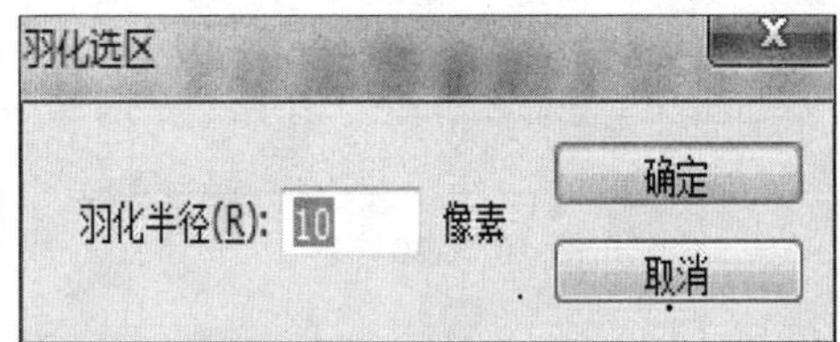

图 10. 3. 28

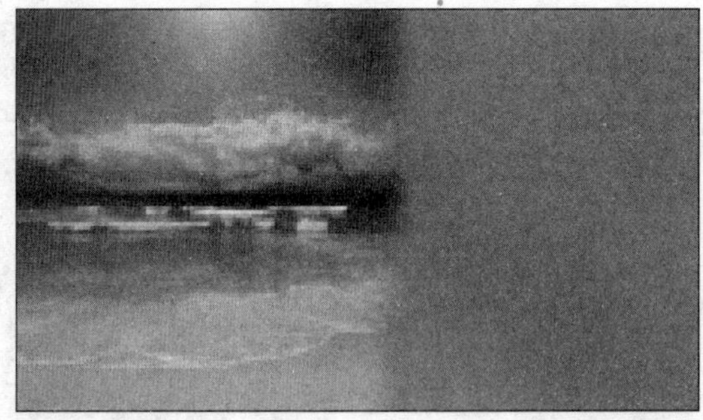

图 10. 3. 29

(14) 对羽化完的图片执行图层面板下方的“添加矢量蒙版”命令，并在蓝色矩形的右侧输入文字“SEA”，对文字“SEA”图层添加“图层样式”中的“投影”效果，具体设置及最终效果如图 10. 3. 30、图 10. 3. 31 和图 10. 3. 32 所示。

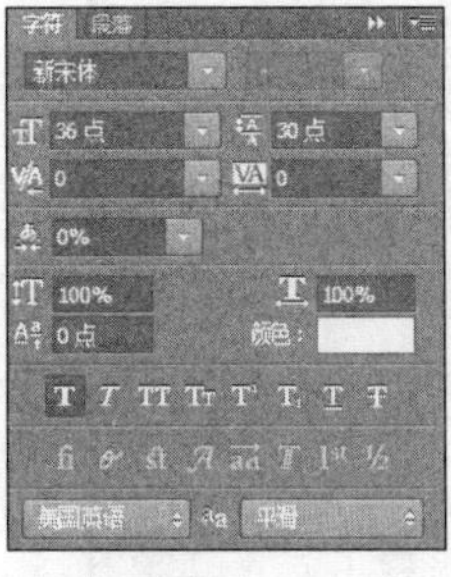

图 10.3.30

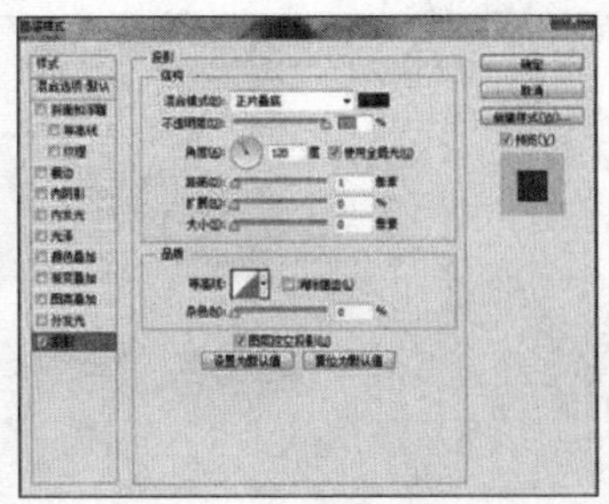

图 10.3.31

图 10.3.32

(15) 执行工具箱中的“文字”T命令，在左侧的白色矩形框中输入对景点的描述文字，具体设置及最终效果如图 10.3.33 和图 10.3.34 所示。

图 10.3.33

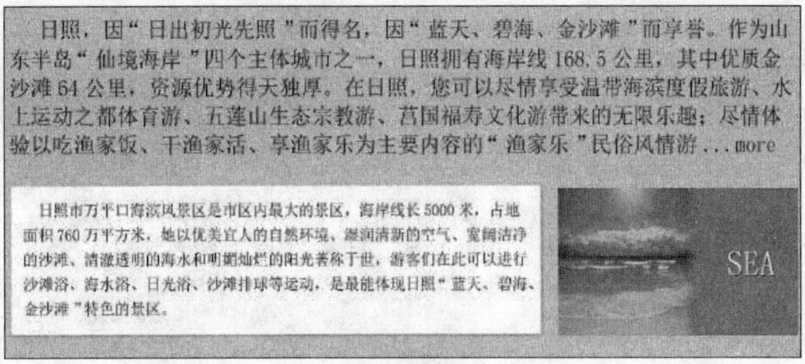

图 10.3.34

(16) 重复进行(12)、(13)、(14)、(15)的操作，制作网页正文中的剩余板块，最终效果如图 10.3.35 所示。

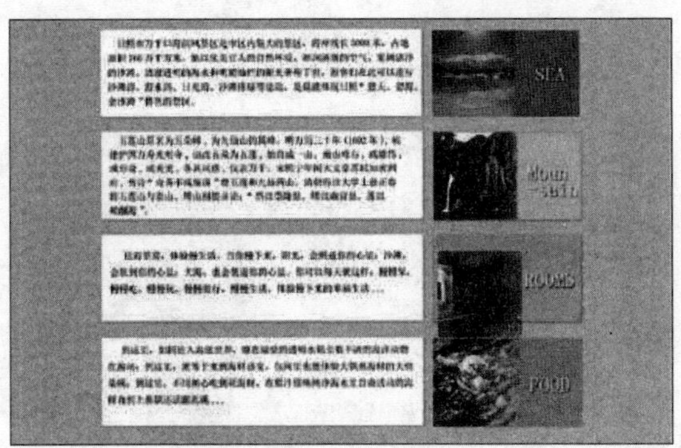

图 10.3.35

(17) 执行“文件”→“打开”菜单命令(或者使用 Ctrl+O 快捷键)，打开素材图片“页脚.jpg”，并将其拖入“城市美景”文件中，作为页脚和正文的分割线，效果如图 10.3.36 所示。

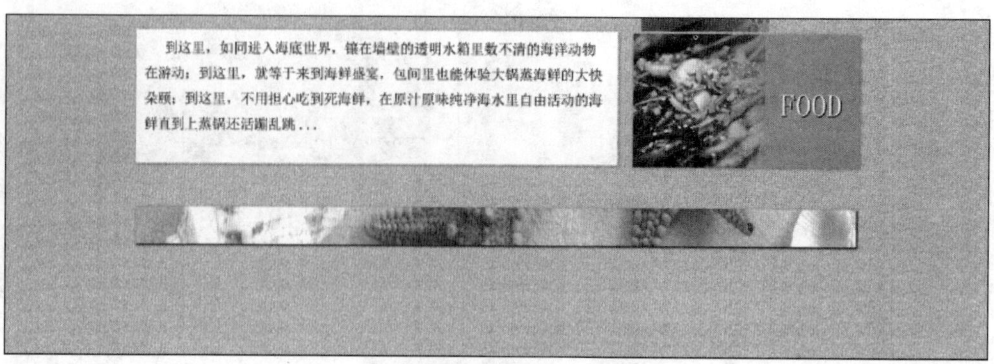

图 10.3.36

(18) 执行工具箱中的"文字"命令，在页面的最下方输入版权信息，网页便制作完成，最终效果如图 10.3.37 所示

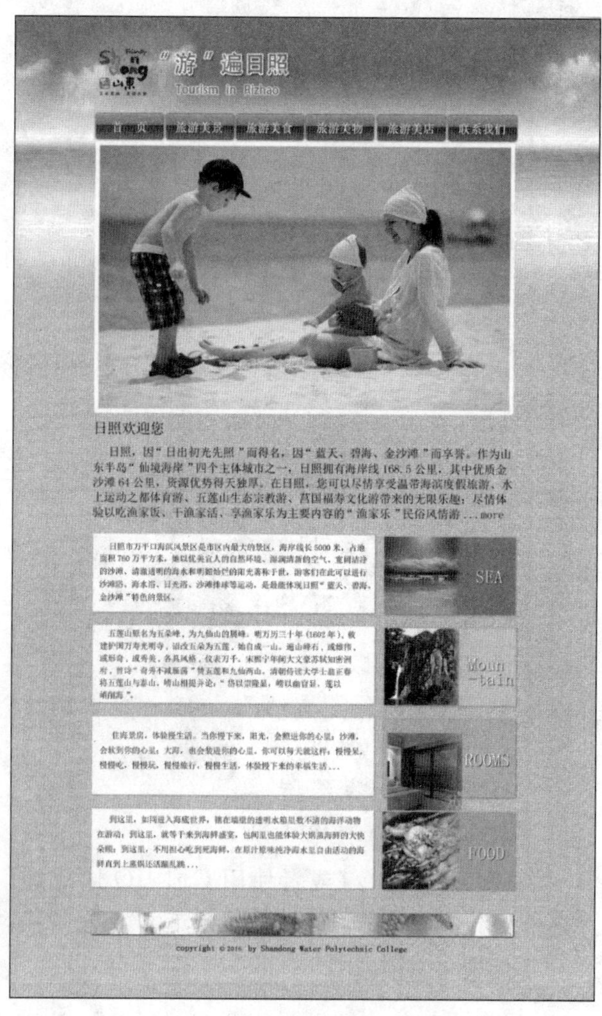

图 10.3.37

10.4　综合案例 4　界面设计

1）案例分析

在这个案例中，我们用路径、通道、图层样式等工具，制作手机应用界面。

2）案例实现

(1) 执行“文件”→“新建”菜单命令(或者使用 Ctrl＋N 快捷键)，设置文件大小为 640 像素×1136 像素，分辨率为 72 像素/英寸，背景为白色，将文件命名为“界面设计”，如图 10.4.1所示。

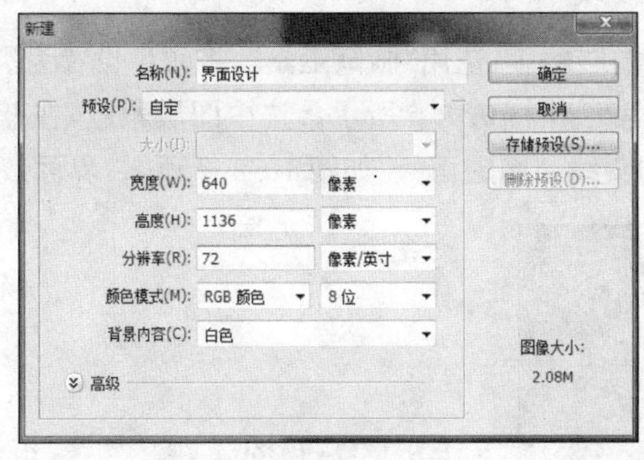

图 10.4.1

(2) 新建“图层 1”，使用“油漆桶工具”填充底色，颜色为红色(＃ff7d71)，如图 10.4.2 所示。新建“图层 2”，使用“矩形选框工具”创建选区并填充蓝色(＃71a4bd)，如图 10.4.3 所示。

图 10.4.2

图 10.4.3

(3) 双击“图层 2”，弹出“图层样式”对话框，设置图层的投影效果，参数如图 10.4.4 所示。将“图层 2”上移，界面效果如图 10.4.5 所示。

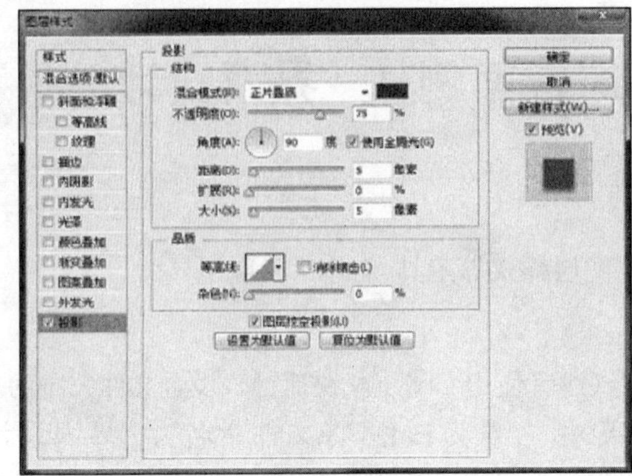

图 10.4.4

图 10.4.5

(4) 为“图层 2”添加图层蒙版,选用“画笔工具”,将颜色设置为黑色,按 F5 快捷键,显示“画笔”面板,设置画笔属性,如图 10.4.6 所示。选中图层蒙版,在蓝色区域的下边缘,按住 Shift 键,绘制一条横向的直线,“图层面板”如图 10.4.7 所示,界面效果如图 10.4.8 所示。

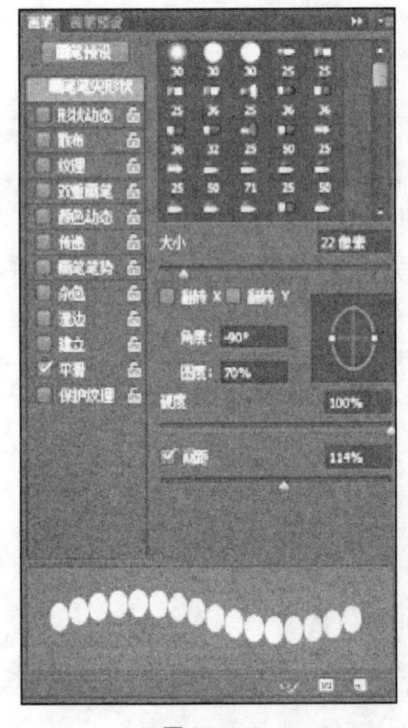

图 10.4.6

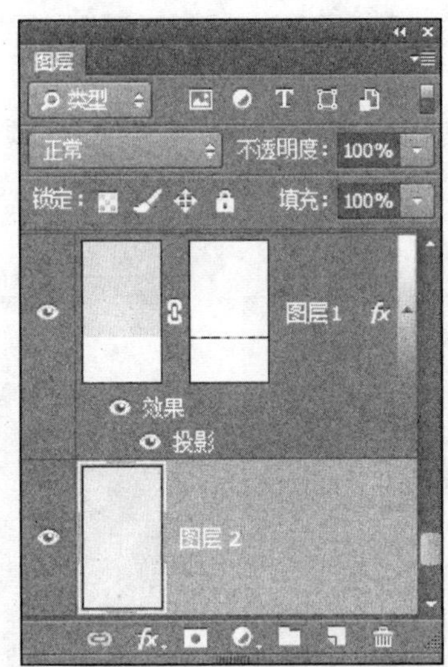

图 10.4.7

图 10.4.8

(5) 新建“图层 3”,使用“矩形选框工具”创建选区并填充蓝色(#b7e0f8),如图 10.4.9 所示。双击“图层 3”,弹出“图层样式”对话框,设置图层的投影效果,参数如图 10.4.10 所示,界面效果如图 10.4.11 所示。

图 10.4.9

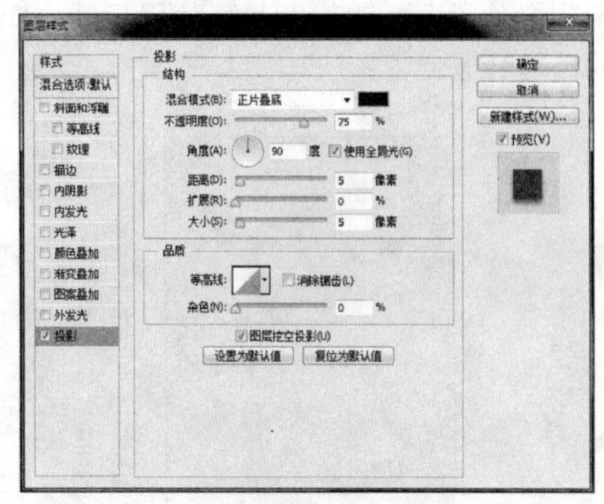

图 10.4.10

图 10.4.11

(6) 使用 Ctrl+N 快捷键新建文件,设置文件大小为 144 像素×144 像素,分辨率为 72 像素/英寸,背景为白色,将文件命名为“图标. psd”。新建“图层 1”,使用“钢笔工具”绘制天气图标,如图 10.4.12 所示。将画笔的大小设置为 10 像素,硬度为 100%,对路径进行描边,如图 10.4.13 所示。

图 10.4.12

图 10.4.13

(7) 将天气图标复制到“界面设计. psd”文件中,调整位置和大小,如图 10.4.14 所示。使用同样的方法,绘制其他天气图标,复制到“界面设计. psd”文件中,如图 10.4.15 所示。

图 10.4.14

图 10.4.15

(8) 为界面添加文字图层,使界面更具有设计感,使用 Ctrl+Alt+Shift+E 快捷键盖印可见图层,界面效果如图 10.4.16 所示。

图 10.4.16

(9) 使用 Ctrl+O 快捷键打开素材 "iphone 素材.psd",如图 10.4.17 所示。将盖印的图层复制到"iphone 素材.psd"中,调整大小和位置,如图 10.4.18 所示。

(10) 使用 "钢笔工具"绘制高光部分,调整图层不透明度,最终效果如图 10.4.19 所示。

图 10.4.17

图 10.4.18

图 10.4.19

参考文献

[1] 李金明，李金荣. 中文版 Photoshop CS 5 完全自学教程[M]. 北京：人民邮电出版社，2010.

[2] 张慧英. Photoshop CS 4 中文版核心技术精粹[M]. 北京：电子工业出版社，2009.

[3] 刘爱华. 一定要学会的 Photoshop CS 4 中文版经典案例 200 例[M]. 北京：电子工业出版社，2010.

[4] 秋凉. Photoshop CC 数码摄影后期处理完全自学手册[M]. 北京：人民邮电出版社，2014.

[5] 神龙影像. Photoshop CS 6 中文版从入门到精通[M]. 北京：人民邮电出版社，2014.

[6] 刘宝成，高一帆，周晶. Photoshop CS 6 完全实例教程[M]. 北京：人民邮电出版社，2015.

[7] 李洁，王长征，汤少哲，等. 中文版 Photoshop CS 6 艺术设计实训案例教程[M]. 北京：中国青年出版社，2014.

[8] 李金蓉. 突破平面 Photoshop CS 6 设计与制作深度剖析[M]. 北京：清华大学出版社，2013.

[9] 陈志民. Photoshop CC 平面广告设计经典 108 例[M]. 北京：机械工业出版社，2015.

[10] 王红卫. Photoshop CC 案例实战从入门到精通[M]. 北京：机械工业出版社，2014.

[11] 唐琳. Photoshop CC 图像处理案例课堂[M]. 北京：清华大学出版社，2015.

[12] 湛邵斌. Photoshop CS 5 图像处理教程[M]. 北京：人民邮电出版社，2015.

[13] 李涛. Photoshop CS 5 中文版案例教程[M]. 北京：高等教育出版社，2015.

[14] 邓文达. Photoshop CS 5 平面广告设计宝典[M]. 北京：清华大学出版社，2011.